高等学校电子信息类专业系列教材

数据采集与分析技术

（第二版）

胡晓军　主编

周林　陈燕东　张玉强　等编著

西安电子科技大学出版社

内 容 简 介

本书共 12 章,以信息的采集、传输和处理为主线,主要包括计算机数据采集与分析技术概述、数据采集信号分析基础、传感器技术、模/数转换器、数/模转换器、数据采集系统常用电路、数据采集系统抗干扰技术、总线接口技术、输入/输出接口技术、数据分析与处理、使用 LabVIEW 进行数据采集与分析等内容。同时,本书在最后以数字式血压仪为例详细介绍了数据采集设备的软、硬件开发。本书的例子均来源于工程实践,简明实用,为读者提高动手实践能力提供了良好的范例。

本书主要面向从事计算机数据采集与分析的工程人员和希望学习相关技术的大专院校学生。

图书在版编目(CIP)数据

数据采集与分析技术/胡晓军主编. —2 版.
—西安:西安电子科技大学出版社,2010.6(2023.1 重印)
ISBN 978 - 7 - 5606 - 2422 - 8

Ⅰ. ①数… Ⅱ. ①胡… Ⅲ. ①数据采集 ②数据—分析 Ⅳ. ①TP274

中国版本图书馆 CIP 数据核字(2010)第 069149 号

策　　划　毛红兵
责任编辑　张　玮　毛红兵
出版发行　西安电子科技大学出版社(西安市太白南路 2 号)
电　　话　(029)88202421　88201467　　邮　编　710071
网　　址　www.xduph.com　　电子邮箱　xdupfxb001@163.com
经　　销　新华书店
印刷单位　咸阳华盛印务有限责任公司
版　　次　2010 年 6 月第 2 版　2023 年 1 月第 6 次印刷
开　　本　787 毫米×1092 毫米　1/16　印张 19.5
字　　数　456 千字
印　　数　12 001~13 000 册
定　　价　53.00 元
ISBN 978 - 7 - 5606 - 2422 - 8/TP

XDUP　2714002—6

＊＊＊如有印装问题可调换＊＊＊

前　　言

计算机数据采集与分析技术是信息获取的主要手段和方法。例如，在工程实践中经常遇到速度、电压、电流、电阻、温度、压力等物理量，需要用计算机对其进行测量、存储、处理和显示等。计算机数据采集与分析技术主要涉及仪器学科、信息学科和计算机学科，以及传感器技术、测试技术、仪器技术、电子技术和计算机技术等。

随着大规模集成芯片制造技术和计算机技术的飞速发展，计算机数据采集与分析技术日新月异，甚至出现了虚拟仪器技术。本书从系统设计的角度出发，力求对计算机数据采集技术进行详细的介绍。

本书共 12 章，以信息的采集、传输和处理为主线，主要包括计算机数据采集与分析技术概述、数据采集信号分析基础、传感器技术、模/数转换器、数/模转换器、数据采集系统常用电路、数据采集系统抗干扰技术、总线接口技术、输入/输出接口技术、数据分析与处理、使用 LabVIEW 进行数据采集与分析等内容。本书涵盖了计算机数据采集与分析系统设计与开发的各个方面，既介绍了传统的知识基础，也引入了大量的新理论和新器件，为读者了解计算机数据采集与分析技术的最新发展提供了一个窗口。同时，本书在最后以数字式血压仪的设计开发为例，详细介绍了数据采集设备的软、硬件开发，有助于提高读者的动手实践能力。

本书由胡晓军主编，直接参与编写工作的还有周林、陈燕东、张玉强、焦长君、康念辉、宋立军、杨刚、周松、李珩、宋文峰、邢克飞、韩超、王志勇、阮坚、王鹏、邓波、高宏伟、刘东、于占军、何鑫等人。

由于作者水平有限，书中的不足在所难免，敬请广大读者多提宝贵意见。

作　者

第一版前言

计算机数据采集与分析技术是信息获取的主要手段和方法。数据采集与分析技术在工程领域中的地位和作用不言而喻,比如对工程实践中经常遇到的诸如速度、电压、电流、电阻、温度、压力等物理量,经常要用到计算机对其进行测量、存储、处理和显示等。计算机数据采集与分析技术涉及的学科和技术较多,涉及的学科主要有仪器学科、信息学科和计算机学科,涉及的技术主要有传感器技术、测试技术、仪器技术、电子技术和计算机技术等。

计算机数据采集技术随着大规模集成芯片制造技术和计算机技术的飞速发展而日新月异,甚至出现了虚拟仪器技术。本书作者力求从系统设计的高度,对计算机数据采集技术所涉及的各个方面进行详细的介绍。

本书共14章,主要包括计算机数据采集与分析技术概述、计算机基础、数据采集信号处理基础、输入/输出接口技术、数据采集系统常用电路、D/A转换和A/D转换、传感器技术、数据采集系统抗干扰技术、总线接口技术、计算机数据采集系统设计和数据分析与处理等。计算机数据采集与分析系统的设计与开发可能是读者最为关心的问题,因此,在本书的最后分别介绍了使用LabVIEW、CVI和MATLAB三种测控工程中常用的开发工具开发计算机数据采集与分析系统的方法和技巧,并详细介绍了实例的开发过程。本书的例子均来源于工程实践,简明实用,对读者进行工程实践具有很大的帮助。

本书由周林主编,直接参与本书编写工作的还有殷侠、吴冬良、章雨馨、宋立军、周松、李珩、宋文峰、邢克飞、韩超、王志勇、阮坚、王鹏、邓波、高宏伟、刘东、于占军、何鑫等。

由于笔者水平有限,书中定有不少缺点和错误,敬请读者批评指正。

作　者

目　　录

第 1 章　计算机数据采集与分析技术概述

1.1　数据采集与分析的基本概念

信息技术主要包括信息获取、传输、处理、存储(记录)、显示和应用等。信息技术的三大支柱是信息获取技术、通信技术和计算机技术，常被称为 3C(即 Collection、Communication 和 Computer)技术。其中信息获取技术是信息技术的基础和前提，而数据采集技术是信息获取的主要手段和方法，数据分析和处理是计算机技术的主要目标。因此数据采集与分析技术是信息技术的重要组成部分。数据采集与分析技术是以传感器技术、测试技术、电子技术和计算机技术等为基础的一门综合应用技术。

数据采集与分析技术所涉及的学科和理论比较多。数据采集主要涉及的学科有测试与仪器科学、信息与通信科学和计算机科学。其中测试与仪器科学侧重于信息的获取，信息与通信科学侧重于信息的传输，计算机科学侧重于信息的分析处理。

1.1.1　信息和信号

有关信息(Information)至今还没有一个统一的确切定义，不过信息的概念早被人们所理解和接受。早在 1948 年，维纳(Norbert Wiener)在其著作《控制论——动物与机器中的通信与控制问题》中就指出：“信息既不是物质，也不是能量，信息就是信息”，即提出了“信息”是存在于客观世界的第三要素的著名论断。另一美国学者山农(Claude Elwood Shannon)第一次系统地给出了信息的定量描述，成功地用数学公式把物质、能量和信息之间的相互作用和依存关系统一起来。

信息被认为是客观物质世界的灵魂，因为信息反映了事物的运动状态和运动方式。这里所说的“事物”是广义的事物，既包括客观物质世界中的事物，也包括主观精神世界中的现象；“运动”泛指一切意义上的变化，包括物理的、化学的、生物的、思维的和社会的运动；“运动状态”是指事物的运动在空间上所表现的性状和态势；“运动方式”则是指事物的运动在时间上所表现的过程和规律。从这个广义的信息概念出发，引入不同的约束条件，就可以得到不同的具体的定义。例如信息可以具体为消息、情报和知识等。

信息本身不是物质，不具有能量，而信号(Signal)是传输信息的载体，也就是说，信息寓于信号之中。信号是含有能量的物质，具有可观测性。在数据采集系统中，把想要获取的信息转换为信号，直接采集处理的是信号，而不是信息。

信号与信息不能混为一谈。信号只是信息的某种形式。实际的信息中往往包含着多种信息成分，其中不关心的成分统称为噪声或冗余信息。在一个具体的数据采集系统里面，可能要花费很多代价来设法去除各种噪声，从而获得满意的所要求的信息。

1.1.2　数据采集

数据采集(Data Acquisition)就是将要获取的信息通过传感器转换为信号，并经过信号调理、采样、量化、编码和传输等步骤，最后送到计算机系统中进行处理、分析、存储和显示。

数据采集系统是计算机与外部世界联系的桥梁，是获取信息的重要途径。数据采集技术是信息科学的重要组成部分，已广泛应用于国民经济和国防建设的各个领域，并且随着科学技术的发展，尤其是计算机技术的发展与普及，数据采集技术将有广阔的发展前景。

数据采集系统追求的主要目标有两个，一是精度，二是速度。对任何量值的测试都要有一定的精确度要求，否则将失去采集的意义；提高数据采集的速度不仅仅可以提高工作效率，更主要的是扩大数据采集系统的适用范围，便于实现动态测试。

现代数据采集系统具有如下几个特点：

（1）现代数据采集系统一般都内含有计算机系统，使得数据采集的质量和效率等大为提高，同时显著地节省了硬件资源。

（2）软件在数据采集系统中的作用越来越大，增加了系统设计的灵活性和功能。

（3）数据采集与数据处理相互结合得日益紧密，形成数据采集与处理相互融合的系统，可实现从数据采集、处理到控制的全部工作。

（4）速度快，数据采集过程一般都具有"实时"特性。对于通用数据采集系统一般希望有尽可能高的速度，以满足更多的应用环境。

（5）随着微电子技术的发展，电路集成度的提高，数据采集系统的体积越来越小，可靠性越来越高，甚至出现了单片数据采集系统。

（6）数据通信总线在数据采集系统中的应用越来越广泛，总线技术对数据采集系统结构的发展起着重要作用。

1.1.3　系统

系统(System)是指由若干相互作用和相互依赖的事物组合而成的具有特定功能的整体。一个系统，对于给定的输入(激励)，将会有一个既定的输出(响应)。系统是一个相对的概念，一个系统可以分为多个小系统的组成，如何确定系统的边界，取决于系统的结构和研究的目的。例如计算机数据采集系统又可细分为一些较小的子系统，当侧重研究如何把现实世界的物理信号变为电信号时，着重研究传感器系统；当侧重于数字量的计算、处理、存储和显示时，着重于研究计算机系统。

1.2　计算机数据采集系统的组成

数据采集系统随着新型传感技术、微电子技术和计算机技术的发展而得到迅速发展。因为目前数据采集系统一般都使用计算机进行控制，所以又叫做计算机数据采集系统。

计算机数据采集系统包括硬件和软件两大部分，其中硬件部分又可分为模拟部分和数字部分。计算机数据采集系统的硬件基本组成如图 1.1 所示。

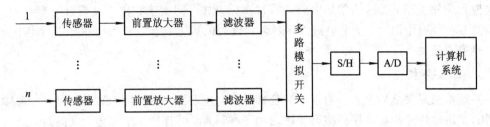

图 1.1　计算机数据采集系统的硬件基本组成

从图 1.1 可以看出，计算机数据采集系统一般由传感器、前置放大器、滤波器、多路模拟开关、采样/保持器(S/H)、模/数转换器(A/D)和计算机系统组成。

1. 传感器

传感器的作用是把非电的物理量(如速度、温度、压力等)转变成模拟电量(如电压、电流、电阻或频率)。例如，使用热电偶或热电阻可以获得随着温度变化而变化的电压，转速传感器可以把转速转换为电脉冲等。通常把传感器输出到 A/D 转换器输出的这一段信号通道称为模拟通道。

2. 前置放大器

前置放大器用来放大和缓冲输入信号。由于传感器输出的信号较小(如常用的热电偶输出变化往往在几毫伏到几十毫伏之间，电阻应变片输出电压变化只有几毫伏，人体生物电信号仅是微伏量级)，因此需要加以放大以满足大多数 A/D 转换器的满量程输入(5~10 V)要求。此外，某些传感器内阻比较大，输出功率较小，放大器还要起阻抗变换器的作用以缓冲输入信号。因为各类传感器输出信号的情况各不相同，所以放大器的种类也很多。例如为了减少输入信号的共模分量，就产生了各种差分放大器、仪用放大器和隔离放大器；为了使不同数量级的输入电压都具有最佳变换，就产生了量程可以变换的程控放大器；为了减少放大器输出的漂移，则产生了斩波稳零和激光修正的精密放大器。

3. 滤波器

传感器以及后续处理电路中的器件常会产生噪声，人为的发射源也可以通过各种耦合渠道使信号通道感染上噪声，例如工频信号(50 Hz 或 60 Hz)可以成为一种人为的干扰源。为了提高模拟输入信号的信噪比，常常需要使用滤波器对噪声信号进行一定的衰减。

4. 多路模拟开关

在数据采集系统中，往往要对多个物理量进行采集，即所谓的多路巡回检测。多路巡回检测可以通过多路模拟开关来实现，以简化设计和降低成本。多路模拟开关可以分时选通来自多个输入通道中的某一路通道。因此，在多路模拟开关后的单元电路，如采样/保持电路、A/D 转换电路以及处理器电路等，只需要一套即可，这样可以节省成本和体积。但这仅仅适用于物理量变化比较缓慢、变化周期在数十至数百毫秒之间的情况。因为这时可以使用普通的微秒级 A/D 转换器从容地分时处理这些信号。但当分时通道较多时，必须注意泄漏及逻辑安排等问题。当信号频率较高时，使用多路分路开关后，对 A/D 的转换速率要求也随之上升。在数据通过率超过 40～50 kHz 时，一般不宜使用分时的多路开关技术。模拟多路开关有时也可以安排在放大器之前，但当输入的信号电平较低时，需注意选择多路模拟开关的类型；若选用集成电路的模拟多路开关，则由于它比干簧或继电器组成的多路模拟开关导通电阻大，泄漏电流大，因而有较大的误差产生。所以要根据具体情况来选择多路模拟开关。

5. 采样/保持器

多路模拟开关之后是模拟通道的转换部分，包括采样/保持器和 A/D 转换器。采样/保持器的作用是快速拾取多路模拟开关输出的子样脉冲，并保持幅值恒定，以提高 A/D 转换器的转换精度，如果把采样/保持器放在模拟多路开关之前（每道一个），还可实现对瞬时信号进行同时采样。

6. A/D 转换器

采样/保持器输出的信号送至 A/D 转换器，A/D 转换器是模拟输入通道的关键电路。由于输入信号变化的速度不同，系统对分辨率、精度、转换速率及成本的要求也不同，因此 A/D 转换器的种类也较多。早期的采样/保持器和 A/D 转换器需要数据采集系统设计人员自行设计，目前普遍采用单片集成电路，有的单片 A/D 转换器内部还包含有采样/保持电路、基准电源和接口电路，这为系统设计提供了较大方便。A/D 转换的结果输出给计算机，有的采用并行码输出，有的则采用串行码输出。使用串行输出结果的方式对长距离传输和需要光电隔离的场合较为有利。

7. 计算机系统

计算机系统是整个计算机数据采集系统的核心。计算机控制整个计算机数据采集系统的正常工作，并且把 A/D 转换器输出的结果读入到内存，进行必要的数据分析和数据处理。计算机还需要把数据分析和处理之后的结果写入存储器以备将来分析和使用，通常还需要把结果显示出来。计算机系统包括计算机硬件和计算机软件，其中计算机硬件是计算机系统的基础，而计算机软件是计算机系统的灵魂。计算机软件技术在计算机数据采集系统中发挥着越来越重要的作用。

1.3 数据采集与分析系统的主要性能指标

数据采集系统的性能要求与具体应用目的和应用环境有密切关系，对应不同的应用情况往往有不同的要求。下面是比较常用的几个指标及其含义。

1. 系统分辨率

系统分辨率是指数据采集系统可以分辨的输入信号的最小变化量。通常可以使用如下几种方法表示系统分辨率：

- 使用系统所采用的 A/D 转换器的位数来表示系统分辨率。
- 使用最低有效位值(LSB)占系统满度值的百分比来表示系统分辨率。
- 使用系统可分辨的实际电压数值来表示系统分辨率。
- 使用满度值的百分数来表示系统分辨率。

表 1.1 给出了满度值为 10 V 时数据采集系统的分辨率。

表 1.1　系统的分辨率

A/D 位数	级数	1LSB （满度值的百分数%）	1LSB （10 V 满度的电压）
8	256	0.391	39.1 mV
10	1024	0.0977	9.77 mV
12	4096	0.0244	2.44 mV
16	65 536	0.0015	0.15 mV
20	1 048 576	0.000 095 3	9.53 μV

2. 系统精度

系统精度是指当系统工作在额定采集速率下，整个数据采集系统所能达到的转换精度。A/D 转换器的精度是系统精度的极限值。实际上，系统精度往往达不到 A/D 转换器的精度。因为系统精度取决于系统的各个环节（子系统）的精度，如前置放大器、滤波器、模拟多路开关等，只有当这些子系统的精度都明显优于 A/D 转换器精度时，系统精度才能达到 A/D 转换器的精度。这里还应注意系统精度与系统分辨率的区别。系统精度是系统的实际输出值与理论输出值之差，它是系统各种误差的总和，通常表示为满度值的百分数。

3. 采集速率

采集速率又称为系统通过速率或吞吐率，是指在满足系统精度指标的前提下，系统对输入的模拟信号在单位时间内所能完成的采集次数，或者说是系统每个通道、每秒钟可采集的有效数据的数量。这里所说的"采集"包括对被测物理量进行采样、量化、编码、传输和存储的全部过程。在时间域上与采集速率对应的指标是采样周期。采样周期是采样速率的倒数，它表征了系统每采集一个有效数据所需的时间。

4. 动态范围

动态范围是指某个确定的物理量的变化范围。信号的动态范围是指信号的最大幅值和最小幅值之比的分贝数。数据采集系统的动态范围通常定义为所允许输入的最大幅值与最小幅值之比的分贝数，即

$$I_i = 20 \lg \frac{V_{max}}{V_{min}} \tag{1.1}$$

式(1.1)中，最大允许输入幅值 V_{max} 是指使数据采集系统的放大器发生饱和或者使 A/D 转换器发生溢出的最小输入幅值。最小允许输入幅值 V_{min} 一般用等效输入噪声电平来代替。

5. 非线性失真

非线性失真也称谐波失真。当给系统输入一个频率为 f 的正弦波时，其输出中出现很多频率为 $kf(k$ 为正整数)的新的频率分量，这种现象称为非线性失真。

第 2 章　数据采集信号分析基础

　　在计算机数据采集系统中，信息是用离散信号来表示的，而在生产和科学研究中经常遇到的各种信息往往都是连续信号。这样，就遇到了连续信号离散化的问题。本章将讨论连续信号离散化的有关问题，在讨论信号分类和傅立叶变换的基础上着重讨论不同情况下的采样定理。采样定理是数据采集系统的理论支持。理解和掌握以采样定理为基础的数字信号处理无论在理论上还是实践上对数据采集都有着重要的意义。

　　在讨论采样定理之前，本章对数字信号处理的基本内容进行了回顾和总结。本章有部分内容可能涉及相关的理论推导。读者如果对数字信号处理理论不感兴趣，可以跳过这一章，这样并不影响对后续内容的理解。对于计算机数据采集更工程化的理论支持还将在第 10 章进行较为详细的讨论。

2.1　信　号　的　分　类

2.1.1　确定性信号

　　信号根据确定性与否可分为确定性信号和非确定性信号两大类。确定性信号根据周期性与否又可分为周期信号和非周期信号两类；非确定性信号又称为随机信号，可分为平稳随机信号和非平稳随机信号。图 2.1 是对确定性信号和随机信号的一个简要归纳。

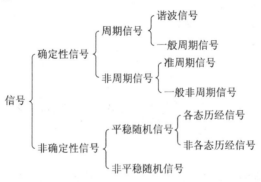

图 2.1　确定性信号与随机信号

1. 周期信号

　　当信号按一定的时间间隔周而复始地重复出现时称为周期信号，否则称为非周期信号。周期信号的数学表达式为

$$x(t) = x(t + nT_1) \qquad n = 0, \pm 1, \pm 2, \cdots \tag{2.1}$$

满足式(2.1)的最小 T_1 称为信号的周期。

1) 谐波信号

谐波信号又称为简谐信号,简谐信号是最简单的周期信号,其表达式为

$$x(t) = A \sin(\omega t + \varphi) \tag{2.2}$$

式中,A 为幅值;$\omega = 2\pi f$ 为角频率;φ 为初始相位。

2) 一般周期信号

一般周期信号又可称为复杂周期信号。一般周期信号可以分解为多个简谐信号之和,且这些简谐信号的频率之比为有理数,详见第 2.2.1 节信号的傅立叶分解的内容。

2. 非周期信号

1) 准周期信号

准周期信号的特点是,虽然其也是由若干简谐分量叠加而成的,但这些简谐分量中至少有一个分量与另一个分量的频率之比为无理数(不是公倍数关系),因此分量合成的结果不满足式(2.1)的周期性条件。

2) 一般非周期信号

一般非周期信号又称为瞬态信号。瞬态信号的特点是幅值衰减很快,如锤击、爆炸冲击振动等信号。

2.1.2　随机信号

随机信号又称为非确定性信号,这类信号的波形具有不确定性,幅值和相位变化不可预知,因此不能用确定的数学表达式进行描述,只能通过统计分析方法得到信号的整体统计特征,如均值、方差、自相关函数和功率谱等。

1. 随机信号的数学描述

1) 随机变量描述

随机信号可以用随机变量 $X(t)$ 来定义。如图 2.2 所示,对于某个时刻 t_1,$\{x_k(t_1)\}$ 是一个随机变量,工程上称之为随机信号在 $t = t_1$ 时刻的状态。由此可以给出随机信号的一种定义:

如果对于任意一个时刻 $t_n \in T$,$\{x_k(t_n)\}$ 都是随机变量,那么 $\{x_k(t)\}$ 是一个随机信号,这里

$$\{x_k(t)\} = (\{x_k(t_1)\}, \{x_k(t_2)\}, \cdots) \qquad k = 1, 2, \cdots \tag{2.3}$$

或记作

$$X(t) = (x(t_1), x(t_2), \cdots) \qquad n = 1, 2, \cdots \tag{2.4}$$

即用一族随机变量系来表示随机信号,因此,随机信号可以用 $X(t)$ 来表示。

2) 样本函数描述

随机信号除了可以用随机变量 $X(t)$ 来定义外,还可以用样本函数的集合来定义。

随机信号的单个时间历程称为样本函数。在有限时间区间上观测得到的样本函数称为样本记录。随机信号可能产生的全部样本函数的集合(总体)定义为随机信号(如图 2.2

所示)。

$$\{x_k(t)\} = \{x_1(t), x_2(t), \cdots\} \qquad -\infty < t < \infty, k = 1, 2, \cdots \qquad (2.5)$$

式中，$x_k(t)$ 表示第 k 个样本函数。

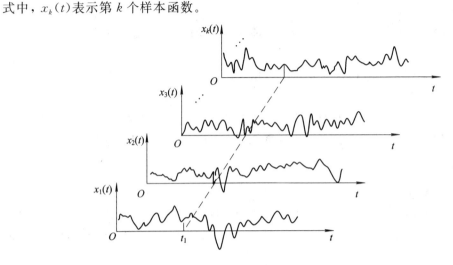

图 2.2　随机信号描述

不难理解，上述两种随机信号的定义本质上相同，只是形式不同而已。

2. 概率密度函数与分布函数

尽管随机信号在任一时刻的状态是随机变量，但不同的随机信号都具有各自的特性。例如，汽车分别在碎石路和柏油路上行驶产生的振动信号，机床加工过程中工况不变和工况变化时产生的噪声信号，在整体上而言就会各有特色且相互间存在一定的差异，如在振幅和频率方面存在的特色和差异。

概率密度函数和分布函数能较好地描述随机信号的统计特征。如图 2.3 所示，以随机信号的样本序号 k 为横坐标，对于任一时刻 t 的随机变量 $X(t)$，其值落在区间 $[x, x+\Delta x]$ 中的概率为

$$\mathrm{Prob}[x \leqslant X(t) < x + \Delta x] \qquad (2.6)$$

而概率密度函数的定义为

$$f(x, t) = \lim_{\Delta x \to 0} \frac{\mathrm{Prob}[x \leqslant X(t) < x + \Delta x]}{\Delta x} \qquad (2.7)$$

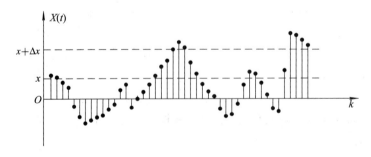

图 2.3　随机信号样本 k

概率分布函数的定义为

$$F(x, t) = \text{Prob}[X(t) < x] = \int_{-\infty}^{x} f(x, t) \mathrm{d}x \qquad (2.8)$$

对于高斯分布(正态分布)的随机变量,其概率密度函数为

$$f(x) = \frac{1}{\sqrt{2\pi}\sigma_x} \exp\left[-\frac{(x - \mu_x)^2}{2\sigma_x^2}\right] \qquad (2.9)$$

式中,μ_x 为均值;σ_x 为均方差。图 2.4 和图 2.5 分别为高斯分布的概率密度函数和分布函数曲线。高斯分布是随机信号经典分析理论中最常见的分布函数。

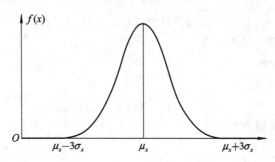

图 2.4　高斯信号的概率密度函数

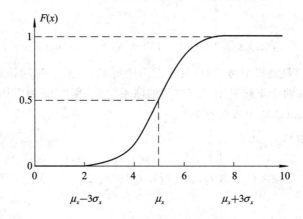

图 2.5　高斯信号的概率分布函数

对于具有多维随机变量的随机信号,相应地可以用多维概率密度函数 $f_n(x_1, x_2, \cdots, x_n; t_1, t_2, \cdots, t_n)$ 或多维分布函数 $F_n(x_1, x_2, \cdots, x_n; t_1, t_2, \cdots, t_n)$ 来描述其统计特征。

3. 数字统计特征

我们可以利用统计方法来描述随机信号的特征。随机信号的统计特征包括各种总体数字特征值(如均值、方差)和统计函数(如相关函数、功率谱密度函数、幅值分布函数)。以下介绍工程中经常用到的随机变量数字统计特征。

1)均值(一阶矩)

随机信号 $X(t)$ 的均值定义为

$$\mu_x(t) = E[X(t)] = \int_{-\infty}^{\infty} x f_1(x, t) \mathrm{d}x \qquad (2.10)$$

式中,$f_1(x, t)$ 是 $X(t)$ 的一维概率密度函数。由式(2.10)可见,所谓均值,就是随机信号 $X(t)$ 的所有样本函数在时刻 t 的函数值的平均,即

$$\mu_x(t) = \lim_{N \to \infty} \frac{1}{N} \sum_{k=1}^{N} x_k(t) \tag{2.11}$$

以上两种均值定义算法的结果一致。

按某一时刻 t 求随机变量的均值，通常称为集合平均或总体平均。一般而言，$\mu_x(t)$ 是时间的函数，表示随机信号 $X(t)$ 在各个时刻的摆动中心。

2）均方值（二阶原点矩）

均方值定义为

$$\psi_x^2(t) = E[X^2(t)] \tag{2.12}$$

均方值用来描述信号的能量或强度。

3）方差（二阶中心矩）

方差定义为

$$\sigma_x^2(t) = E\{[X(t) - \mu_x(t)]^2\} \tag{2.13}$$

方差用来描述信号的离散程度。

4. 统计函数描述

1）自相关函数（二阶原点混合矩）

自相关函数为

$$R_{xx}(t_1, t_2) = E[X(t_1)X(t_2)] = \int_{-\infty}^{\infty} \int_{-\infty}^{\infty} x_1 x_2 f_2(x_1, x_2; t_1, t_2) \mathrm{d}x_1 \mathrm{d}x_2 \tag{2.14}$$

式中，$X(t_1)$ 和 $X(t_2)$ 是随机信号 $X(t)$ 在任意两个时刻 t_1 和 t_2 时的状态。$R_{xx}(t_1, t_2)$ 用来描述同一随机信号在两个不同时刻状态之间的联系（相关程度），通常简记为 $R_x(t_1, t_2)$。

2）自协方差函数（二阶中心混合矩）

自协方差函数为

$$C_{xx}(t_1, t_2) = E\{[X(t_1) - \mu_x(t_1)][X(t_2) - \mu_x(t_2)]\} \tag{2.15}$$

$C_{xx}(t_1, t_2)$ 也可简写为 $C_x(t_1, t_2)$。$R_x(t_1, t_2)$ 和 $C_x(t_1, t_2)$ 描述了随机信号本身两个不同时刻状态。

3）自功率谱密度函数

自功率谱密度函数为

$$S_{xx}(f) = F[R_{xx}(t_1, t_2)] \tag{2.16}$$

式中，符号 $F[\cdot]$ 表示傅立叶变换（参见 2.2 节）。自功率谱密度函数 $S_{xx}(f)$ 通常简称自谱函数，并简记为 $S_x(f)$，用于描述信号在频域的能量分布状况，是经典信号分析理论中最常用的特性参数之一。

4）互相关函数

对于两个不同的随机信号 $X(t)$ 和 $Y(t)$，仿照自相关函数的定义，可给出互相关函数 $R_{xy}(t_1, t_2)$ 的定义。

$$R_{xy}(t_1, t_2) = E[X(t_1)Y(t_2)] = \int_{-\infty}^{\infty} \int_{-\infty}^{\infty} x_1 y_2 f_2(x_1, y_2; t_1, t_2) \mathrm{d}x_1 \mathrm{d}y_2 \tag{2.17}$$

这里 $R_{xy}(t_1, t_2)$ 描述的是两个不同随机信号在任意两个时刻的相关程度。

5）互功率谱密度函数

互功率谱密度函数通常简称为互谱函数。

$$S_{xy}(f) = F[R_{xy}(t_1, t_2)]　　　　　　　(2.18)$$

这里 $S_{xy}(f)$ 描述的是两个不同的随机信号相关能量在频域中的分布状况。

5. 统计量之间的关系

由式(2.15)可得

$$
\begin{aligned}
C_x(t_1, t_2) &= E[X(t_1)X(t_2) - \mu_x(t_2)X(t_1) - \mu_x(t_1)X(t_2) + \mu_x(t_1)\mu_x(t_2)] \\
&= E[X(t_1)X(t_2)] - E[\mu_x(t_2)X(t_1)] - E[\mu_x(t_1)X(t_2)] + E[\mu_x(t_1)\mu_x(t_2)] \\
&= R_x(t_1, t_2) - \mu_x(t_1)\mu_x(t_2)　　　　　　　(2.19)
\end{aligned}
$$

而且

$$\psi_x^2(t) = R_x(t, t)　　　　　　　(2.20)$$

$$\sigma_x^2(t) = C_x(t, t) = R_x(t, t) - \mu_x^2(t) = \psi_x^2(t) - \mu_x^2(t)　　　　(2.21)$$

可见，均方值 $\psi_x^2(t)$、方差 $\sigma_x^2(t)$、自协方差 $C_x(t_1, t_2)$ 都可用均值 $\mu_x(t)$ 和自相关函数 $R_x(t_1, t_2)$ 来表示。

6. 随机信号的分类

随机信号通常可分为平稳随机信号和非平稳随机信号。

1) 平稳随机信号

所谓平稳随机信号是指其统计特性不随时间变化，或者说，不随时间坐标原点的选取而变化；否则，随机信号就是非平稳的。

平稳随机信号的 n 维分布函数应满足

$$F_n(x_1, x_2, \cdots, x_n; t_1, t_2, \cdots, t_n) = F_n(x_1, x_2, \cdots, x_n; t_1 + \varepsilon, t_2 + \varepsilon, \cdots, t_n + \varepsilon)$$
$$(2.22)$$

式中，ε 为任意实数。式(2.22)等价于 n 维概率密度关系式

$$f_n(x_1, x_2, \cdots, x_n; t_1, t_2, \cdots, t_n) = f_n(x_1, x_2, \cdots, x_n; t_1 + \varepsilon, t_2 + \varepsilon, \cdots, t_n + \varepsilon)$$
$$(2.23)$$

概率密度函数不随时间平移而变化的特性决定了平稳随机信号的数字特征个性。

令 $\varepsilon = -t_1$，则对于平稳随机信号的一维概率密度函数有

$$f_1(x_1, t_1) = f_1(x_1, t_1 + \varepsilon) = f_1(x_1, 0) \equiv f_1(x_1)　　　(2.24)$$

此时，一维概率密度函数不随时间的平移而变化。同理，对于平稳随机信号的二维概率密度函数有

$$
\begin{aligned}
f_2(x_1, x_2; t_1, t_2) &= f_2(x_1, x_2; t_1 + \varepsilon, t_2 + \varepsilon) \\
&= f_2(x_1, x_2; 0, t_2 - t_1) \overset{\tau = t_2 - t_1}{\equiv} f_2(x_1, x_2; \tau)　　(2.25)
\end{aligned}
$$

可见，二维概率密度函数只与时间差有关。

由上述特性可以得到平稳随机信号的均值和自相关函数的以下个性。

(1) 均值不随时间而变化。

$$\mu_x = E[X(t)] = \int_{-\infty}^{\infty} x f_1(x)\mathrm{d}x　　　　(2.26)$$

即任意时刻的均值都相等，为一个常数。这样，平稳随机信号的所有样本函数曲线都在水平直线 μ_x 周围波动，离散度为 σ_x。

（2）自相关函数是单变量 $\tau = t_2 - t_1$ 的函数。

$$R_x(\tau) = E[X(t)X(t+\tau)]$$

$$= \int_{-\infty}^{\infty} \int_{-\infty}^{\infty} x_1 x_2 f(x_1, x_2; t_1, t_2) \mathrm{d}x_1 \mathrm{d}x_2$$

$$= \int_{-\infty}^{\infty} \int_{-\infty}^{\infty} x_1 x_2 f_2(x_1, x_2; \tau) \mathrm{d}x_1 \mathrm{d}x_2 \tag{2.27}$$

以上利用总体平均不随时间变化的特性定义了平稳随机信号。

2）各态历经信号

在大多数情况下，我们可以用总体中某一个样本函数的时间平均来确定平稳随机信号的总体平均值。比如，随机信号第 k 个样本函数的时间均值 $\mu_x(k)$ 和自相关函数 $R_x(\tau, k)$ 分别为

$$\mu_x(k) = \lim_{T \to \infty} \frac{1}{T} \int_0^T x_k(t) \mathrm{d}t \tag{2.28}$$

$$R_x(\tau, k) = \lim_{T \to \infty} \frac{1}{T} \int_0^T x_k(t) x_k(t+\tau) \mathrm{d}t \tag{2.29}$$

如果某个随机信号 $X(t)$ 是平稳的，而且不同样本函数的时间平均值 $\mu_x(k)$ 和 $R_x(\tau, k)$ 都一样，则称该随机信号是各态历经的。对于各态历经信号，其时间平均等于总体平均，即

$$\mu_x(k) = \mu_x, \quad R_x(\tau, k) = R_x(\tau) \tag{2.30}$$

各态历经信号的所有特性都可以用单个样本函数上的时间平均来描述，因此，对各态历经随机信号进行统计特征分析比较方便。所幸的是，表示物理过程的平稳随机信号大多都是各态历经的，因此可以用观察到的单个时间历程记录来估计信号的总体特征。在本书的后续内容中，讨论主要针对各态历经信号进行，即假定我们要采集和处理的信号都是各态历经的平稳的随机信号。

对于各态历经的随机信号，统计特征的真值不随样本函数的不同而改变，用一个样本函数就可以求得其统计特征。工程实际中，我们只能用有限长的样本记录对统计特征进行估计。

· 均值：

$$\hat{\mu}_x = \frac{1}{T} \int_0^T x(t) \mathrm{d}t \tag{2.31}$$

· 均方值：

$$\hat{\psi}_x^2 = \frac{1}{T} \int_0^T x^2(t) \mathrm{d}t \tag{2.32}$$

· 自相关函数：

$$\hat{R}(\tau) = \frac{1}{T-\tau} \int_0^{T-\tau} x(t) y(t+\tau) \mathrm{d}t \tag{2.33}$$

2.1.3　连续信号和离散信号

信号根据独立变量（通常是时间或频率）的取值是否连续又可分为连续信号和离散信号两大类。通常工业生产中的信号都是连续信号，而经过计算机数据采集系统之后得到的信

号是离散信号。图 2.6 是对连续信号和离散信号的一个简要归纳。

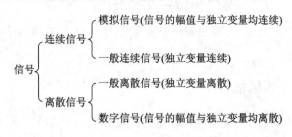

图 2.6　连续信号与离散信号

1. 连续时间信号

在所讨论的时间间隔内，对于任意时间值，除若干个第一类间断点外，都可以给出确定的函数值，此类信号称为连续时间信号(过程)或模拟信号(过程)。

所谓第一类间断点，应满足条件：函数在间断点处存在左极限与右极限；左极限与右极限不等，$x(t_0^-) \neq x(t_0^+)$；间断点收敛于左极限与右极限函数值的中点。因此，简谐、直流、阶跃、锯齿波、矩形脉冲等等，都称为连续时间信号。

2. 离散时间信号

离散时间信号(过程)又称为时域离散信号(过程)或时间序列。在某个时间区间中，它在规定的不连续的时刻取值。

离散时间信号分为两种情况：时间离散而幅值连续时，称为抽样信号；时间离散而幅值量化时，则称为数字信号或采样信号。在工程实际中，采样与抽样常常混用，统称离散时间信号。

离散时间信号可以从实验中直接得到，也可以从连续时间信号中经采样得到。

典型离散时间信号有单位采样序列、阶跃序列、指数序列等。由于数字信号处理应用的日益普及，因此离散时间信号的分析已越来越重要。

2.1.4　能量信号与功率信号

1. 能量信号

在分析区间$(-\infty, \infty)$中，能量为有限值的信号称为能量信号，它满足

$$\int_{-\infty}^{\infty} x^2(t)\mathrm{d}t < \infty \tag{2.34}$$

例如，矩形脉冲、减幅正弦波、衰减指数等信号即为能量信号。

2. 功率信号

有许多信号，如周期信号、随机信号等，它们在区间$(-\infty, \infty)$内的能量不是有限值。这种情况下，研究信号的平均功率更为合适。

在区间(t_1, t_2)内，信号的平均功率为

$$P = \frac{1}{t_2 - t_1} \int_{t_1}^{t_2} x^2(t)\mathrm{d}t \tag{2.35}$$

若区间变为无穷大时，式(2.35)仍然大于零，那么信号具有有限的平均功率，称之为功率信号。换句话说，功率信号满足条件

$$0 < \lim_{T \to \infty} \frac{1}{2T} \int_{-T}^{T} x^2(t) \mathrm{d}t < \infty \tag{2.36}$$

对比式(2.34)和式(2.36)，显然，一个能量信号具有零平均功率，而一个功率信号具有无穷大能量。

2.1.5　时域信号与频域信号

通常信号的描述以时间为自变量，这样的信号称为时域信号。而在信号分析与处理中常常要在频域内来分析信号和处理信号，此时，信号的自变量为频率。时域信号和频域信号可以互相转换。把时域信号变换成频域信号进行分析的方法称之为变换域分析。

2.2　傅立叶变换

2.2.1　信号的傅立叶分解

信号的傅立叶分解定理指出：任何一个连续信号，一般来说，都可以分解为一序列正弦信号的叠加。

1. 周期信号的傅立叶级数(FS)分解

对于一个周期为 T_1，角频率 $\omega_1 = 2\pi f_1 = \dfrac{2\pi}{T_1}$ 的周期函数 $x(t)$，其三角形式的傅立叶级数为

$$x(t) = a_0 + \sum_{k=1}^{\infty} (a_k \cos\omega_k t + b_k \sin\omega_k t) \tag{2.37}$$

式中各系数为

$$a_0 = \frac{1}{T_1} \int_0^{T_1} x(t) \mathrm{d}t \tag{2.38}$$

$$a_k = \frac{1}{T_1} \int_0^{T_1} x(t) \cos\omega_k t \ \mathrm{d}t \tag{2.39}$$

$$b_k = \frac{1}{T_1} \int_0^{T_1} x(t) \sin\omega_k t \ \mathrm{d}t \tag{2.40}$$

以上各式中，$\omega_k = k\omega_1$，$k = 1, 2, 3 \cdots$。

式(2.37)表明，任意周期函数均可以分解成若干乃至无穷个正弦、余弦分量，各分量的频率是基频 f_1 的整数倍。

利用欧拉公式，式(2.37)可以转化为指数形式

$$x(t) = \sum_{k=-\infty}^{\infty} X(\omega_k) \mathrm{e}^{\mathrm{j}\omega_k t} \tag{2.41}$$

或

$$x(t) = \sum_{k=-\infty}^{\infty} X(f_k) \mathrm{e}^{\mathrm{j}2\pi f_k t} \tag{2.42}$$

式(2.41)及式(2.42)中，有

$$X(\omega_k) = \frac{1}{T_1} \int_0^{T_1} x(t) \mathrm{e}^{-\mathrm{j}\omega_k t} \, \mathrm{d}t \tag{2.43}$$

或

$$X(f_k) = \frac{1}{T_1} \int_0^{T_1} x(t) \mathrm{e}^{-\mathrm{j}2\pi f_k t} \, \mathrm{d}t \tag{2.44}$$

且有

$$a_k = 2 \mid X(\omega_k) \mid \cos\theta_k, \qquad b_k = 2 \mid X(\omega_k) \mid \sin\theta_k \tag{2.45}$$

　　由傅立叶级数分解可以看出，任何周期信号都可以分解为若干乃至无穷个简谐分量，这些分量的频率都是信号基频 f_1 的整数倍 kf_1，称为 k 次（阶）谐波。傅立叶级数系数 $X(\omega_k)$ 一般是复函数，其模和相位分别对应信号的第 k 阶谐波的幅值和相位大小，各阶谐波的幅值和相位大小沿频率轴的变化则反映了该周期信号在频域的能量分布状况，可用频谱图进行直观描述。

2. 周期矩形脉冲的傅立叶级数

　　如图 2.7 所示，设周期为 T_1 的矩形脉冲信号 $x(t)$ 的脉宽为 τ，脉冲幅值为 E，矩形脉冲在一个周期内 $\left(-\dfrac{T_1}{2} \leqslant t < \dfrac{T_1}{2}\right)$ 的表达式为

$$x(t) = \begin{cases} E, & \mid t \mid \leqslant \dfrac{\tau}{2} \\ 0, & \mid t \mid > \dfrac{\tau}{2} \end{cases} \tag{2.46}$$

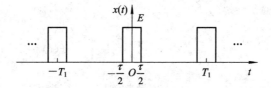

图 2.7　周期矩形脉冲信号

将周期矩形脉冲信号用傅立叶级数表示，根据式 (2.44) 可求出其傅立叶级数的系数：

$$X(f_k) = \frac{1}{T_1} \int_{-\frac{\tau}{2}}^{\frac{\tau}{2}} E \mathrm{e}^{-\mathrm{j}2\pi f_k t} \, \mathrm{d}t = \frac{E\tau}{T_1} \frac{\sin(\pi f_k \tau)}{\pi f_k \tau} = \frac{E\tau}{T_1} \mathrm{Sinc}(\pi f_k \tau) \tag{2.47}$$

这里 Sinc 称为森克函数，其定义见后面的式 (2.78)。

周期矩形脉冲信号的幅值谱图和相位谱图分别如图 2.8 和图 2.9 所示。

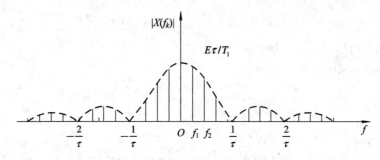

图 2.8　周期矩形脉冲信号的幅值谱图

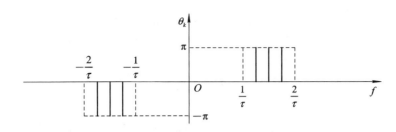

图 2.9　周期矩形信号相位谱图

根据图 2.8 和图 2.9，可以归纳出周期信号频谱图的特征如下：周期过程的频谱图是离散的，谱线的间隔 $\Delta f = f_1 = \dfrac{1}{T_1}$ 取决于过程的周期 T_1 的大小，周期越大，Δf 越小。每一条谱线分别反映一个谐波分量的幅值或相位大小。工程信号一般都可以用实函数表示，而对于实数周期函数，其正、负频率的幅值谱具有对称性，如图 2.8 所示，周期矩形脉冲函数是一个实函数，所以其幅值谱是偶函数。

2.2.2　傅立叶变换

1. 能量信号的傅立叶变换

如果把能量信号（非周期信号）当作周期为无穷大的周期过程来求其傅立叶级数的表达形式，则可以得到能量信号的傅立叶变换（Fourier Transform，FT）。

以下，我们从周期信号的傅立叶级数推导出能量信号的傅立叶变换表达式。

周期信号 $x(t)$ 的傅立叶级数为

$$x(t) = \sum_{k=-\infty}^{\infty} X(f_k) \mathrm{e}^{\mathrm{j}2\pi f_k t} = \sum_{k=-\infty}^{\infty} \left[\frac{1}{T_1} \int_{-\frac{T_1}{2}}^{\frac{T_1}{2}} x(t) \mathrm{e}^{-\mathrm{j}2\pi f_k t}\, \mathrm{d}t \right] \mathrm{e}^{\mathrm{j}2\pi f_k t} \tag{2.48}$$

当 $T_1 \to \infty$ 时，则 $\dfrac{1}{T_1} = f_1 = \Delta f \to \mathrm{d}f$，离散频率 $f_k \to$ 连续频率 f，且 $\displaystyle\sum_{k=-\infty}^{\infty} \to \int_{-\infty}^{\infty}$。将这些关系代入式（2.48）可得

$$x(t) = \int_{-\infty}^{\infty} \left[\int_{-\infty}^{\infty} x(t) \mathrm{e}^{-\mathrm{j}2\pi f t}\, \mathrm{d}t \right] \mathrm{e}^{\mathrm{j}2\pi f t}\, \mathrm{d}f$$

令

$$X(f) \equiv F[x(t)] = \int_{-\infty}^{\infty} x(t) \mathrm{e}^{-\mathrm{j}2\pi f t}\, \mathrm{d}t$$

$$x(t) \equiv F^{-1}[x(t)] = \int_{-\infty}^{\infty} X(f) \mathrm{e}^{\mathrm{j}2\pi f t}\, \mathrm{d}f \tag{2.49}$$

以上两式分别称为傅立叶正变换和逆变换。

如果频率用 ω 表示，则有

$$X(\omega) = \int_{-\infty}^{\infty} x(t) \mathrm{e}^{-\mathrm{j}\omega \cdot t}\, \mathrm{d}t \tag{2.50}$$

$$x(t) = \frac{1}{2\pi} \int_{-\infty}^{\infty} X(\omega) \mathrm{e}^{\mathrm{j}\omega \cdot t}\, \mathrm{d}\omega \tag{2.51}$$

由上面的傅立叶变换公式可以看出，傅立叶变换是对信号的积分运算，所以傅立叶变换是线性变换（积分运算是线性运算），这说明傅立叶变换满足线性变换的性质。傅立叶变

换还同时具有其他一些良好的性质，比如对称性等，详细内容请读者参考这方面的著作。

以单个矩形脉冲信号为例，表达式见式(2.46)。显然，这是一个典型的能量信号。由式(2.48)，其傅立叶变换为

$$X(f) = \int_{-\infty}^{\infty} x(t)\mathrm{e}^{-\mathrm{j}2\pi ft}\,\mathrm{d}t = \int_{-\frac{\tau}{2}}^{\frac{\tau}{2}} E\mathrm{e}^{-\mathrm{j}2\pi ft}\,\mathrm{d}t = E\tau \cdot \mathrm{Sinc}(\pi f\tau) \tag{2.52}$$

单脉冲矩形信号及其频谱如图 2.10 所示。

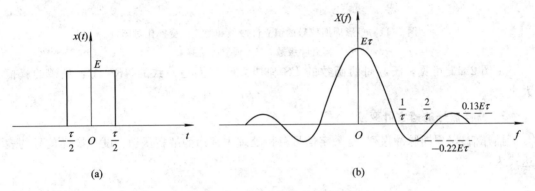

图 2.10　单脉冲矩形信号及其频谱

(a) 信号波形；(b) 频谱

可见，虽然单矩形脉冲信号的能量在时域集中于有限的脉宽，然而在频域中，其能量却以 $\mathrm{Sinc}(\pi f\tau)$ 的规律分布在无限宽的频率范围上，其中，绝大部分能量集中于区间 $\left(-\dfrac{1}{\tau}, \dfrac{1}{\tau}\right)$ 内。

对于能量信号，其频谱的含义与周期信号的频谱含义不同，能量信号的连续频谱大小反映的不是幅值，而是频谱密度。

2. 周期信号的傅立叶变换

令周期函数 $x(t)$ 的周期为 T_1，频率为 f_1，则有

$$x(t) = x(t + nT_1) = \sum_{-\infty}^{\infty} X(f_k)\mathrm{e}^{\mathrm{j}2\pi f_k t} \tag{2.53}$$

式(2.53)中，n、k 为整数，$x(t)$ 的 FS 系数为

$$X(f_k) = \frac{1}{T_1} \int_{-\frac{T_1}{2}}^{\frac{T_1}{2}} x(t)\mathrm{e}^{-\mathrm{j}2\pi f_k t}\,\mathrm{d}t \tag{2.54}$$

$x(t)$ 的傅立叶变换为

$$X(f) = F[x(t)] = F\Big[\sum_{k=-\infty}^{\infty} X(f_k)\mathrm{e}^{\mathrm{j}2\pi f_k t}\Big] = \sum_{k=-\infty}^{\infty} X(f_k) \cdot F[\mathrm{e}^{\mathrm{j}2\pi f_k t}] \tag{2.55}$$

因为

$$F[\mathrm{e}^{\mathrm{j}2\pi f_k t}] = \delta(f - f_k) \tag{2.56}$$

所以

$$X(f) = \sum_{k=-\infty}^{\infty} X(f_k) \cdot \delta(f - f_k) \tag{2.57}$$

式(2.57)表明，周期函数的傅立叶变换是由脉冲函数组成的离散谱，各谱线位于信号基频的倍频(谐频)处，每个脉冲的强度等于对应频率点的 FS 系数，如图 2.11 所示。

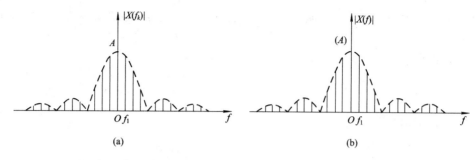

图 2.11　矩形周期信号的傅立叶级数和傅立叶变换比对图

（a）傅立叶级数；（b）傅立叶变换

由图 2.11 可见，任意周期函数的 FS 和傅立叶变换是一致的，FS 代表频谱的幅值大小。

3. 抽样信号的傅立叶变换

抽样信号（周期脉冲序列）是数字信号分析处理中常用的解析函数。设一抽样信号的表达式为

$$p(t) = \sum_{-\infty}^{\infty} \delta(t - nT_s) \tag{2.58}$$

由于 $p(t)$ 是周期函数，则其傅立叶变换为

$$P(f) = \sum_{k=-\infty}^{\infty} P(f_k) \cdot \delta(f - kf_s) \tag{2.59}$$

其中，$P(f_k)$ 为 $p(t)$ 的 FS 系数，且

$$P(f_k) = \frac{1}{T_s} \int_{-\frac{T_s}{2}}^{\frac{T_s}{2}} p(t) e^{-j2\pi f_s t} \, dt = \frac{1}{T_s} \int_{-\frac{T_s}{2}}^{\frac{T_s}{2}} \delta(t) e^{-j2\pi f_s t} \, dt = \frac{1}{T_s} \tag{2.60}$$

则

$$P(f) = F[p(t)] = \frac{1}{T_s} \sum_{k=-\infty}^{\infty} \delta(f - kf_s) \tag{2.61}$$

抽样信号及其傅立叶变换如图 2.12 所示。

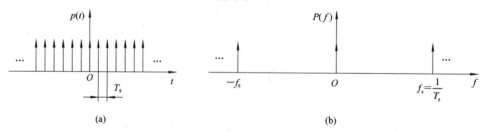

图 2.12　抽样信号及其傅立叶变换

（a）信号波形；（b）傅立叶变换

2.3　采　样　定　理

信号的傅立叶分解定理给了我们启发：要讨论一般的连续信号的离散化问题，首先可以从简单、特殊的正弦信号离散化问题谈起。

2.3.1　正弦信号的采样

设正弦信号为

$$x(t) = A \sin(\omega t + \varphi) \tag{2.62}$$

式中，A 为幅值；$\omega = 2\pi f$ 为角频率；φ 为初始相位。

为了对正弦信号进行离散化，设采样周期为 T_s，则正弦信号的离散信号为

$$x(nT_s) = A \sin(\omega nT_s + \varphi) \tag{2.63}$$

现在的问题是由 $x(nT_s)$ 能否恢复出正弦信号 $x(t)$。由式(2.62)可知，要恢复 $x(t)$ 就要唯一地确定 A、ω 和 φ 的值。只要这三个参数确定了，正弦信号就恢复出来了，下面就讨论如何确定 A、ω 和 φ 的值。

正弦信号的周期 $T = 2\pi/\omega$，由 $x(nT_s)$ 能否恢复出正弦信号 $x(t)$ 与采样周期 T_s 和正弦信号周期 T 有密切的关系。下面分三种情况讨论。

(1) 采样周期等于正弦信号周期的一半，即 $T_s = \dfrac{T}{2}$，设采样角频率 $\omega_s = \dfrac{2\pi}{T_s}$，则可表示为 $\omega_s = 2\omega$。此时，离散信号为

$$x(nT_s) = A \sin(n\pi + \varphi) = (-1)^n A \sin\varphi \tag{2.64}$$

由式(2.64)可知，存在不同于 A 和 φ 的 A_1 和 φ_1，使得下式成立：

$$x(nT_s) = (-1)^n A \sin\varphi = (-1)^n A_1 \sin\varphi_1 \tag{2.65}$$

这说明除了式(2.62)所表示的正弦信号外，还存在如下的正弦信号：

$$x_1(t) = A_1 \sin(\omega t + \varphi_1) \tag{2.66}$$

它们的离散信号相同，因为

$$\begin{aligned}
x_1(nT_s) &= A_1 \sin(\omega nT_s + \varphi_1) \\
&= A_1 \sin(n\pi + \varphi_1) = (-1)^n A_1 \sin\varphi_1 = (-1)^n A \sin\varphi \\
&= x(nT_s)
\end{aligned} \tag{2.67}$$

以上说明，当采样周期等于正弦信号周期的一半，即 $T_s = \dfrac{T}{2}$ 时，由 $x(nT_s)$ 不能唯一地恢复出正弦信号 $x(t)$。

(2) 采样周期大于正弦信号的半个周期，即 $T_s > \dfrac{T}{2}$，设采样角频率 $\omega_s = \dfrac{2\pi}{T_s}$，则可表示为 $\omega_s < 2\omega$。此时，可以找到许多大于 ω 的角频率 ω_1，并且满足 $\omega_1 = \omega + k\omega_s$（$k$ 为大于 0 的正整数），使正弦信号 $x_1(t)$ 的离散信号 $x_1(nT_s)$ 和正弦信号 $x(t)$ 的离散信号 $x(nT_s)$ 是一样的。

因为

$$\begin{aligned}
x_1(nT_s) &= A \sin(\omega_1 nT_s + \varphi) \\
&= A \sin[(\omega + k\omega_s)nT_s + \varphi] \\
&= A \sin(\omega nT_s + 2kn\pi + \varphi) = A \sin(\omega nT_s + \varphi) \\
&= x(nT_s)
\end{aligned} \tag{2.68}$$

同时，还可以找到小于或等于 ω 的角频率 ω_1，并且满足 $\omega_1 = \omega - k\omega_s \geqslant 0$（$k$ 为满足不等式的正整数），使正弦信号 $x_1(t)$ 的离散信号 $x_1(nT_s)$ 和正弦信号 $x(t)$ 的离散信号 $x(nT_s)$

是一样的。因为

$$x_1(nT_s) = A \sin(\omega_1 nT_s + \varphi) = A \sin[(\omega - k\omega_s)nT_s + \varphi]$$
$$= A \sin(\omega nT_s - 2kn\pi + \varphi) = A \sin(\omega nT_s + \varphi)$$
$$= x(nT_s)$$

综上所述，当采样周期大于正弦信号周期的一半，即 $T_s > T/2$ 时，由 $x(nT_s)$ 不能唯一地恢复出正弦信号 $x(t)$。

（3）采样周期小于正弦信号周期的一半，即 $T_s < T/2$，设采样角频率 $\omega_s = 2\pi/T_s$，则可表示为 $\omega_s > 2\omega$。此时，由离散信号 $x(nT_s)$ 能唯一地恢复出正弦信号 $x(t)$。实际上，由离散信号 $x(nT_s)$ 的三个点上的值就可以唯一确定正弦信号 $x(t)$ 的三个参数 A、ω 和 φ。

综上所述，对于正弦信号采样，有以下的结论：

（1）当采样频率 ω_s 大于正弦信号频率 ω 的 2 倍，即 $\omega_s > 2\omega$ 时，由采样得到的离散信号 $x(nT_s)$ 可以唯一地确定原信号 $x(t)$。

（2）当采样频率 ω_s 小于或等于正弦信号频率 ω 的 2 倍，即 $\omega_s \leqslant 2\omega$ 时，由采样得到的离散信号 $x(nT_s)$ 不能唯一地确定原信号 $x(t)$。

2.3.2　采样定理

1. 采样条件

从以上对正弦信号的讨论可知，由离散信号恢复原始正弦信号，采样频率必须和原正弦信号的频率满足一定的关系（即 $\omega_s > 2\omega$）。从信号的傅立叶分解中，知道对一个一般的连续信号 $x(t)$ 可以表示为若干个正弦信号的叠加，其中各频率为 f 的谐波信号的振幅和相位可由式（2.50）和式（2.51）所示的频谱来表示，把信号和频谱的关系重写为

$$x(t) = \frac{1}{2\pi} \int_{-\infty}^{\infty} X(\omega) \mathrm{e}^{\mathrm{j}\omega \cdot t} \, \mathrm{d}\omega \tag{2.69}$$

$$X(\omega) = \int_{-\infty}^{\infty} x(t) \mathrm{e}^{-\mathrm{j}\omega \cdot t} \, \mathrm{d}t \tag{2.70}$$

当 $X(\omega) = 0$ 时，表示连续信号 $x(t)$ 不包含有角频率为 ω 的谐波成分；当 $X(\omega) \neq 0$ 时，表示连续信号 $x(t)$ 包含有角频率为 ω 的谐波成分。要使离散信号 $x(nT_s)$ 能唯一恢复出连续信号 $x(t)$，就意味着 $x(t)$ 包含的所有谐波都能由离散信号唯一地恢复出来。

如果使 $X(\omega) \neq 0$ 的频率 ω 可以任意大，那么要求 T_s 也就接近于 0，这时只能取 T_s 为 0，这表明连续信号 $x(t)$ 不能由离散信号 $x(nT_s)$ 恢复出来。因此，要由离散信号 $x(nT_s)$ 能唯一恢复出连续信号 $x(t)$，信号的频谱 $X(\omega)$ 和采样周期 T_s（或采样频率 ω_s）必须满足下列采样条件：

（1）$X(\omega)$ 有截止频率 ω_c，即当 $|\omega| > \omega_c$ 时，$X(\omega) = 0$。

（2）$T_s < \dfrac{2\pi}{2\omega_c}$ 或者 $\omega_s > 2\omega_c$。

上述条件的物理意义是：被采样的连续信号 $x(t)$ 所包含的频率范围是有限的，只包含低于 ω_c 的频率成分，这样，连续信号 $x(t)$ 可表示为谐波信号的叠加，这些谐波信号的频率都小于 ω_c。于是，只要使用大于 2 倍 ω_c 的采样频率对连续信号 $x(t)$ 进行采样得到 $x(nT_s)$，根据正弦信号的采样的讨论可知，这时我们可以根据 $x(nT_s)$ 完全唯一地恢复出 $x(t)$。

下面讨论在条件(1)和(2)成立时，如何由离散信号 $x(nT_s)$ 恢复 $x(t)$。

2. 信号恢复

当满足采样条件(1)和(2)时，因为

$$X(\omega) = 0, \qquad |\omega| > \frac{\omega_s}{2} > \omega_c \qquad (2.71)$$

所以可以把式(2.69)化简为

$$x(t) = \frac{1}{2\pi} \int_{-\frac{\omega_s}{2}}^{\frac{\omega_s}{2}} X(\omega) e^{j\omega \cdot t} \, d\omega \qquad (2.72)$$

因此离散信号 $x(nT_s)$ 可表示为

$$x(nT_s) = \frac{1}{2\pi} \int_{-\frac{\omega_s}{2}}^{\frac{\omega_s}{2}} X(\omega) e^{j\omega \cdot nT_s} \, d\omega \qquad (2.73)$$

下面分析 $x(nT_s)$ 和 $X(\omega)$ 的关系。

在区间 $\left(-\dfrac{\omega_s}{2}, \dfrac{\omega_s}{2}\right)$ 上，把 $X(\omega)$ 展开成傅立叶级数：

$$X(\omega) = \sum_{n=-\infty}^{\infty} C_n e^{-jnT_s\omega} \qquad (2.74)$$

其中

$$C_n = T_s \frac{1}{2\pi} \int_{-\frac{\omega_s}{2}}^{\frac{\omega_s}{2}} X(\omega) e^{j\omega \cdot nT_s} \, d\omega = T_s x(nT_s) \qquad (2.75)$$

所以

$$X(\omega) = T_s \sum_{n=-\infty}^{\infty} x(nT_s) e^{-jnT_s\omega} \qquad (2.76)$$

这说明由 $x(nT_s)$ 可以完全确定 $X(\omega)$。因为 $X(\omega)$ 和 $x(t)$ 是一一对应的傅立叶变换对，所以由 $x(nT_s)$ 也可以完全确定 $x(t)$。

由式(2.72)可得

$$x(t) = \frac{1}{2\pi} \int_{-\frac{\omega_s}{2}}^{\frac{\omega_s}{2}} \left(T_s \sum_{n=-\infty}^{\infty} x(nT_s) e^{-jnT_s\omega} \right) e^{j\omega \cdot t} \, d\omega = \frac{T_s}{2\pi} \sum_{n=-\infty}^{\infty} x(nT_s) \int_{-\frac{\omega_s}{2}}^{\frac{\omega_s}{2}} e^{j\omega(t-nT_s)} \, d\omega$$

$$= \frac{T_s}{2\pi} \sum_{n=-\infty}^{\infty} x(nT_s) \left[\frac{1}{j(t-nT_s)} e^{j\omega(t-nT_s)} \right] \Big|_{-\frac{\omega_s}{2}}^{\frac{\omega_s}{2}}$$

$$= T_s \sum_{n=-\infty}^{\infty} x(nT_s) \frac{1}{\pi(t-nT_s)} \frac{1}{2j} \left[e^{j\frac{\omega_s}{2}(t-nT_s)} - e^{-j\frac{\omega_s}{2}(t-nT_s)} \right]$$

$$= \sum_{n=-\infty}^{\infty} x(nT_s) \frac{\sin\left[\dfrac{\omega_s}{2}(t-nT_s)\right]}{\dfrac{\omega_s}{2}(t-nT_s)}$$

$$= \sum_{n=-\infty}^{\infty} x(nT_s) \mathrm{Sinc}\left[\frac{\omega_s}{2}(t-nT_s)\right] \qquad (2.77)$$

$\mathrm{Sinc}(t)$ 称为森克函数，又称为采样函数，因为它是采样理论里重要的函数。其定义如下：

$$\text{Sinc}(t) = \frac{\sin(t)}{t} \tag{2.78}$$

Sinc 函数具有特殊的性质：当 $t=0$ 时，$\text{Sinc}(t)=1$，而当 $t=n\pi$ 时，$\text{Sinc}(t)=0$。Sinc 函数的波形如图 2.13 所示。

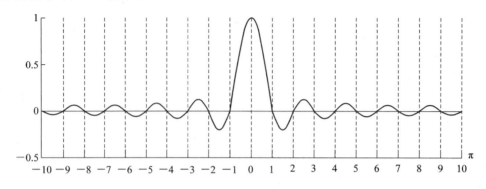

图 2.13　Sinc 函数波形图

式(2.77)说明，任何一个连续信号都可以由一序列时间间隔为 T_s 的脉冲值 $x(nT_s)$ 与其相应的采样函数 $\text{Sinc}\left[\dfrac{\omega_s}{2}(t-nT_s)\right]$ 之积的和来表示。

3．奈奎斯特(Nyquist)频率

由以上的讨论可知，在信号采样与恢复时，频率 $\dfrac{\omega_s}{2}$ 起着重要作用，由此定义 $\dfrac{\omega_s}{2}$ 为奈奎斯特频率，记为 ω_N。

$$\omega_N = \frac{\omega_s}{2} \tag{2.79}$$

有了奈奎斯特频率的定义，采样的条件(2)可以重新描述为：$\omega_N > \omega_c$，式(2.77)也可以重新描述为

$$x(t) = \sum_{n=-\infty}^{\infty} x(nT_s)\text{Sinc}\left[\omega_N(t-nT_s)\right] \tag{2.80}$$

4．采样定理

采样定理：设连续信号 $x(t)$ 的频谱为 $X(\omega)$，以采样周期 T_s 采样得到的离散信号是 $x(nT_s)$。如果频谱 $X(\omega)$ 和采样周期 T_s(或采样频率 ω_s)满足条件(1)和条件(2)，则有离散信号 $x(nT_s)$ 可以完全确定频谱 $X(\omega)$，具体关系为式(2.76)，并可完全确定连续信号 $x(t)$，具体关系为式(2.80)。

用奈奎斯特频率 ω_N 来描述采样定理：当连续信号 $x(t)$ 的截止频率 ω_c 小于奈奎斯特频率 ω_N 时，可以由采样得到的离散信号是 $x(nT_s)$ 恢复出连续信号 $x(t)$。

2.3.3　混频

1．混频

当采样定理中的两个条件不能满足时，即当频谱 $X(\omega)$ 不存在截止频率 ω_c，或者存在截止频率 ω_c 但采样频率 ω_s 小于 2 倍的截止频率时，离散信号 $x(nT_s)$ 的频谱 $X_\Delta(\omega)$ 和连续

信号的频谱 $X(\omega)$ 之间的关系如下：

采样信号 $x(nT_s)$（严格地说是抽样信号）是连续信号 $x(t)$ 和抽样信号（周期脉冲序列）$p(t)$ 在时域相乘的结果。根据时域卷积定理，时域卷积等于频域相乘，所以

$$X_\Delta(\omega) = F[x(nT_s)] = F[x(t) * p(t)] = X(\omega) \cdot P(\omega)$$

$$= \frac{1}{T_s} \sum_{k=-\infty}^{\infty} X(\omega)\delta(\omega - k\omega_s)$$

$$\overset{\text{或}}{=} \frac{1}{T_s} \sum_{k=-\infty}^{\infty} X(\omega - k\omega_s) \tag{2.81}$$

可以看出，当采样定理的采样条件不满足时，离散信号的频率发生了混叠，即混频，信号的高频分量和低频分量重合在了一起，使得信号的低频分量失真。

2. 消除混频的途径

为了使采样信号的频谱不失真，在采样中一定要满足采样定理的两个条件。为了满足采样定理的两个条件，有两个方法：一是要提高采样频率，二是要对连续信号进行低通滤波，以去除引起混频的高频成分。通常我们感兴趣的信号（即有用信号）在低频区，而无用的噪声干扰信号在高频区，那么在连续进行采样之前要先进行低通滤波。

如果对要采样的某个连续信号的性质一无所知，这时可以选择几个比较小的采样周期进行试采样。如用 T_{sa} 和 T_{sb}（$T_{sa} > T_{sb}$）作为采样周期进行采样，然后对这两个离散信号分别进行频谱分析。在频率范围 $\left(-\dfrac{1}{2T_{sa}}, \dfrac{1}{2T_{sa}}\right)$ 内比较这两个信号的频谱，如果差别不大，则可近似地认为截止频率 ω_c 小于奈奎斯特频率。如果两个离散信号的频谱差别较大，则取较小的采样周期进行比较。总之，直到选取合适的 T_{sa} 和 T_{sb}，使两个离散信号的频谱差别不大为止。

第 3 章 传感器技术

3.1 概　　述

传感器是将被测量的某一物理量(或信号)按一定规律转换为另外一种(或同种)与之有确定对应关系的、便于应用的物理量(或信号)输出的器件或装置。传感器的输出信号有很多形式,如电压、电流、频率、脉冲等,输出信号的形式由传感器的原理确定。

3.1.1 传感器的组成

一般来讲,传感器由敏感元件和转换元件组成,其中,敏感元件是指传感器中能直接感受被测量的部分,转换元件是指传感器中能将敏感元件输出转换为适于传输和测量的物理量部分。

由于传感器输出信号一般都很微弱,因而需要由信号调节与转换电路将其放大或转换为容易传输、处理、记录和显示的形式。随着半导体器件与集成技术在传感器中的应用,传感器的信号调节与转换电路可能安装在传感器的壳体里或与敏感元件一起集成在同一芯片上。因此,信号调节与转换电路以及所需电源都应作为传感器组成的一部分。传感器的组成框图如图 3.1 所示。

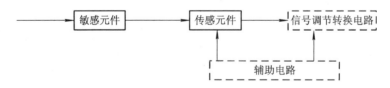

图 3.1　传感器的组成

3.1.2 传感器的分类

传感器的种类繁多,因此也就具有多种不同的分类方法。下面将总结传感器的分类方法以及相应的分类结果。

1. 按被测量分类

这种分类方法是按被测量的物理量命名的,具体可以分为以下几类传感器:

· 长度/线位移传感器。

· 角度/角位移传感器。

· 振动传感器。

- 速度传感器。
- 加速度传感器。
- 力传感器。
- 温度传感器。
- 流量传感器。
- 光传感器。

2. 按工作原理分类

这种分类方法是按传感器的工作原理命名的，具体可以分为以下几类传感器：
- 电阻式：利用电阻参数变化实现信号转换。
- 电容式：利用电容参数变化实现信号转换。
- 电感式：利用电感参数变化实现信号转换。
- 压电式：利用压电效应实现信号转换。
- 磁电式：利用电磁感应原理实现信号转换。
- 热电式：利用热电效应实现信号转换。
- 光电式：利用光电效应实现信号转换。
- 光纤式：利用光纤特性参数变化实现信号转换。

3. 按输出信号分类

这种分类方法是按传感器的输出信号命名的，具体可以分为以下两类传感器：
- 模拟式：输出量为模拟信号(电压、电流等)。
- 数字式：输出量为数字信号(脉冲、编码等)。

4. 按能量关系分类

这种分类方法是按传感器工作的能量关系命名的，具体可以分为以下两类传感器：
- 能量转换型：传感器输出量直接由被测量能量转换而来。
- 能量控制型：传感器输出量能量由其他能源提供，但受输入量控制。

3.1.3 传感器的特征描述

传感器的输出与输入关系特性是传感器的基本特性。从误差角度去分析输出与输入特性是测量技术所要研究的主要内容之一。输出与输入特性虽是传感器的外部特性，但与其内部参数又有着密切关系。因为传感器不同的内部结构参数决定它具有不同的外部特性，所以测量误差也是与内部结构参数密切相关的。

传感器所测量的物理量基本上有两种形式：一种是稳态(静态或准静态)的形式，这种信号不随时间变化(或变化很缓慢)；另一种是动态(周期变化或瞬态)的形式，这种信号是随时间变化而变化的。由于输入物理量状态不同，传感器所表现出来的输出与输入特性也不同，因此存在所谓的静态特性和动态特性。由于不同传感器具有不同的内部参数，它们的静态特性和动态特性也表现出不同的持点，对测量结果的影响也各不相同。一个高精度传感器，必须要有良好的静态特性和动态特性，这样它才能完成信号的无失真转换。

1. 传感器的静态特征

传感器在稳态信号作用下，其输出与输入关系称为静态特性。衡量传感器静态特性的重要指标有线性度、灵敏度、迟滞和重复性。

1）线性度

传感器的线性度是指传感器输出与输入之间的线性程度。传感器的理想输出与输入特性是线性的。

实际上许多传感器的输出与输入特性都是非线性的，一般可用下列多项式表示传感器的输出与输入特性：

$$y = a_0 + a_1 x + a_2 x + \cdots \tag{3.1}$$

式中，y 是输出量，a_0 为零位输出，x 为输入量，a_1 为线形系数（灵敏度），其余为待定系数。

传感器线性度的描述通常使用传感器的非线性误差来度量。一般取标定误差中的最大偏离误差与输出满度值之比作为评价非线性误差（或线性度）的指标（如图 3.2 所示）。

非线性度的定义如下：

$$e = \pm \frac{\Delta_{\max}}{Y_{\max}} \tag{3.2}$$

式中，e 表示线性度；$\Delta_{\max}$ 表示最大非线性绝对误差；$Y_{\max}$ 表示满量程。

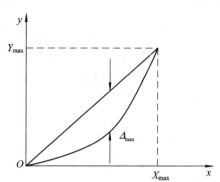

图 3.2　输出与输入的非线性

2）灵敏度

灵敏度是传感器在稳态下输出变化对输入变化的比值。灵敏度常用 S_n 来表示，即

$$S_n = \frac{\mathrm{d}y}{\mathrm{d}x} \tag{3.3}$$

式中，$\mathrm{d}y$ 是输出变化量，$\mathrm{d}x$ 是输入变化量。

对于线性传感器，它的灵敏度就是它的静态特性的斜率，即 $S_n = y/x$。非线性传感器的灵敏度不是常数，为一变量。

3）迟滞

迟滞是指传感器在正（输入量增大）、反（输入量减小）行程期间输出与输入持性曲线不重合的程度。也就是说，对应于同一大小的输入信号，传感器正反行程的输出信号大小不相等，如图 3.3 所示，这就是迟滞现象。产生迟滞现象的主要原因是传感器机械部分存在不可避免的缺陷，如轴承摩擦、间隙、紧固件松动、材料的内摩擦、积尘等。

迟滞大小一般要由实验方法确定，常用最大输出差值 $\Delta H_{\max}$ 对满量程输出 Y_{FS} 的百分比表示：

$$e = \frac{\Delta H_{\max}}{Y_{FS}} \times 100\% \tag{3.4}$$

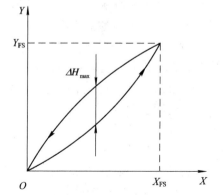

图 3.3　迟滞现象

4）重复性

重复性表示传感器在输入量按同一方向做全量程多次标定时所得特性曲线不一致性的程度，如图 3.4 所示。多次重复测试的曲线重复性越好，误差就越小。

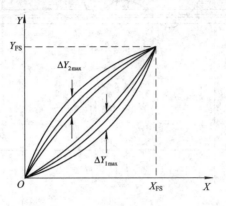

图 3.4　重复性误差

重复性的好坏是与许多因素有关的，与产生迟滞现象具有相同的原因。重复性误差属于随机误差，表示测量结果偶然误差的大小，而不表示与真值之间的差别。有时重复性虽然很好，但可能远离真值。

2. 传感器的动态特征

传感器的动态特性是指传感器对激励（输入）的响应（输出）特性。一个动态特性好的传感器，其输出随时间变化的规律（变化曲线）将能同时再现输入随时间变化的规律，即具有相同的时间函数。这就是动态测量中对传感器提出的要求。但实际上除了具有理想的比例特性的环节外，输出信号将不会与输入信号具有完全相同的时间函数，这种输出与输入之间的差异就是所谓的动态误差，也就是失真。

研究动态特性可以从时域和频域两个方面分别采用瞬态响应法和频率响应法来分析。由于输入信号的时间函数形式是多种多样的，因此在时域内研究传感器的响应特性时，只能研究几种特定的输入时间函数，如阶跃函数、脉冲函数和斜坡函数等的响应特性。在频域内研究动态特性，一般是采用正弦函数得到频率响应特性。动态特性好的传感器暂态响应时间很短或者频率响应范围很宽。这两种分析方法内部存在必然的联系，在不同场合，根据实际需要解决的问题不同而选择不同的方法。

在对传感器进行动态特性的分析和动态标定时，为了便于比较和评价，常常采用正弦信号和阶跃信号作为输入信号。

图 3.5 所示为典型的阶跃响应时域曲线。在采用阶跃输入研究传感器的时域动态特性时，为表征传感器的动态特性，常用上升时间 t_r、响应时间 t_s（稳定时间）、超调量 ΔM 等参数来综合描述。上升时间 t_r 是指输出指示值从最终稳定值的 5％ 或 10％ 变到最终稳定值的 95％ 或 90％ 所需要的时间。响应时间 t_s 是指从输入量开始起作用到输出指示值进入稳定位所规定的范围内所需要的时间。最终稳定值的允许范围通常取 5％ 或 2％。超调量 ΔM 是指输出第一次达到稳定值后又超出稳定值而出现的最大偏差，常用相对于最终稳定值的百分比来表示。

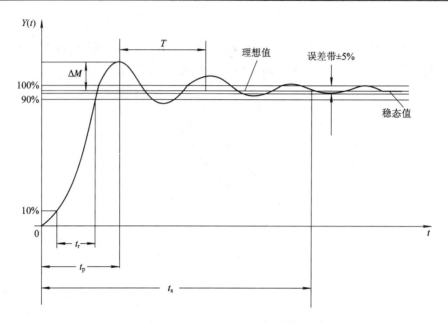

图 3.5 典型的阶跃响应动态过程曲线

在采用正弦输入研究传感器频域动态特性时，常用幅频特性和相频特性来描述传感器的动态特性，其重要指标是频带宽度，简称带宽。带宽是指增益变化不超过某一规定分贝值的频率范围。

3.2 位移传感器

3.2.1 电容式传感器

电容式传感器是利用被测量的变化引起传感电容量的变化来工作的。电容式传感器除了可用于位移量的测量以外，还广泛应用于振动、加速度等机械量的精密测量。

电容式传感器的特点如下：

· 输入量小而灵敏度高。

· 电参量相对变化大。

· 动态特性好。

· 非接触式测量。

· 能量损耗小。

· 结构简单，适应性好。

电容传感器的不足是：非线性大和电缆分布电容影响大。

电容式传感器根据其测量原理不同又可分为三种：变极距式、变面积式和变介质式。

1. 变极距式电容传感器

变极距式电容传感器的结构如图 3.6 所示。

传感器的初始电容 C_0 为

$$C_0 = \frac{\varepsilon A}{\delta_0} \tag{3.5}$$

式中，ε 为介质的介电常数（本章下文中如无特殊说明，ε 都为介电常数），A 为电容板的面积（本节下文中如无特殊说明，A 都为电容板面积），δ_0 为电容板间初始极距（本节下文中如无特殊说明，δ_i 为电容板极距，下标不同表示状态不同）。

当传感器的动极板相对于定极板有相对位移时，传感器的电容量就发生相应的变化。例如，当动极板与定极板间的距离减小了 $\Delta\delta$ 时，电容量就相应地增大，此时的电容为

$$C = \frac{\varepsilon A}{\delta_0 - \Delta\delta} = C_0 \frac{1}{1 - \Delta\delta/\delta_0} \tag{3.6}$$

为了提高灵敏度，变极距式电容传感器可以做成差动式的，如图 3.7 所示。

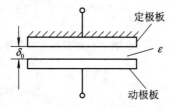

图 3.6　变极距式电容传感器的结构　　　　图 3.7　差动式变极距型电容传感器

2. 变面积式电容传感器

变面积式电容传感器的结构如图 3.8 所示。

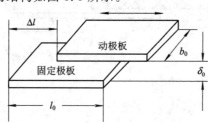

图 3.8　变面积式电容传感器的结构

传感器的初始电容为

$$C_0 = \frac{\varepsilon l_0 b_0}{\delta_0} \tag{3.7}$$

其结构参数如图 3.8 所示，当极板板间有相对位移 Δl 时，传感器电容量减小，此时的电容量为

$$C = C_0 - \Delta C = \frac{\varepsilon(l_0 - \Delta l)b_0}{\delta_0} \tag{3.8}$$

电容量的相对变化为

$$\frac{\Delta C}{C_0} = \frac{\Delta l}{l_0} \tag{3.9}$$

传感器的灵敏度 K 为

$$K = \frac{\Delta C}{\Delta l} = \frac{C_0}{l_0} = \frac{\varepsilon b_0}{\delta_0} \tag{3.10}$$

变面积式电容传感器的特点为：① 传感器输出为线性；② 传感器的灵敏度与初始极

距成反比，减小极距可以提高灵敏度；③ 可做成差动结构，提高灵敏度。

电容传感器的结构可以很灵活，并不拘泥于一种形式，如图 3.9 和图 3.10 所示。

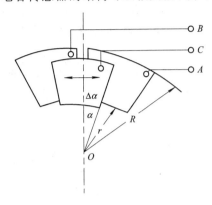 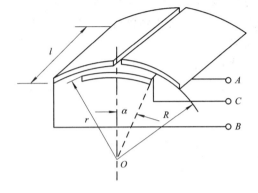

　　　图 3.9　差动式扇形平板电容传感器　　　　图 3.10　差动式柱面板型电容传感器

3. 变介质型电容传感器

变介质型电容传感器的结构如图 3.11 所示。

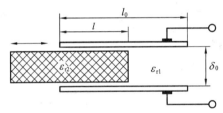

图 3.11　变介质型电容传感器的结构

如图 3.11 所示，传感器电容量为

$$C = C_1 + C_2 = \frac{\varepsilon_0 \varepsilon_{r1} b_0 (l_0 - l)}{\delta_0} + \frac{\varepsilon_0 \varepsilon_2 b_0 l}{\delta_0}$$

$$= \frac{\varepsilon_0 b_0}{\delta_0} [\varepsilon_{r1} l_0 + (\varepsilon_{r2} - \varepsilon_{r1}) l] \tag{3.11}$$

上式中各参数的含义如图 3.11 所示。可见传感器的电容量 C 是 l 的函数。

4. 电容式传感器的应用

电容传感器可以直接测量的非电量为直线位移、角位移及介质的几何尺寸。用于这三类非电参数变换测量的传感器一般说来原理比较简单，无需再作任何预变换。

用来测量金属表面状况、尺寸、振幅等量的传感器，往往采用单极式变极距式电容传感器，使用时常将被测物作为传感器的一个极板，而另一个电极板在传感器内。近年来已采用这种方法测量油膜等物质的厚度。这类传感器的测量范围均比较小，约为十分之几毫米，而灵敏度则在很大程度上取决于选材、结构的合理性及寄生参数的影响。精度可达到 $0.1~\mu m$，分辨力达到 $0.025~\mu m$，实现了非接触测量，它加给被测对象的力极小，可忽略不计。

电容式传感器还可用于测量原油中的含水量、粮食中的含水量等。当电容传感器用于测量其他物理量时，必须进行预变换，将被测参数转换成极距 d、面积 S 或介电常数 ε 的变化。例如在测量压力时，要用弹性元件先将压力转换成极距 d 的变化。

3.2.2 电感式传感器

电感式传感器是建立在电磁感应现象的基础上，利用线圈自感或互感的改变来实现非电量的测量。根据工作原理的不同，电感式传感器可分为自感型、互感型等几类。它可以把输入的物理量如位移、振动、压力、流量、比重等参数，转换为线圈的自感系数 L 和互感系数 M 的变化，而 L 和 M 的变化在电路上又转换为电压或电流的变化，即将非电量转换成电信号量输出。电感式传感器具有以下特点：

- 工作可靠，寿命长。
- 灵敏度高，分辨力高(位移变化为 $0.01~\mu m$，角度变化为 $0.1°$)。
- 精度高、线性好(非线性误差可达 $0.05\% \sim 0.1\%$)。
- 性能稳定，重复性好。

电感式传感器的缺点是存在交流零位信号，不适于高频动态信号测量。

1. 自感型电感传感器

自感型电感传感器有气隙型和螺管型两种结构。

1) 气隙型

气隙型电感传感器的结构原理图如图 3.12 所示，传感器主要由线圈、衔铁和铁芯等组成。图 3.12 中点划线表示磁路，磁路中空气隙总长度为 l_δ。工作时衔铁与被测体接触，被测体的位移引起气隙磁阻的变化，从而使线圈电感变化。当传感器线圈与测量电路连接后，可将电感的变化转换成电压、电流或频率的变化，完成从非电量到电量的转换。

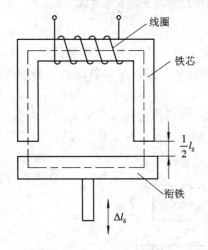

图 3.12 气隙型电感传感器

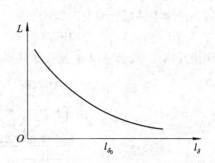

图 3.13 气隙型电感传感器的特性曲线

气隙型电感传感器的特性曲线如图 3.13 所示，当气隙减少时电感增大，气隙增加时电感减小。但是相同的气隙变化引起的电感变化不一样，即转换是非线性的。

由于转换原理的非线性和衔铁正、反方向移动时电感变化量的不对称性，因此气隙型电感传感器为了保证一定的线性精度，只能工作在很小的区域，故只能用于微小位移的测量。

为了提高气隙型电感传感器的灵敏度以及改善非线性，常把气隙型电感传感器做成差动式的。差动式的灵敏度比单边的高一倍。一般差动变隙式电感传感器 $\Delta l_\delta / l_\delta = 0.1 \sim 0.2$

时，可使传感器的非线性误差在 3% 左右。

差动变隙式电感传感器的工作行程也很小，若取 $l_\delta = 2$ mm，则行程为 0.2～0.4 mm。较大行程的位移测量常常利用螺管式电感传感器。

2）螺管型

单线圈螺管型电感传感器的结构如图 3.14 所示，其主要元件为一只螺管线圈和一根圆柱形铁芯。传感器工作时，因铁芯在线圈中伸入长度的变化，引起螺管线圈电感值的变化。当用恒流源激励时，则线圈的输出电压与铁芯的位移量有关。

为了提高灵敏度与线性度，常采用差动螺管式电感传感器，如图 3.15 所示。

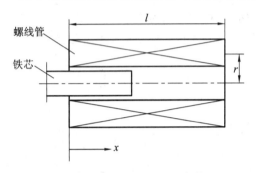

图 3.14　单线圈螺管型电感传感器结构图　　　图 3.15　差动螺管型电感传感器

差动螺管型电感传感器比单个螺管式电感传感器的灵敏度高一倍。为了使灵敏度增大，应使线圈与铁芯尺寸比值 l/l_c 和 r/r_c 趋于 1，且选用铁芯磁导率大的材料。这种差动螺管型电感传感器的测量范围为 5～50 mm，非线性误差在 ±0.5% 左右。

2. 互感型电感传感器

互感型电感传感器的工作原理是利用电磁感应中的互感现象，将被测位移量转换成线圈互感的变化量。由于常采用两个次级线圈组成差动式，因而又称差动变压器型传感器，实际常用的为差动螺管型变压器。

互感型电感传感器的结构原理如图 3.16 所示。传感器由初级线圈和两个参数完全相同的次级线圈组成。线圈中心插入圆柱形衔铁。次级线圈反极性串联。

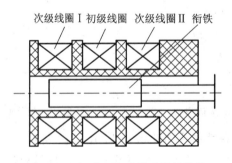

图 3.16　互感型电感传感器的结构

互感型电感传感器的电路原理如图 3.17 所示，当初级线圈加上交流电压时，如果衔铁正好位于中心位置，则两个次级线圈的电压相等，总的输出电压为 0；当运动时，两个次级线圈的电压不等，输出电压与衔铁位置有关，其输出特性如图 3.18 所示。

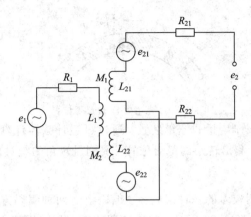

图 3.17 互感型电感传感器的电路原理

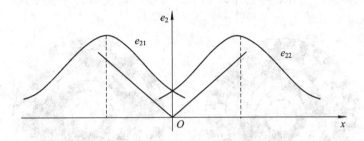

图 3.18 互感型差动传感器的输出特性

3.2.3 光电式传感器

1. 脉冲盘

脉冲盘可用于测量转角，也可以间接测量直线位移。脉冲盘式转换器的结构示意图如图 3.19 所示，在一圆盘周围分成相等的透明与不透明部分（或开有槽缝，或在光学玻璃上进行喷涂、照相、腐蚀而成），当圆盘与工作轴一起转动时，光电元件上受到的光时通时断，因而产生脉冲，经放大、整形后送到计数器，根据脉冲数目即可测出工作轴的转角。如果测量其脉冲频率，则可测量工作轴的转速。

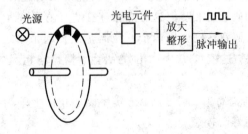

图 3.19 脉冲盘式转换器的结构

用单个的光电元件不能判断转向，为了判断转向，需要采用两个光电元件。此时，两个光电元件的安装距离应为节距的 1/4，如图 3.20 所示，使两个光电元件的输出信号电角度（相位）相差 90°。

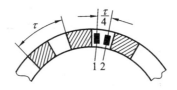

图 3.20　光电元件的安装位置

脉冲盘式测角系统属于增量式测量装置，通过可逆计数器计算脉冲的增减，然后计算出转角的增减。但它不能测出转角的绝对位置，要测量转角的绝对位置，可以使用编码盘。

2. 编码盘

光电式编码盘是应用较多的一种编码盘。编码盘有两种编码方式：二进制编码和循环码编码（又称格雷码），如图 3.21 所示。二进制码直观，易于后续电路处理和计算机计算，但二进制码多位码同时动作，容易出现错码；循环码每次只有一位变化，消除了非单值误差。

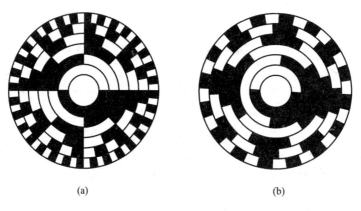

(a)　　　　　　　　　　　　(b)

图 3.21　码盘的两种编码方式

(a) 6 位二进制码盘；(b) 6 位循环码码盘

在图 3.21 中，阴影部分表示不透光，而空白处表示透光，码盘共分 6 个码道，在每圈码道上都装有光电系统，光被遮挡表示 1，不被遮挡表示 0。整个码盘可划分为 $64(=2^6)$ 个角度位置，每个角度位置对应一个 6 位代码。

上述编码盘仅能区分 64 个不同的角度位置，自然是很粗糙的。要想使编码盘反映更精确的角度位置，就要增加码道数目，但这必然带来工艺上的困难，因而其精度受到一定限制。解决的办法是用组合码盘。例如用两个 6 位码盘组合起来，一个作粗测，一个作精测；精盘转一圈，粗盘转一格，这就可获得 12 位的码盘。精盘与粗盘之间可用精密齿轮传动，其传动比可取 $64(=2^6)$。

光学码盘式传感器结构简单、精度高、分辨率高、可靠性好，且直接输出数字量，绝对值测量，但其缺点是光源寿命较短。

3. 感应同步器

感应同步器是一种高精度的位置检测装置，有直线式（又称感应同步尺）和旋转式两种。由于它具有精度高、成本低、受环境温度影响小等一系列优点，因而获得广泛的应用。感应同步尺的分辨率可达 $1\sim10~\mu m$，旋转式的可达 $1''$（角秒）以下。

直线式与旋转式感应同步器的工作原理均与旋转变压器相似。感应同步尺相当于一个展开了的旋转变压器，如图 3.22 所示。它由定尺与动尺两部分组成，动尺上印制有正弦、余弦两个激磁绕组，两个绕组空间相差 1/4 节距（相当于电角度 90°），相当于旋转变压器的定子上两个空间上相互垂直的激磁绕组；定尺上印有感应绕组，相当于旋转变压器的副边。在安装时，两尺保持平行，且有一定活动间隙（0.05～0.25 mm），节距一般为 2 mm。

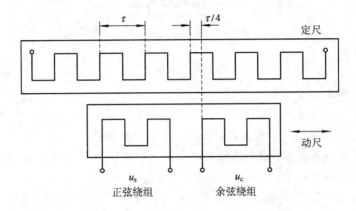

图 3.22 感应同步尺结构

感应同步器有以下两种工作方式，分别是鉴幅式和鉴相式。

（1）鉴幅式工作时，动尺的两个激磁绕组电压的频率及相位都一样，但幅值不同，感应绕组输出电压的频率、相位与激磁电压一样，而幅值随动尺的移动作周期变化。

（2）鉴相式工作时，感应同步器两个激磁绕组供电的频率及幅值都相同，但相位相差 90°；感应绕组的输出电压为一幅值不变的正弦电压，但其相位随动尺位置而变化。

4. 光栅传感器

光栅是一种将等节距的透光和不透光的刻线均匀相间排列构成的光学元件。光栅传感器的结构如图 3.23 所示，它由光源、长光栅、短光栅、光电元件组成。光栅上刻线之间的距离（即节距 τ）根据需要的精度确定，一般每毫米刻 50、100、200 条线。长光栅可移动，称做标尺光栅，短光栅固定不动，称为指示光栅，二者互相平行，它们之间保持一定间隙（0.5～0.1 mm 等）。一对长、短光栅刻线的密度是一样的。

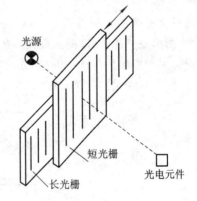

图 3.23 光栅传感器的结构

当两块光栅十分接近、刻线互相倾斜一个很小的角度 θ 时，光源通过长、短光栅后就会出现几条较粗的明暗条纹，如图 3.24 所示，这种条纹在物理学上叫做莫尔条纹。莫尔条纹的方向几乎与刻线的方向垂直。莫尔条纹的间隔 W 可表示如下：

$$W = \frac{\tau}{2 \sin(\theta/2)} \approx \frac{\tau}{\theta} \tag{3.12}$$

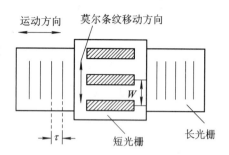

图 3.24 莫尔条纹

莫尔条纹的特性：

- 方向性：垂直于角平分线，当夹角很小时，莫尔条纹与光栅的运动方向垂直。
- 同步性：光栅移动一个栅距，莫尔条纹移动一个间距。
- 放大性：夹角 θ 很小，莫尔条纹间距远远大于光栅间距。
- 可调性：夹角 θ 减小，莫尔条纹间距 W 增加。
- 准确性：大量刻线导致误差具有平均效应，克服了个别/局部误差，提高了精度。

光栅传感器的特点：

- 精度高：测长为 $\pm 0.2~\mu\mathrm{m}$，测角为 $\pm 0.1°$。
- 量程大：可达数米级。
- 响应快：可用于动态测量。
- 增量式：通过计数增量码测量。
- 要求高：对环境要求高。
- 成本高：电路复杂。

5. 光电位置检测传感器

1）原理

光电位置检测传感器（Position Sensitive Detector，PSD）的基本结构如图 3.25 所示。图 3.25 所示是一维 PSD 的截面图，在高阻半导体一面或两面形成均匀电阻层，在电阻层两端安装用于取出信号的一对电极。半导体表面形成 PN 结，因光电效应而生成光电流。

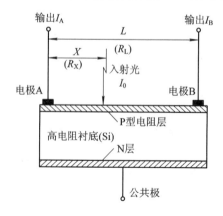

图 3.25 一维 PSD 截面图

光入射位置处的光生电荷形成与光入射能量成比例的光电流，该电流流向电阻层，电流的大小与到各电极的电阻成反比，从电极 A 和 B 各自取出的电流为 I_A 和 I_B。这样，根据 I_A 和 I_B 的比值就能检测到光的入射位置，而与光的入射能量无关。

2）激光测距

PSD 可作为距离传感器，用一维 PSD 作为距离传感器检测距离时可利用三角测距的原理。如图 3.26 所示是一个利用 PSD 作为敏感元件的激光距离传感器的原理图。

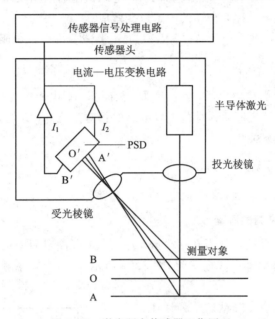

图 3.26　激光距离传感器工作原理

半导体激光源射出的光束由激光棱镜聚焦成光点，照射到被测对象上，其表面上的一部分反射光从受光棱镜聚焦在位置检测元件上形成光点。当被测对象从 O 点移动到 A 或 B 时，位置检测元件上光点的位置也相应地从 O′ 移动到 A′ 或 B′。根据 PSD 就可以计算出被测对象的位移量。根据传感器的上述性质，应使传感器的发射光线与被测表面尽量垂直，同时保证传感器与被测表面保持适当间距。

激光测距的特点是非接触、不易划伤表面、结构简单、测量距离大、抗干扰、测量点小（几十微米）、测量准确度高；缺点是精度受光学元件本身精度的影响，同时还受环境温度、激光束的光强和直径大小以及被测物体表面特征的影响。

3.3　力　传　感　器

3.3.1　电阻应变式传感器

电阻应变式传感器是应用最广泛的传感器之一。将电阻应变片粘贴到各种弹性敏感元件上，可构成直接测量应变（应力）的电阻应变式传感器。

电阻应变式传感器具有以下特点：

· 精度高，测量范围广。

- 使用寿命长，性能稳定可靠。
- 结构简单，体积小，重量轻。
- 频率响应较好，既可用于静态测量，又可用于动态测量。
- 价格低廉，品种多样，便于选择和大量使用。

1. 电阻应变式传感器的基本原理

金属导体在外力作用下发生机械变形时，其电阻值随着它所受机械变形（伸长或缩短）的变化而发生变化的现象，称为金属的电阻应变效应。

若金属的长度为 L，截面积为 A，电阻率为 ρ，其未受力时的电阻为 R，根据欧姆定理

$$R = \rho \frac{L}{A} \tag{3.13}$$

如果金属丝沿轴向方向受拉力变形，其长度 L、截面积 A、电阻率 ρ 都会发生变化。

实验证明，在金属丝变形的弹性范围内电阻的相对变化 $\mathrm{d}R/R$ 与应变 $\varepsilon(\varepsilon = \mathrm{d}L/L)$ 是成正比的。因而可以有以下关系：

$$\frac{\Delta R}{R} = K_s \varepsilon \tag{3.14}$$

式中，K_s 为一常数，称为金属丝（或应变片）的灵敏系数。

2. 电阻丝应变片的测试原理

电阻丝应变片一般是用直径为 0.025 mm 左右、具有高电阻率的电阻丝制成的。为获得高的电阻值，将电阻丝排列成栅状（如图 3.27 所示），称为敏感栅，并粘贴在绝缘的机座上。

应变式传感器是将应变片粘贴于弹性体表面或直接将应变片粘贴于被测试件上。弹性体或试件的变形通过基底和粘结剂传递给敏感栅，使其电阻值发生相应的变化，并通过转换电路转化为电压或电流的变化，即可测量应变。

如果应用仪器测出应变片的电阻值变化量 ΔR，则根据式（3.14）可以得到被测对象的应变值 ε，根据应力与应变关系式（3.15）可以得到应力值。

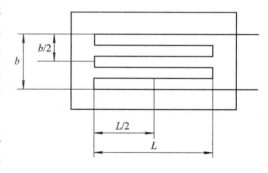

图 3.27　电阻丝应变片结构

$$\sigma = E\varepsilon \tag{3.15}$$

式中，σ 为试件的应力，ε 为试件的应变。

通过弹性敏感元件的转换作用，将位移、力、力矩、加速度、压力等参数转换为应变，可以将应变片由测量应变扩展到测量上述参数，从而形成各种电阻应变式传感器。

3. 电阻应变式传感器的分类

金属电阻应变片分为四种：丝式、箔式、金属膜式和半导体式（压阻式）。

金属丝式应变片有回线式和短接式两种。回线式应变片是将电阻丝绕制成敏感栅粘结在各种绝缘基底上而制成的，它是一种常用的应变片。短接式应变片是将敏感栅平行安

放，两端用直径比栅丝直径大 5～10 倍的镀银丝短接起来而构成的。这种应变片的突出优点是克服了回线式应变片的横向效应，但由于焊点多，在冲击、振动试验条件下，易在焊接点处出现疲劳破坏，且制造工艺要求高。

金属箔式应变片是利用照相制版或光刻腐蚀的方法，将厚约为 0.003～0.01 mm 的金属箔片制成敏感栅而成的应变片。这种应变片具有很多优点，在测试中得到了日益广泛的应用，在常温条件下，已逐步取代了线绕式应变片。它的主要优点是：① 可制成多种复杂形状、尺寸准确的敏感栅，其栅长最小可做到 0.2 mm，以适应不同的测量要求；② 横向效应好；③ 散热条件好，允许电流大，提高了输出灵敏度；④ 蠕变和机械滞后小，疲劳寿命长；⑤ 生产效率高，便于实现自动化生产。

薄膜应变片是薄膜技术发展的产物，其厚度在 0.1 μm 以下。它是采用真空蒸发或真空沉积等方法，将电阻材料在基底上制成一层各种形式敏感栅而形成的应变片。这种应变片灵敏系数高，易实现工业化生产，是一种很有前途的新型应变片，但是目前尚难控制其电阻对温度和时间的变化关系。

半导体应变片的工作原理是基于半导体材料的"压阻效应"。所有材料在某种程度都呈现压阻效应，但半导体的这种效应特别显著，能直接反映出很微小的应变。常见的半导体应变片是用锗和硅等半导体材料作为敏感栅，一般为单根状。根据压阻效应，半导体和金属丝一样可以把应变转换成电阻的变化。

3.3.2 压电式传感器

1. 压电效应

压电式传感器是利用压电效应来测量力的。某些介电物质，在沿一定方向对其施加压力或拉力使之变形后，在它的表面上会产生电荷，当外力去掉时，又回到不带电的状态，这种现象称为压电效应。如图 3.28 所示，当在 x 轴方向上对压电晶体施加一压力 F_x 时，在垂直于 x 轴的晶体表面上产生电荷 Q。电荷 Q 的大小可以表示为

$$Q = d \cdot F_x \qquad (3.16)$$

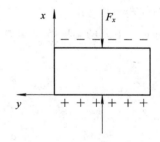

图 3.28　压电效应

式中，d 为 x 轴方向受压时的压电系数，它表征压电材料性能。同一材料在不同的受力和变形方式下其 d 值也不同。

反过来，如果在压电晶体上垂直于 x 轴平面加上电场，会使晶片产生机械变形；如果加交流电压，则切片沿电极方向有伸缩而产生机械振动，这种现象称为"电致伸缩效应"或"逆电压效应"。

压电材料可分为两类：一类叫做压电晶体，如石英晶体（即二氧化硅）、酒石酸钠等；再一类叫压电陶瓷，如钛酸钡、铣太酸铅、铌酸铅等。一般压电陶瓷有比较高的压电系数，如铌镁酸铅 $d = (800～900) \times 10^{-12}$ C/N。

2. 压电传感器

压电晶体受力而使晶体的两个表面产生正负电荷，要进行静态测量必然会引起电荷的

泄漏(除非测量回路输入阻抗为无穷大)。由于压电材料在交变力作用下,电荷可以不断得到补充,因而可供给测量回路一定的电流,故适于动态测量。压电晶体受力时,在一个极上出现正电荷,另一个极上出现等量的负电荷,而中间为绝缘体,因此可把它看做是一个电容器。

由于压电传感器的输出信号非常微弱,一般要将电信号进行放大才能测量,然而压电片内阻相当高,因此,通常传感器的输出先由低噪声电缆送入高输入阻抗的前置放大器,前置放大器的主要作用是将压电传感器的高阻抗输出变成低阻抗输出(即阻抗变换),然后再经过一般的放大、检波或通过功率放大至数据采集设备,如图 3.29 所示。

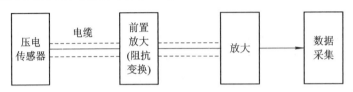

图 3.29 压电传感器系统结构

3.4 温 度 传 感 器

3.4.1 热敏电阻

利用电阻随温度变化的特性制成的传感器叫热电阻传感器,它主要用于对温度和与温度有关的参量进行检测。按电阻的性质来分,可分为金属热电阻和半导体热电阻两大类。半导体热电阻又称热敏电阻,不同的材料烧结的热敏电阻特性也不同。热敏电阻大致可分为负温度系数热敏电阻(NTC)、正向特性热敏电阻(PTC)和临界温度电阻器(CTR)三类。这三种热敏电阻的温度特性如图 3.30 所示。

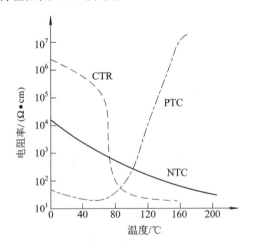

图 3.30 三种热敏电阻的温度特性

在某一特定的温度值下,PTC 和 CTR 的电阻值会发生急剧的变化,因此不能用于宽范围温度的测量,而适于特定温度的检测。负温度系数热敏电阻的温度系数一般为

（−2～−6）%/℃，而开关型则大于 10%/℃。

热敏电阻传感器可用于液体、气体、固体、固熔体等方面的温度测量，测量范围一般为−10～300℃，也可以做到−200～10℃和 300～1200℃。通常使用电桥（如图 3.31 所示）作为传感器的量测电路，因为电桥能精确地测量电阻的微小变化。

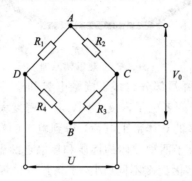

图 3.31　用于热敏电阻传感器中的桥式测量电路

3.4.2　热敏二极管

热敏二极管的使用温度范围在−50～＋150℃。在规定的使用温区内，这种温度敏感器件具有线性度好、灵敏度高、体积小、响应快和输出电阻低等特点。使用时，给热敏二极管加一个恒定的电流（例如 100 μA），则在热敏二极管两端得到一个随温度呈线性变化的电压。热敏二极管直接输出的电压较低，一般只有零点几伏，需经放大电路放大。

图 3.32 所示为热敏二极管的典型应用。其中电源＋V 经 R_1、R_2 及稳压管 V_D 供给热敏器件 V_T 一个较为稳定的电流，A_1 是跟随器，A_2 是反相放大器。V 输出即传感器的输出，它的值与温度成一定的线性关系。

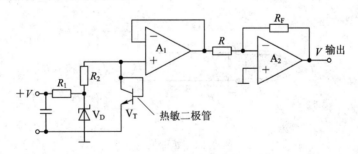

图 3.32　一个典型的热敏二极管的应用测量电路

在使用热敏二极管时，除了应保持器件与被测物体之间有良好的接触外，器件应避免强光照射、放射性辐射以及强磁场干扰的测量环境，必要时可用屏蔽式探头。此外，器件作控温使用时，应注意器件测温的滞后性（器件时间常数为 0.1～2 s）。

3.4.3　热电偶

如图 3.33 所示，把两种不同的导体或半导体连接构成闭合回路，当两个节点保持不同温度时将产生热电动势（塞贝克效应），将此热电动势用于温度测量的元件称为热电偶。

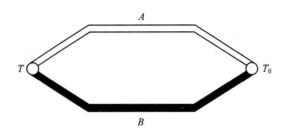

图 3.33　热电偶原理

热电偶回路中的热电势由两部分组成：接触电势和温差电势。接触电势产生的原因是，当两种导体接触时，由于两者电子密度不同，电子密度大的导体的电子向另一导体扩散的速率高，结果丢失电子多的导体带正电荷，得到电子的导体带负电荷，这样就形成接触电势。接触电势的大小取决于两种导体的性质和接触点的温度。

温差电势是同一导体两端因温度不同（例如 $T > T_0$）产生的。高温端的电子能量比低温端电子能量大，因此，从高温端流向低温端的电子数目比从低温端流向高温端的多，结果失去电子的高温端带正电荷，得到电子的低温端带负电荷。

在热电势中，接触电势占的比例大于温差电势。热电势总电势是温度 T 和 T_0 的函数，若令冷端温度 T_0 固定，则总电势只与热端温度 T 成单值函数关系。

构成热电偶的两个导体必须是不同的金属材料，如铂铑-铂，镍铬-铅镍，铜-康铜，铁-考铜，铱-铱铑等。否则，无论两节点温度如何，热电偶回路总电势将为零。

在热电偶回路接入第三种材料的导体时，只要第三种导体两端与热电偶接触的地方温度相同，则第三种导体的引入不会影响热电势，这一性质称做"中间导体定律"。根据这一性质，才可以在回路中接入各种仪表及连接线，也允许用任意的焊接方法来焊制热电偶的节点，而不必担心它们是否会对热电势有影响。根据这一性质，可以采用图 3.34 所示的测量结构。

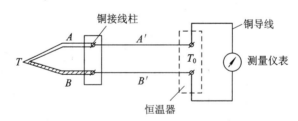

图 3.34　热电偶测量

在图 3.34 所示的测量结构中，用一种导线将冷端延伸出来，把延伸的冷端连同测量仪表一起放在恒温或温度波动小的地方，这种导线称为"补偿导线"。这种补偿导线在一定温度范围内应具有和所连接的热电偶相同的热电性能。

3.5　光电传感器

光电传感器是最常见的传感器之一，它的种类繁多，主要有光电管、光电倍增管、光敏电阻、光敏三极管、红外线传感器、紫外线传感器、光纤式光电传感器、色彩传感器、CCD 和 CMOS 图像传感器等。光电传感器的敏感波长一般在可见光波长附近，包括红外线波长和紫外线波长。光传感器不只局限于对光的探测，还可以作为探测元件组成其他传感器，对许多非电量进行检测，只要将这些非电量转换为光信号的变化即可。光电传感器是目前产量最多、应用最广的传感器之一，它在自动控制和非电量电测技术中占有非常重要的地位。最普遍的光敏传感器是光敏电阻和光电二极管，下面分别进行详细介绍。

3.5.1 光敏电阻

光敏电阻器（photovaristor）又叫光感电阻，是利用半导体的光电效应制成的一种电阻值随入射光的强弱而改变的电阻器，当入射光强增强时，电阻减小；当入射光减弱时，电阻增大。光敏电阻器一般用于光强测量、光的控制和光电转换（将光的变化转换为电的变化）。

通常，光敏电阻器都制成薄片结构，以便吸收更多的光能。当光敏传感器受到光的照射时，半导体片（光敏层）内就激发出电子-空穴对参与导电，使电路中的电流增强。一般光敏电阻器的结构及其实物图如图 3.35 所示。

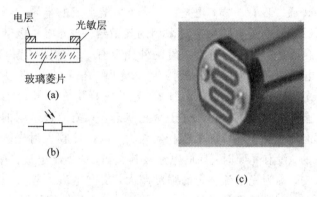

图 3.35 光敏电阻器结构及其实物图

（a）光敏电阻器的结构；（b）电路中图形符号；（c）实物图

用于制造光敏电阻的材料主要是金属的硫化物、硒化物和碲化物等半导体。在黑暗环境里，它的电阻值很高，当受到光照时，只要光子能量大于半导体材料的禁带能量，则价带中的电子吸收一个光子的能量后可跃迁到导带，并在价带中产生一个带正电荷的空穴，这种由光照产生的电子-空穴对增加了半导体材料中载流子的数目，使其电阻率变小，从而造成光敏电阻阻值下降，即光照愈强，阻值愈低。入射光消失后，由光子激发产生的电子-空穴对将逐渐复合，光敏电阻的阻值也就逐渐恢复原值。

根据光敏电阻的光谱特性，可分为如下三种光敏电阻器：

紫外光敏电阻器：对紫外线较灵敏，包括硫化镉、硒化镉光敏电阻器等，用于探测紫外线。

红外光敏电阻器：主要有硫化铅、碲化铅、硒化铅、锑化铟等光敏电阻器，广泛用于导弹制导、天文探测、非接触测量、人体病变探测、红外光谱，以及红外通信等国防、科学研究和工农业生产中。

可见光光敏电阻器：包括硒、硫化镉、硒化镉、碲化镉、砷化镓、硅、锗、硫化锌光敏电阻器等，主要用于各种光电控制系统，如光电自动开关门户，航标灯、路灯和其他照明系统的自动亮灭，自动给水和自动停水装置，机械上的自动保护装置和"位置检测器"，极薄零件的厚度检测器，照相机自动曝光装置，光电计数器，烟雾报警器，光电跟踪系统等方面。

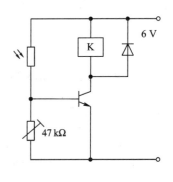

图 3.36　光控继电器

　　光敏电阻的应用非常广泛，例如：照相机自动测光、光电控制、室内光线控制、报警器、工业控制、光控开关、光控灯、电子玩具、光控音乐、电子验钞机等。

　　用光敏电阻做光电开关电路，其灵敏度是相当高的，图 3.36 为光控继电器原理图。照度较低时，三极管不导通；当有一定照度的光照射时，光敏电阻阻值变小，三极管获得足够的基极电流而导通，产生较大的集电极电流，使继电器 K 吸合。

3.5.2　光电二极管

　　光电二极管和普通二极管一样，也是由一个 PN 结组成的半导体器件，也具有单方向导电特性。光电二极管是电子电路中广泛采用的光敏器件。光电二极管和普通二极管一样具有一个 PN 结，不同之处是在光电二极管的外壳上有一个透明的窗口以接收光线照射，实现光电转换，在电路图中文字符号一般为 V_D。光电二极管在电路中不是用它作整流元件，而是通过它把光信号转换成电信号。那么，它是怎样把光信号转换成电信号的呢？我们知道，普通二极管在反向电压作用在处于截止状态，只能流过微弱的反向电流，光电二极管在设计和制作时尽量使 PN 结的面积相对较大，以便接收入射光。光电二极管是在反向电压作用下工作的，没有光照时，反向电流极其微弱，叫做暗电流；有光照时，反向电流迅速增大到几十微安，称为光电流。光的强度越大，反向电流也越大。光的变化引起光电二极管电流变化，这就可以把光信号转换成电信号。光电二极管的示意图见图 3.37。

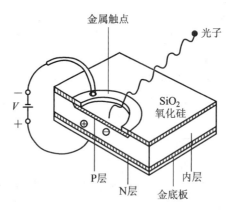

图 3.37　光电二极管示意图

　　光电二极管是将光信号变成电信号的半导体器件。它的核心部分也是一个 PN 结，与普通二极管相比，在结构上不同的是，为了便于接收入射光照，PN 结面积尽量做得大一些，电极面积尽量小些，而且 PN 结的结深很浅，一般小于 $1\ \mu m$。

　　光电二极管是在反向电压作用之下工作的。没有光照时，反向电流很小（一般小于 $0.1\ \mu A$），称为暗电流。当有光照时，携带能量的光子进入 PN 结后，把能量传给共价键上的束缚电子，使部分电子挣脱共价键，从而产生电子-空穴对，称为光生载流子。

　　光生载流子在反向电压作用下参加漂移运动，使反向电流明显变大。光的强度越大，反向电流也越大，这种特性称为"光电导"。光电二极管在一般照度的光线照射下，所产生的电流叫光电流。如果在外电路上接上负载，负载上就获得了电信号，而且这个电信号随着光的变化而相应变化。

　　光电二极管可以以两种模式工作，一是零偏置工作(光伏模式，如图 3.38(a)所示)，一是反偏置工作(光导模式，如图 3.38(b)所示)。在光伏模式时，光电二极管可非常精确地实现线性工作；而在光导模式时，光电二极管可实现较高的切换速度，但要牺牲线性。在反偏置条件下，即使无光照，仍有一个很小的电流，叫做暗电流(无照电流)。在零偏置时则没有暗电流，这时二极管噪声基本上是分路电阻产生的热噪声。在反偏置时，由于导电产生的散粒噪声成为附加的噪声源，因此在设计光电二极管过程中，通常是针对光伏或光导两种模式之一进行最优化设计。

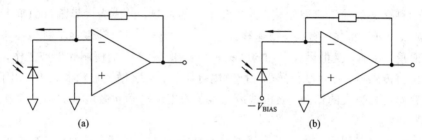

图 3.38　光电二极管工作模式
(a) 光伏模式；(b) 光导模式

　　实际上，光电二极管不是不能加正向电压，只是正接以后就与普通二极管一样，只有单向导电性，而表现不出它的光电效应。

　　将光电二极管电流转换为可用电压的简便方法，是用一个运算放大器作为电流——电压转换器(如图 3.39 所示)。二极管偏置由运算放大器的虚地维持在零电压，短路电流即被转换为电压。在最高灵敏度时，该放大器必须能检测 30 pA 的二极管电流。这意味着反馈电阻必须非常大，而放大器偏置电流必须极小。例如，对 30 pA 的偏置电流，1000 MΩ 反馈电阻将产生 30 mV 的相应电压。因为再大的电阻是不切实际的，所以对于最高灵敏度的情况使用 1000 MΩ。这样对于 10 pA 的二极管电流，放大器将给出 10 mV 输出电压；而对于 10 nA 的二极管电流，输出电压为 10 V，这样便给出 60 dB 的动态范围。对于更大的光强值，必须使用较小的反馈电阻来降低电路增益。

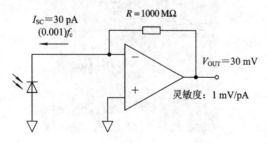

图 3.39　光电二极电流-电压转换电路

另外一种重要的光电二极管是雪崩式光电二极管。雪崩式光电二极管是利用 PN 结在高反向电压下产生的雪崩效应来工作的一种二极管。这种管子工作电压很高，约 $100 \sim 200$ V，接近于反向击穿电压。结区内电场极强，光生电子在这种强电场中可得到极大的加速，同时与晶格碰撞而产生电离雪崩反应。因此，这种管子有很高的内增益，可达到几百分贝。

当电压等于反向击穿电压时，电流增益可达 10^6 dB，即产生所谓的自持雪崩。这种管子响应速度特别快，带宽可达 100 GHz，是目前响应速度最快的一种光电二极管。噪声大是这种管子目前的一个主要缺点。由于雪崩反应是随机的，因此它的噪声较大，特别是工作电压接近或等于反向击穿电压时，噪声可增大到放大器的噪声水平，以致无法使用。

3.6　微机械传感器

微机电系统(Micro-electro Mechanical Systems，MEMS)是在微电子技术基础上发展起来的多学科交叉的前沿研究领域。经过几十年的发展，已成为世界瞩目的重大科技领域之一。它涉及电子、机械、材料、物理学、化学、生物学、医学等多种学科与技术，具有广阔的应用前景。目前，全世界有大约 600 家单位从事 MEMS 的研制和生产工作，已研制出包括微型压力传感器、加速度传感器、微喷墨打印头、数字微镜显示器在内的几百种产品，其中微传感器占相当大的比例。微机械传感器是采用微电子和微机械加工技术制造出来的新型传感器。

与传统的传感器相比，微机械传感器具有体积小、重量轻、成本低、功耗低、可靠性高、适于批量化生产、易于集成和智能化的特点。同时，在微米量级的特征尺寸使得它可以完成某些传统机械传感器所不能实现的功能。下面重点介绍几种常用的微机械传感器。

3.6.1　微机械压力传感器

微机械压力传感器是最早开始研制的微机械产品，也是微机械技术中最成熟、最早开始产业化的产品。从信号检测方式来看，微机械压力传感器分为压阻式和电容式两类，分别以微机械加工技术和牺牲层技术为基础制造。从敏感膜结构来看，有圆形、方形、矩形、E 形等多种结构，如图 3.40 所示。

图 3.40　微机械压力传感器芯片

目前，压阻式压力传感器的精度可达 0.05%～0.01%，温度漂移误差为 0.0002%，耐压可达几百兆帕，过压保护范围可达传感器量程的 20 倍以上，并能进行大范围下的全温补偿。现阶段微机械压力传感器向智能集成化方向发展，也就是将敏感元件与信号处理、校准、补偿、微控制器等进行单片集成，研制智能化的压力传感器。这一方面，Motorala 公司的单片集成智能压力传感器比较典型。这种传感器在 1 个晶片上集成了压阻式压力传感器、温度传感器、CMOS 电路、电压电流调制、8 位 MCU 内核、10 位 A/D 转换器、8 位 D/A 转换器，2 KB EPROM、128 B RAM，启动系统 ROM 和用于数据通信的外围电路接口，其输出特性可以由 MCU 的软件进行校准和补偿，在相当宽的温度范围内具有极高的精度和良好的线性。

MEMS 压力传感器主要应用于引擎控制、油压控制、车载空调等方面，MEMS 压力传感器在汽车上的用量占到 93%。美国已开始在轮胎气压检测方面应用 MEMS 压力传感器，以汽车用途为中心的市场需求今后还将持续扩大。

3.6.2 微机械加速度传感器

微机械加速度传感器通常由惯性质量块、悬挂质量块的弹性结构元件，如弹性微梁等组成。世界上第一只微机械加速度传感器以及最早商用的一种微机械加速度传感器是压阻式加速度传感器，而现在广泛使用的微加速度传感器则多为电容式微机械加速度传感器。电容式微机械加速度传感器具有灵敏度高、精度好、漂移低、温度敏感性小、功耗低、噪声特性好、结构简单等优点，如图 3.41 所示。

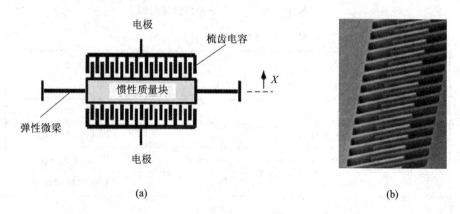

图 3.41 横向电容式微机械加速度传感器的组成及其梳齿电容结构
（a）组成；（b）梳齿电容

电容式微机械加速度传感器是把被测量转换为电容变化的一种微加速度传感器。在外部加速度作用下，微机械加速度传感器中的惯性质量块与固定电极之间发生相对位移，由此引起两者之间电容的变化。这一电容的变化可由微电路进行采集。

3.6.3 微倾角传感器

微倾角传感器本质上也是一种加速度传感器，只是被设置成测量物体与水平面的角度。微倾角传感器的应用领域相当广泛，包括筑路机械、建筑物或大坝测量、挖掘机挖掘深度和倾斜测量、油井测量、平台校准和稳定、高空作业设备的倾斜测量、汽车的四轮定位、汽车头灯调节、电子停车、汽车防盗等。微倾角传感器已被封装成专用芯片，并实现了批量化生产。

角度传感器 SCA100T 是芬兰 VTI 科技公司利用加速度原理通过 MEMS 硅电容技术生产的倾角传感器。SCA100T 特点为：① 双轴倾角测量范围为 ± 1 g（$\pm 90°$）；② 最高分辨率为 $0.0008°$，零点温漂少于 0.1 mg℃；③ 单极 5 V 供电，比例电压输出，内置温度补偿；④ SPI 数字或者 $0.5 \sim 4.5$ V 模拟输出；⑤ 尺寸为 11.3 mm×15.6 mm×5.1 mm；⑥ 噪声低，工作温度范围宽，可作加速度传感器用。SCA100T 的引脚比较简单，如图 3.42 所示，引脚说明如表 3.1 所示。

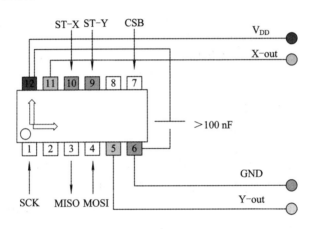

图 3.42 SCA100T 倾角传感器引脚

表 3.1 SCA100T 引脚说明

引脚	引脚名称	I/O	连接
1	SCK	Input	SPI 接口时钟
2	NC		
3	MISO	Output	SPI 接口 Master
4	MOSI	Input	SPI 接口 Master
5	Y-out	Output	Y 轴模拟输出
6	GND	Power	接地
7	CSB	Input	片选
8	NC		
9	ST-Y	Input	Y 轴自检
10	ST-X/Test_in	Input	X 轴自检
11	X-out	Output	X 轴模拟输出
12	V_{DD}	Power	供电

SCA100T 在应用时随电路板安放在被测物体上，其安装测量的方向如图 3.43 所示。

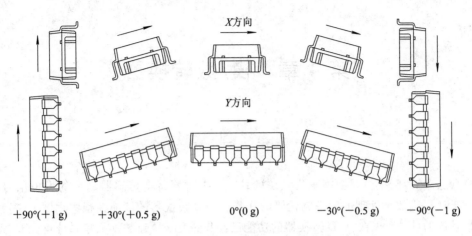

$+90°(+1\ g)$　　$+30°(+0.5\ g)$　　　　$0°(0\ g)$　　　　$-30°(-0.5\ g)$　　$-90°(-1\ g)$

图 3.43　SCA100T 测量方向示意图

　　SCA100T 内部还配有内部温度测量和补偿。SCA100T 具有优于 $0.02°$ 的长期稳定性，可以在 $-25\sim85℃$ 的温度范围内保证较高的准确性。在 $±90°(±1\ g)$ 的测量范围内能够保证 $±0.3°$ 的精度。

　　SCA100T 不仅能在宽范围负载内驱动双模拟输出，而且能直接通过数字 SPI 接口读取数据（SPI 接口介绍见第 9 章），包括加速度信号和温度数据。

第 4 章　模/数转换器

模/数(A/D)转换器是数据采集系统的核心，担负着将由传感器送来的模拟信号变换成适合于计算机数字处理的二进制代码的任务。A/D转换器的性能在很大程度上决定了数据采集系统的性能。现在A/D转换器的功能已经集成化，构建数据采集系统首先要考虑选用何种A/D芯片。本章重点介绍A/D的基本概念、主要参数，并结合AD7705芯片介绍目前较为流行的$\Delta-\Sigma$ A/D技术。

4.1　A/D转换原理

A/D转换的常用方法有：计数式A/D转换、逐次逼近型A/D转换、双积分式A/D转换、并行A/D转换和串/并行A/D转换等。

在这些转换方式中，计数式A/D转换线路比较简单，但转换速率比较慢，所以现在很少应用。双积分式A/D转换精度高，多用于数据采集系统及精度要求比较高的场合。并行A/D转换和串/并行A/D转换速度快。逐次逼近型A/D转换具有较高的转换速度，又有较好的转换精度，是目前应用最多的一种A/D转换。

逐次逼近型A/D转换器的原理如图4.1所示。逐次逼近的转换方法是用一系列的基准电压同输入电压比较，以逐位确定转换后数据的各位是1还是0，确定次序是从高位到低位进行。

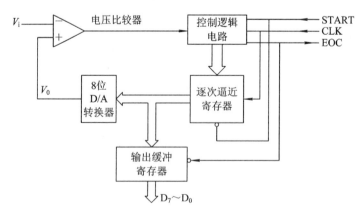

图 4.1　逐次逼近型 A/D 转换器的原理

逐次逼近型A/D转换器由电压比较器、D/A转换器、控制逻辑电路、逐次逼近寄存器和输出缓冲寄存器组成。在进行逐次逼近转换时，首先将最高位置1，这就相当于取最大允许电压的1/2与输入电压比较，如果搜索值在最大允许值的1/2范围内，那么最高位置

0，此后次高位置 1，相当于在 1/2 范围中再做对半搜索。如果搜索值超过最大允许电压的 1/2 范围，那么最高位和次高位均为 1，这相当于在另一个 1/2 范围中再做对半搜索。因此，逐次逼近法也称为二分搜索法或对半搜索法。

4.2　A/D 转换器的性能指标

1. 分辨率

分辨率是相应于最低二进位(LSB)的模拟量值。它规定为 A/D 转换器能够区分的模拟量的最小变化值。因为能够分辨的模拟量值取决于二进制位数，所以通常用位数表示分辨率，如 4 位、8 位、12 位等。现在，A/D 芯片可支持的分辨率已高达 24 位，如美国 CRISTAL 公司的 CS5524 芯片。

图 4.2 是 4 位 A/D 转换器的转换特性，满度电压为 10 V，因为 1 LSB$=10/(2^4)=$0.625 V，所以 4 位 A/D 转换器的分辨率在满量程为 10 V 时是 0.625 V。

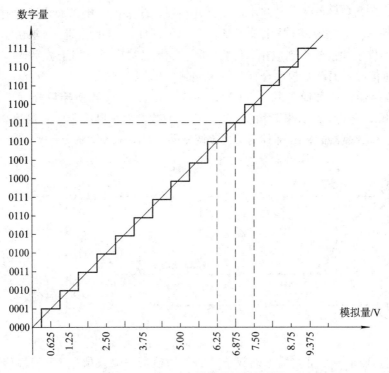

图 4.2　4 位 A/D 转换器的转换特性

2. 转换时间

转换时间指的是从发出启动转换命令到转换结束，得到稳定的数字输出量为止的时间。

3. 量化误差

A/D 转换是将连续的模拟量转换为离散的数字量，对一定范围连续变化的模拟量只能反映成同一个数字量。A/D 转换器总存在 $\pm 1/2$LSB 的量化误差，这个误差是量化过程不可避免的。

例如在图 4.2 中，6.875－1/2×(0.625)～6.875＋1/2×(0.625)范围内所反映的数字量都是 1011。

4. 精度

精度指量化误差和附加误差之和。A/D 转换器除了量化误差外，还有其他因素引起的误差，如非线性引起的误差，这种附加误差的总和称为总不可调误差，实际上就是 A/D 调整到最精确情况下还存在的附加误差。

4.3 Δ－Σ A/D 转换器

4.3.1 Δ－Σ 调制器

Δ－Σ A/D 技术能采用较简单的结构及低成本来获得较高频率分辨率。Δ－Σ A/D 技术已经成为一种流行的技术，其基本原理是利用反馈环来提高粗糙量化器的有效分辨率并整形其量化噪声。Δ－Σ A/D 技术最早是在 20 世纪中期提出的，近 20 年由于超大规模集成电路技术的发展才逐渐得到应用。目前，这一技术已被广泛应用于数字音频、数字电话、图像编码、通信时钟振动及频率合成等许多领域。

Δ－Σ 转换器是一种简单的 1 位 A/D 转换器，该 A/D 转换器以极高的过采样速率（Over-Sampling）运行，以获得高精度。输入信号的数值大小取决于 1 在高速 0/1 位流中所占的百分比。该转换器的核心部件为 Δ－Σ 调制器，如图 4.3 所示。

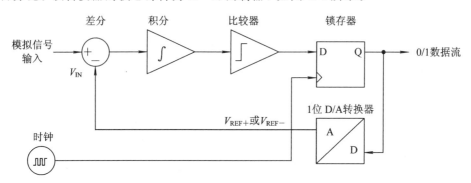

图 4.3　Δ－Σ 调制器的原理

Δ－Σ 调制器是一个可使输出端数字 1 的平均数量与输入信号 V_{IN} 的幅值保持等比例的闭环系统。负反亏环路为实现平衡而进行不断的调整，在这个过程中 Δ－Σ 调制器按如下逻辑工作：

· 在调制器启动时，积分器输出较低，因此比较器将 D/A 转换器输出设置为 0，并发送一个 0 至数据流中。请注意，这只是发送至下一个级的第一个位，可能不是最终数据字码的 MSB。

· 施加到积分器的电压为 V_{IN} 和 V_{REF} 之间的差。

· 当 D/A 转换器输出为 V_{REF} 时，如果模拟输入 V_{IN} 值较大，那么施加到积分器的差分信号就较大。因此，必须在积分器处积累多个采样，以使其输出能够超过比较器阈值。

・当积分器输出超过比较器开关点时,下一位将变为 1,并通过锁存器,这会使 D/A 转换器输出电压 V_{REF}。

・这时 Σ 输出为负(因为 V_{IN} 总小于 V_{REF}),这就会导致从积分器中减少电荷。

・但因为 V_{IN} 较大,V_{REF} 与 V_{IN} 之差较小,这个消减过程较长,造成比较器输出 1 的个数较多。

・当积分器输出电压小于 0 时,比较器输出为 0,这时 D/A 转换器输出也为 $-V_{REF}$,Σ 输出为正,但由于 V_{IN} 较大,输出 0 的时间不长,当积分器超过 0 时,A/D 转换器又会输出 1。

・相反如果 V_{IN} 较小,电压($V_{REF}-V_{IN}$)将会较大,消减过程较短,造成比较器输出 1 的个数较少。

・对比较器输出进行采样,同时以时钟时间为基础对 D/A 转换器进行刷新。

该循环不断进行并使位流中 1 的百分比相当于 V_{IN} 与满量程电压 V_{REF} 的百分比。如果 V_{IN} 为 0 的一半,那么位流将包含相等数量的 1 和 0。在其他一些应用中,这种输出流编码被称为脉冲比例调制(PPM)。

Δ-Σ 调制器各环节的输出信号参见图 4.4。

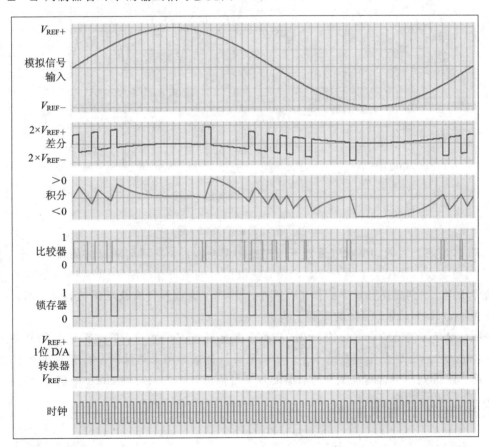

图 4.4　Δ-Σ 调制器各环节的输出信号

4.3.2　滤波器和选抽器

上面所描述的 $\Delta-\Sigma$ 调制器需后接一个数字低通滤波器以及一个选抽器。设计滤波器的目的是从 0/1 数码流中提取信号信息。滤波器一般采用 Sinc^3 型滤波器，它的频域响应为

$$H(f) = \left| \frac{1}{N} \times \frac{\sin\left(N \times \pi \times \frac{f}{f_s}\right)}{\sin\left(\pi \times \frac{f}{f_s}\right)} \right|^3 \tag{4.1}$$

式中，N 为调制时钟 clock 的频率，f_s 为对信号的采样频率。Sinc^3 型滤波器的频率响应如图 4.5 所示，其中设采样输出频率为 60 Hz。

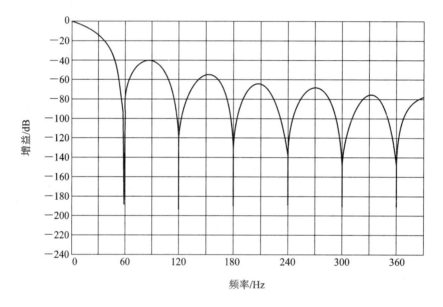

图 4.5　Sinc^3 型滤波器频率响应

Sinc^3 型滤波器的频率响应近似于理想的加窗滤波器，起到均滑滤波的作用。在这里，Sinc^3 型滤波器的作用是平均 0/1 数码流，获取信号的采样值，同时抑制 1 位 A/D 转换器的采样噪声，达到提高分辨率的作用。另外，Sinc^3 型滤波器具有梳状陷波性质，所以可以用于去除如 50 Hz 或 60 Hz 的工频干扰。

因为 $\Delta-\Sigma$ 输出的码率很快，一般达到几兆或几十兆的水平，而被测信号的频率一般不高，在几十赫兹到几千赫兹的水平，所以要设计选抽器用来降低码率，使 A/D 转换器的输出速率降低到一个合理范围。选抽器的频率可依照选抽比由时钟 clock 的信号分频得到。

4.3.3　高阶 $\Delta-\Sigma$ 调制器

在一阶 $\Delta-\Sigma$ 调制器的基础上，通过增加积分环节建立高阶 $\Delta-\Sigma$ 调制器。图 4.6 是二阶 $\Delta-\Sigma$ 调制器的结构图。

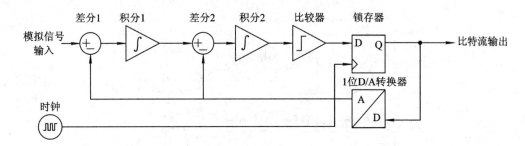

图 4.6 二阶 $\Delta-\Sigma$ 调制器的结构

在图 4.6 中，经理论分析可以证明增加一个积分环节可以起到如下作用：

· 在保持相同采样精度的条件下，可以降低时钟频率。
· 在相同时钟频率下，可以提高 A/D 转换器的采样位数。
· 在其他条件都不变的情况下，可以提高 A/D 转换器的采样带宽。

一般的 $\Delta-\Sigma$ A/D 芯片都支持二阶以上的 $\Delta-\Sigma$ 调制器。图 4.7 列出了不同阶 $\Delta-\Sigma$ 调制器的信噪比，其中 0～5 分别代表 0～5 阶 $\Delta-\Sigma$ 调制器。可见阶数越高，相同信噪比下的过采样率越高。一般在音频采样应用中使用 5 阶的 $\Delta-\Sigma$ 调制器，极大地降低了对过采样率的依赖。

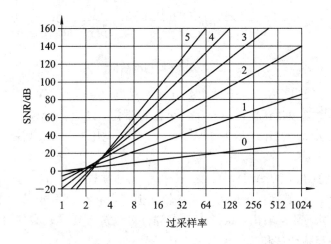

图 4.7 不同阶 $\Delta-\Sigma$ 调制器的信噪比(SNR)和过采样率之间的关系

4.4 16 位高精度 A/D 芯片 AD7705

4.4.1 AD7705 概述

AD7705 是 AD 公司推出的 16 位 $\Sigma-\Delta$ A/D 转换器，其结构如图 4.8 所示。AD7705 包括由缓冲器和增益可编程放大器(PGA)组成的前端模拟调节电路、$\Sigma-\Delta$ 调制器、可编程数字滤波器等部件。AD7705 能直接将传感器测量到的多路微小信号进行 A/D 转换。这种器件还具有高分辨率、宽动态范围、自校准、优良的抗噪声性能以及低电压低功耗等特点。

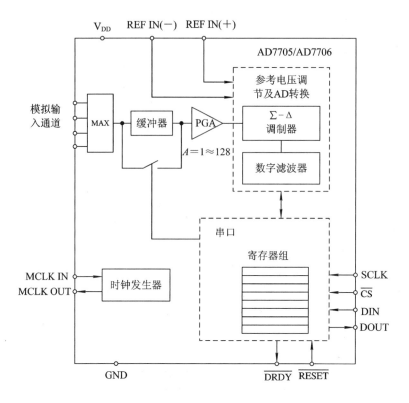

图 4.8 AD7705 内部结构图

AD7705 采用三线串行接口，有两个差分输入通道，能达到 0.003% 非线性的 16 位无误码数据输出，其增益和数据输出更新率均可编程设定，还可选择输入模拟缓冲器，以及自校准和系统校准方式。工作电压为 3 V 或 5 V。3 V 电压时，最大功耗为 1 mW，等待模式下电源电流仅为 8 μA。

AD7705 是完整的 16 位 A/D 转换器。若外接晶体振荡器、精密基准源和少量去耦电容，即可连续进行 A/D 转换。它采用了成本较低但能获得极高分辨率的 $\Sigma - \Delta$ 转换技术，可以获得 16 位无误码数据输出。这一点非常符合对分辨率要求较高但对转换速率要求不高的应用，如数字音频产品和智能仪器仪表产品等。

AD7705 包括两个差分模拟输入通道。片内的增益可编程放大器 PGA 可选择 1、2、4、8、16、32、64、128 八种增益之一，能将不同摆幅范围的各类输入信号放大到接近 A/D 转换器的满标度电压再进行 A/D 转换，这样有利于提高转换质量。

当电源电压为 5 V、基准电压为 2.5 V 时，器件可直接接收 0～20 mV 和 0～2.5 V 摆幅范围的单极性信号以及 0～±20 mV 和 0～±2.5 V 范围的双极性信号。必须指出：这里的负极性电压是相对 AIN(-) 引脚而言的，这两个引脚应偏置到恰当的正电位上。在器件的任何引脚施加相对于 GND 为负电压的信号是不允许的。输入的模拟信号被 A/D 转换器连续采样，采样频率 f_s 由主时钟频率 f_{CLK} 和选定的增益决定。增益（16～128）是通过多重采样并利用基准电容与输入电容的比值共同得到的。

AD7705 的管脚及说明如图 4.9 和表 4.1 所示。

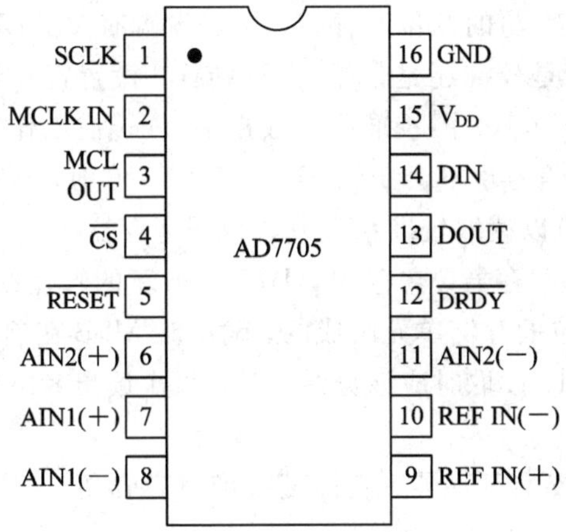

表 4.1　AD7705 管脚说明

管脚	功　能	管脚	功　能
1	串行时钟输入	9	参考电压正
2	主时钟输入	10	参考电压负
3	主时钟输出	11	差分通道 2−
4	片选	12	数据准备好
5	复位	13	串行数据输出
6	差分通道 2+	14	串行数据输入
7	差分通道 1+	15	电源 2.7～5.25 V
8	差分通道 1−	16	地

图 4.9　AD7705 管脚图

图 4.10 为 AD7705 的基本应用连接参考图，其中 AD780 为稳压芯片，用来为
AD7705 提供参考电压。

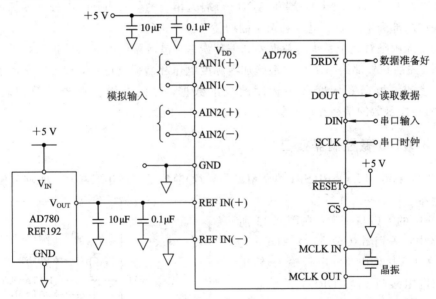

图 4.10　AD7705 的基本应用连接参考图

4.4.2　AD7705 寄存器

片内寄存器 AD7705 包括 8 个寄存器，均通过器件串行口访问。第 1 个是通信寄存器，
它的内容决定下一次操作是对哪一个寄存器进行读操作还是写操作，并控制对哪一个输入
通道进行采样。所有与器件的通信都必须先写通信寄存器。

上电或复位后，器件默认状态为等待指令数据写入通信寄存器。它的寄存器选择位
$RS_2 \sim RS_0$ 确定下次操作访问哪一个寄存器，而输入通道选择位 CH_1、CH_0 则决定对哪一
个输入通道进行 A/D 转换或访问校准数据。

第 2 个是设置寄存器，它是一个可读/写 8 位寄存器，用于设置工作模式、校准方式和增益等。第 3 个是时钟寄存器，它也是一个可读/写的 8 位寄存器，用于设置有关 AD7705 运行频率参数和 A/D 转换输出更新速率。不管是校准还是数据 A/D 转换，设置寄存器的数字滤波器同步位 FSYNC 都要置为 0，这样 AD7705 的校准或者数据 A/D 转换工作才能进行，否则校准和 A/D 转换不会进行，DRDY 信号也不会变低。当 FSYNC＝0 时，在校准或 A/D 转换结束后 DRDY 信号将变低，此时可以读取校准系数或者数据寄存器。

第 4 个是数据寄存器，它是一个 16 位只读寄存器，它存放 AD7705 最新的转换结果。值得注意的是，数据寄存器实际上是由两个 8 位的存储单元组成的，输出时 MSB 在前，如果接收微控制器需要 LSB 在前，例如 8051 系列，读取时应该分两次读，每次读出 8 位分别倒序，而不是整个 16 位倒序。

其他的寄存器分别是测试寄存器、零标度校准寄存器、满标度校准寄存器等，用于测试和存放校准数据，可用来分析噪声和转换误差。

AD7705 提供自校准和系统校准两种功能选择。每当环境温度和工作电压发生变化，或者器件的工作状态改变(如输入通道切换、增益或数字滤波器频率变动和信号输入范围变化等)任一项发生时，必须进行一次校准。对于自校准方式，校准过程在器件内部一次完成。AD7705 内部设置 AIN($+$)端和 AIN($-$)端为相同的偏置电压，以校准零标度；满标度校准是在内部产生的 V_{REF} 电压和选定的增益条件下进行的。

系统校准则是对整个系统增益误差和偏移误差，包括器件内部误差进行校准。在选定的增益下，先后在外部给 AIN($+$)端施加零标度电压和满标度电压，校准零标度点，然后校准满标度点。根据零标度和满标度的校准数据，片内的微控制器计算出转换器的输入/输出转换函数的偏移和增益斜率，对误差进行补偿。

4.4.3　AD7705 微控制器接口

AD7705 采用 SPI/QSPI(SPI 的介绍见第 9 章)兼容的三线串行接口，能够方便地与各种微控制器连接，也比并行接口方式大大节省了 CPU 的 I/O 口资源。在图 4.11 所示的电路中，采用 8XC51 控制 AD7705。AD7705 的 CS 接低电平。串行输入/输出通过上拉电阻接到 V_{DD}。DRDY 的状态可以通过专门的 IO 线来监视，也可通过访问通信寄存器的 DRDY 位来判断以节省一个 I/O 口。

该应用中采用同一个电源来产生传感器桥路激励电压和 AD7705 的基准参考电

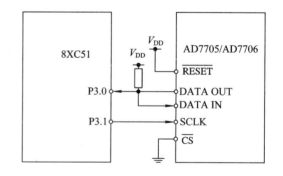

图 4.11　8XC51 与 AD7705 连接

压，所以在电压变化时它们所受到的影响比例相同，不会产生系统误差，因此降低了对电压稳定性的要求。

当数字接口通信发生故障时，可以通过向 DATA IN 持续输入 32 个脉冲周期以上的高电平来复位 AD7705 的数字接口。复位之后要等待 500 μs 以上才能访问 AD7705 芯片。这种复位方式不会影响 AD7705 内部的任何寄存器，所有的寄存器将保持复位之前的内容，而芯片管脚 RESET 的复位将使片内所有的寄存器恢复到上电时的默认值。所有的寄存器在数字接口故障的状态下内容是不确定的，因此建议在复位之后重新设置 AD7705 内部所有的寄存器，防止错误。

4.4.4 AD7705 应用示例

AD7705 具有较高的分辨率、可靠性和较低的成本，非常适合仪表测量、工业控制等领域的应用。图 4.12 为 AD7705 用于压力和温度测量的电路图。其中 AIN_1 路 AD 接压力传感器，AIN_2 路 AD 接热电耦。REF IN（+）通过 24 kΩ 和 15 kΩ 的电阻得到参考电压，幅值为 1.92 V。因为参考电压和供电电压同源，参考电压会随着电源的变化而变化，所以电压的扰动不会影响 AD 采样结果。

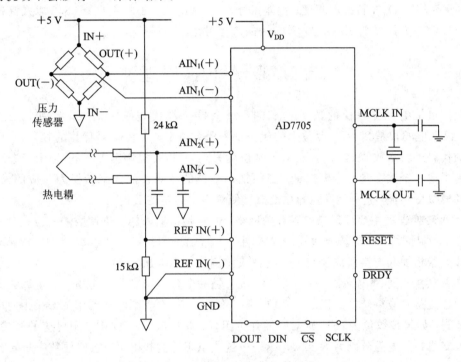

图 4.12 AD7705 温度和压力测试电路

需要注意的是，对热电耦的测量中，由于 AIN_2 的前端接了较大的电容（过滤干扰），因此 AD 应处于缓冲模式（Buffered Mode），以提高 AD 的阻抗。因为当使能缓冲模式时，AD7705 会在模拟输入端和 AD 转换器之间接入一个缓冲器（其实是一个片内缓冲放大器），这样 AD7705 就能适应模拟输入前端信号源的阻抗、器件参数（电阻电容）的变化、温度环境的变化等各种与系统校准时不一致的情况（即器件工作条件的变化）。所以，AD7705 的校准和正常工作最好都要在缓冲模式下进行。

第 5 章　数/模转换器

与 A/D 转换器相反，数/模（D/A）转换器的作用是将离散的数字信号转换为连续变化的模拟信号。在应用计算机采集控制系统的领域中，D/A 转换器是不可缺少的重要组成部分。本章介绍了 D/A 转换的原理、性能指标，并以典型 D/A 芯片 DAC0832 以及高速 D/A 芯片 AD9751 为例详细描述了 D/A 芯片的应用方法。

5.1　D/A 转换原理

数字量是由一位一位的数码构成的，每个数位都代表一定的权。比如，二进制数 1001，最高位的权是 $2^3=8$，此位上的代码 1 表示数值 $1\times2^3=8$，最低位的权是 $2^0=1$，此位上的代码 1 表示数值 $1\times2^0=1$，其他数位均为 0，所以二进制数 1001 就等于十进制数 9。

为了把一个数字量变为模拟量，必须把每一位的数码按照权来转换为对应的模拟量，再把各模拟量相加，这样，得到的总模拟量便对应于给定的数据。

D/A 转换器的主要部件是电阻开关网络，通常是由输入的二进制数的各位控制一些开关，通过电阻网络，在运算放大器的输入端产生与二进制数各位的权成比例的电流，经过运算放大器相加和转换而成为与二进制数成比例的模拟电压。

D/A 转换的原理电路如图 5.1 所示，V_{REF} 是一个足够精度的参考电压，运算放大器输入端的各支路对应待转换数据的第 0 位、第 1 位……第 $n-1$ 位。支路中的开关由对应的数位来控制，如果该数位为"1"，则对应的开关闭合；如果该数位为"0"，则对应的开关打开。各输入支路中的电阻分别为 R、$2R$、$4R$……这些电阻称为权电阻。它们把数字量转换成电模拟量，即把二进制数字量转换为与其数值成正比的电模拟量。

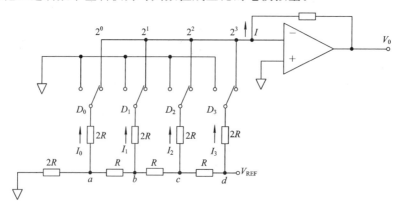

图 5.1　D/A 转换的原理电路

5.2 D/A 转换器的性能指标

1. 分辨率

分辨率是指 D/A 转换器能够转换的二进制位数。位数越多，分辨率越高。对一个分辨率为 n 位的 D/A 转换器，能够分辨的输入信号为满量程的 $1/2^n$。

例如：8 位的 D/A 转换器，若电压满量程为 5 V，则能分辨的最小电压为 5 V$/2^8 \approx$ 20 mV；10 位的 D/A 转换器，若电压满量程为 5 V，则能分辨的最小电压为 5 V$/2^{10} \approx$ 5 mV。

2. 转换时间

转换时间是指 D/A 转换器由数字量输入到转换输出稳定为止所需的时间。转换时间也叫稳定时间或者建立时间。当输出的模拟量为电压时，建立时间较长，主要是输出运算放大器所需的时间。图 5.2 中所示的 t_s 即为转换时间。

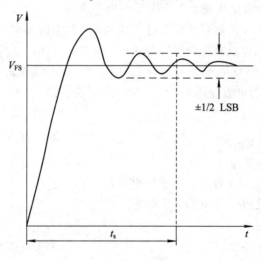

图 5.2 D/A 的转换时间

3. 转换精度

转换精度是指 D/A 实际输出与理论值之间的误差。转换精度可分为绝对精度和相对精度。

（1）绝对精度是指对应于给定的数字量，D/A 输出端实际测得的模拟输出值（电流或电压）与理论值之差。绝对精度由 D/A 转换的增益误差、线性误差和噪声等综合因素决定。

（2）相对精度是指在零点和满量程值校准后，各种数字输入的模拟量输出与理论值之差，可把各种输入的误差画成曲线。对线性 D/A 而言，相对精度就是非线性度。

精度一般采用数字量的最低有效位作为衡量单位，一般取为 $\pm \frac{1}{2}$ LSB。例如若是 8 位 D/A 转换器，则转换精度是：$\pm \frac{1}{2} \times \frac{1}{256} = \pm \frac{1}{512}$ LSB。

4. 线性误差

线性误差用来描述当数字量变化时 D/A 输出的电模拟量按比例关系变化的程度。模拟量输出偏离理想输出的最大值称为线性误差。

5. 温度系数

温度系数是指在规定的范围内，温度每变化 1℃时增益、线性度、零点及偏移等参数的变化量。温度系数直接影响转换精度。

5.3 典型的 D/A 转换器 DAC0832

集成 D/A 转换器的类型很多，有多种分类方法。
· 按其转换方式可分为并行和串行两大类。
· 按生产工艺可分为双极型（TTL 型）和 CMOS 型等，它们的精度和速度各不相同。
· 按分辨率可分为 8 位、10 位、12 位、16 位等。
· 按输出方式可分为电压输出型和电流输出型两类。

不同生产厂家的 D/A 转换器的型号各不相同，例如美国国家半导体公司（NS）的 D/A 芯片为 DAC 系列，美国模拟器件公司（AD）的 D/A 芯片为 AD 系列。

下面简单介绍常用的 D/A 转换器芯片 DAC0832。DAC0832 芯片采用 CMOS 工艺，分辨率为 8 位，输出方式为电流输出型，转换时间约 1 μs。

1. 主要性能

DAC0832 的主要性能如下：
· 输入的数字量为 8 位。
· 采用 CMOS 工艺，所有引脚的逻辑电平与 TTL 兼容。
· 数字输入可以采用双缓冲、单缓冲或直通方式。
· 转换时间为 1 μs。
· 转换精度为 ±1 LSB。
· 分辨率为 8 位。
· 单一电源为 5～15 V。
· 功耗为 20 mW。
· 参考电压为 +10～-10 V。

2. 内部结构

DAC0832 的内部结构框图如图 5.3 所示。

DAC0832 的内部由以下四部分组成：

（1）8 位输入寄存器：可作为输入数据第一级缓冲。

（2）8 位 DAC 寄存器：可作为输入数据第二级缓冲。

（3）8 位 D/A 转换器：将 DAC 寄存器中的数据转换成具有一定比例的直流电流。

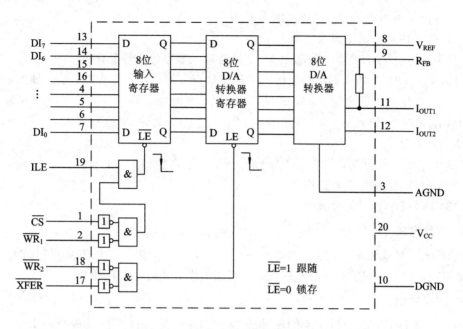

图 5.3　DAC0832 的内部结构框图

（4）逻辑控制部分：DAC0832 芯片内部有两个数据缓冲器，分别由两组控制信号控制，当 $ILE=1 \cap \overline{CS}=0 \cap \overline{WR_1}=0$ 时，$D_7 \sim D_0$ 上的数据锁存到输入寄存器中；当 $\overline{XFER}=0 \cap \overline{WR_2}=0$ 时，输入寄存器中的数据被锁存到 DAC 寄存器中。

3. 引脚定义

DAC0832 的各引脚排列如图 5.4 所示，各引脚的功能定义如下。

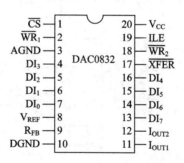

图 5.4　DAC0832 的引脚

（1）$DI_7 \sim DI_0$：8 位数据量输入。

（2）ILE：数据输入锁存允许，高电平有效。

（3）$\overline{CS}$：片选。

（4）$\overline{WR_1}$：输入寄存器写信号，当 ILE、$\overline{CS}$、$\overline{WR_1}$ 同时有效时，数据装入输入寄存器，实现输入数据的第一级缓冲。

（5）$\overline{XFER}$：数据传送控制信号，控制从输入寄存器到 DAC 寄存器的内部数据传送。

（6）$\overline{WR_2}$：DAC 寄存器写信号，当 $\overline{XFER}$ 和 $\overline{WR_2}$ 均有效时，将输入寄存器中的数据装入 DAC 寄存器并开始 D/A 转换，实现输入数据的第二级缓冲。

（7）V_{REF}：参考电压源，电压范围为 $-10 \sim +10$ V。

（8）R_{FB}：内部反馈电阻接线端。

（9）I_{OUT1}：D/A 转换器电流输出 1，其值随输入数字量线性变化。

（10）I_{OUT2}：D/A 转换器电流输出 2。当 DAC 寄存器内容全为 1 时，I_{OUT1} 最大，$I_{OUT2} = 0$；当 DAC 寄存器内容全为 0 时，$I_{OUT1} = 0$，$I_{OUT2} =$ 最大；当 DAC 寄存器内容为 N 时，$I_{OUT1} = V_{REF} \times N / (256 \times R_{FB})$，$I_{OUT2} = V_{REF} / R_{FB} - I_{OUT1}$。无论 N 值有多大，$I_{OUT1} + I_{OUT2} = V_{REF} / R_{FB} =$ 常数。

（11）V_{CC}：工作电源，其值范围为 $+5 \sim +15$ V，典型值为 $+15$ V。

（12）AGND：模拟信号地线。

（13）DGND：数字信号地线。

4. 工作方式

DAC0832 有双缓冲、单缓冲和直通三种工作方式。双缓冲工作方式可以进行二级缓冲，单缓冲工作方式只能进行一级缓冲，而直通工作方式时不进行缓冲。

5. 应用实例

图 5.5 是 DAC0832 与 CPU 的硬件连接图。CPU 通过低 8 位数据线与 DAC0832 通信，DAC0832 接成双缓冲工作方式，端口地址为 80H～86H 中的偶地址和 88H～8EH 中的偶地址。

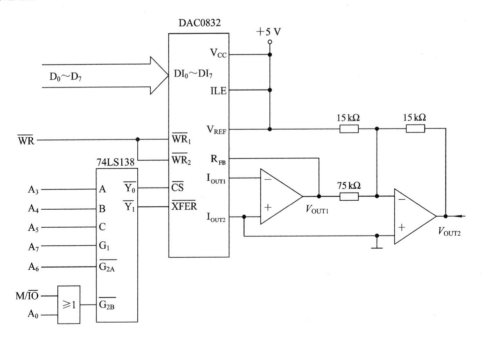

图 5.5　DAC0832 的典型硬件连接图

在图 5.5 中，若不将 $\overline{XFER}$ 接地址译码器 $\overline{Y_1}$ 输出，而改为接 $\overline{WR_1}$、$\overline{WR_2}$ 或直接接地，则 DAC0832 为单缓冲方式，此时端口地址仅为 80H～86H 中的偶地址。

DAC0832 为电流输出型 D/A 转换芯片，R_{FB}、I_{OUT1}、I_{OUT2} 三个引脚外接运算放大器，以便将转换后的电流变换成电压输出。芯片外接一个运算放大器时为单极性输出，如图

5.5 所示的 V_{OUT1} 输出；外接两个运算放大器时则为双极性输出，如图 5.5 中所示的 V_{OUT2} 输出。

在图 5.5 中，$V_{\text{OUT1}} = -I_{\text{OUT1}} \times R_{\text{FB}} = -V_{\text{REF}} \times N/(256 \times R_{\text{FB}}) \times R_{\text{FB}} = -N/256 \times V_{\text{REF}}$。

V_{OUT1} 模拟输出电压的极性总是与 V_{REF} 极性相反，为单极性输出。V_{OUT2} 模拟输出电压可利用基尔霍夫节点电流定律列出方程：

$$\frac{V_{\text{OUT2}}}{15} + \frac{V_{\text{REF}}}{15} + \frac{V_{\text{OUT1}}}{7.5} = 0$$

代入 $V_{\text{OUT1}} = \dfrac{-N}{256} \times V_{\text{REF}}$，求解得

$$V_{\text{OUT2}} = \frac{N - 128}{128} \times V_{\text{REF}}$$

当 FFH $\geqslant N >$ 80H 时，V_{OUT2} 模拟输出电压的极性和 V_{REF} 相同；当 80H $> N \geqslant 0$ 时，V_{OUT2} 模拟输出电压的极性和 V_{REF} 相反；当 $N =$ 80H 时，$V_{\text{OUT2}} = 0$ V。

可以根据应用场合的需要，将 D/A 转换接口芯片接成单极性输出或双极性输出。当要监视的物理量有方向性时(例如角度的正向与反向、速度的增大与减小等)，要求 D/A 转换的输出必须是双极性的。

DAC0832 对执行时序有如下要求：

(1) $\overline{\text{WR}}$ 选通脉冲应有一定宽度，通常要求大于等于 500 ns，这样器件才处于最佳工作状态。当取 $V_{\text{CC}} = +15$ V 时，$\overline{\text{WR}}$ 宽度可以只大于 100 ns。

(2) 数据输入保持时间应不小于 90 ns。

在满足这两个条件时建立转换电流的时间为 1.0 μs。当 V_{CC} 偏移典型值时，要注意满足转换时序要求，否则将不能保证转换数据的正确性。

5.4　高速 D/A 转换器 AD9751

5.4.1　AD9751 概述

AD9751 是一个双输入端口的超高速 10 位 D/A 转换器。AD9751 内含一个高性能的 10 位 D/A 内核、一个基准电压和一个数字接口电路。AD9751 可工作于 300 MSPS (Million Samples Per Second)，且仍可保持优异的交流和直流特性。

AD9751 采用先进的低成本 0.35 μm 的 CMOS 工艺制造。它能在单电源 2.7～3.6 V 下工作，其功耗小于 300 mW。AD9751 具有如下主要特点：

・为高速 TxDAC 系列成员之一，且与该系列其他芯片的引脚兼容，可提供 10、12 和 14 位的分辨率。

・具有超高速的 300 MSPS 转换速率。

・带有双 10 位锁存和多路复用输入端口。

・内含时钟倍增器，可采用差分和单端时钟输入。

・功耗低，在 2.7～3.6 V 的单电源时，其功率低于 300 mW。

・片内带有 1.20 V 且具有温度补偿的电压基准。

5.4.2 AD9751 功能结构

AD9751 的内部原理结构如图 5.6 所示，管脚排列及说明如图 5.7 和表 5.1 所示。AD9751 的数字接口包括两个缓冲锁存器以及控制逻辑。当输入时钟占空比不为 50% 时，可以使用内部频率锁相环电路（PLL）。频率锁相环电路将以 2 倍于外部应用时钟的速度来驱动 DAC 锁存器，并可从两个输入数据通道上交替传输数据信号。其输出传输数据率是单个输入通道数据率的 2 倍。当输入时钟的占空比为 50% 或者对于时钟抖动较为敏感时，该锁相环可能失效，此时芯片内的时钟倍增器将启动。因而当锁相环失效时，可使用时钟倍增器，或者在外部提供 2 倍频的时钟并在内部进行 2 分频。

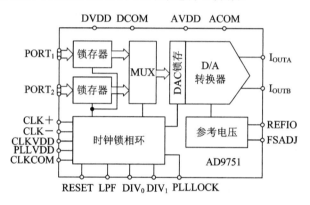

图 5.6　AD9751 的内部原理结构

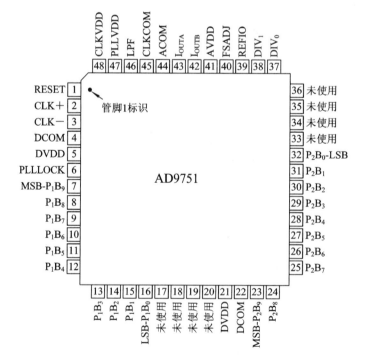

图 5.7　AD9751 的管脚排列

表 5.1 AD9751 的管脚说明

管脚号	管脚名	描 述
1	RESET	复位
2	CLK+	差分时钟输入端
3	CLK−	差分时钟输入端
4,22	DCOM	数字公共端
5,21	DVDD	数字电源电压
6	PLLLOCK	PLL 锁定标识输出
7～16	$P_1B_9 \sim P_1B_0$	数据位，$DB_9 \sim DB_0$，端口 1
17～20,33～36	RESERVED	
23～32	$P_2B_9 \sim P_2B_0$	数据位，$DB_9 \sim DB_0$，端口 2
37,38	DIV_0, DIV_1	PLL 控制和输入端口模式选择输入脚
39	REFIO	参考电压输入/输出端
40	FSADJ	满刻度电流输出调节端
41	AVDD	模拟电源电压
42	I_{OUTB}	差分 DAC 电流输出端 B
43	I_{OUTA}	差分 DAC 电流输出端 A
44	ACOM	模拟公共端
45	CLKCOM	时钟和相位锁存回路公共端
46	LPF	锁相环滤波器
47	PLLVDD	锁相环滤波器电压
48	CLKVDD	时钟供电

CLK 输入端(CLK+/CLK−)能以差分方式或者单端方式驱动，这时时钟信号幅度可低至 1 V 的峰峰值。AD9751 有两个差分电流输出端口 I_{OUTA} 和 I_{OUTB} 分别由 PORT$_1$ 和 PORT$_2$ 控制。PORT$_1$ 和 PORT$_2$ 的 10 位并行数据分别通过锁存器和多路复用器(MUX)输入 DAC。DAC 的参考电压受参考电压输入/输出端 REFIO 和满刻度电流输出调节端 FSADJ 控制。

AD9751 包括一个能提供高达满量程 20 mA 电流的电流源阵列。该阵列被分成 31 个相等的电流源，并由它们组成 5 个最大有效位(MSB)。接下的 4 位(或中间位)由 15 个相等的电流源组成，它们的值为一个最大有效位电流源的 1/16，剩下的 LSB 是中间位电流源的二进制权值的一部分。AD9751 采用电流源实现中间位和较低位，提高了多量程时小信号的动态性能，并且有助于维持 DAC 的高输出阻抗特性。

AD9751 的满刻度输出电流由基准控制放大器决定，通过调节外部电位器可使电流在 2～20 mA 的范围内变化，而用外部电位器、基准控制放大器和电压基准 V_{REFIO} 可组合设定基准电流 I_{REF}。AD9751 的满刻度电流 I_{OUTFS} 是 I_{REF} 的 32 倍。

AD9751 数模转换器中的模拟和数字部分各有自己独立的供电电源(AVDD 和 DVDD)，因而可以独立地在 2.7～3.6 V 的工作范围内工作。AD9751 的数字部分包括边沿触发锁存器和分段译码逻辑电路；而模拟部分则包括电流源及其相关的差分开关，以及1.2 V的电压基准和一个基准电压控制放大器。

5.4.3 参考电压和数字锁相环

1. 参考电压

参考电压 REFIO 脚既可作为输出端也可作为输入端。AD9751 内含一个 1.20 V 的基准电压。当使用内部基准时，内部参考电压将反映到 REFIO 脚上。此时在引脚 REFIO 和 ACOM 之间接 0.1 μF 的电容可达到去耦的目的。同时，如果 REFIO 脚要用于电路的其他地方，还需加入一个外部缓冲放大器，以提高阻抗减少外部电路对 AD9751 内部参考电压的影响，如图 5.8(a) 所示。

当 AD9751 使用外部参考电压时，如图 5.8(b) 所示，可以使用更稳定的外部 1.20 V 参考电压来提高参考电压的稳定性，或采用一个变化的参考电压来实现增益控制。此时不再需要在 REFIO 和 ACOM 之间接 0.1 μF 电容。

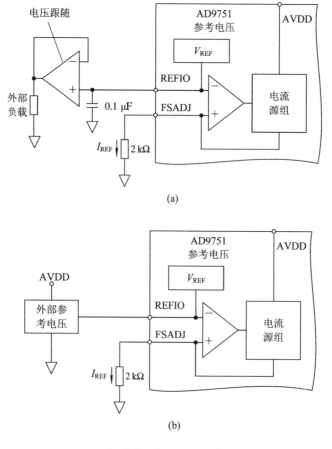

(a)

(b)

图 5.8　AD9751 内部
(a) 外部缓冲放大电路；(b) 参考电压电路

不论使用何种参考电压方式，DAC 输出的满量程电流都为 32 倍的参考电压比上 FSADJ 脚的外接电阻，例如图 5.8 中的 2 kΩ 电阻。因此改变外接电阻的阻值可以改变满量程电流的大小。AD9751 支持 2～20 mA 的满量程电流变化范围。

2. 锁相环时钟

锁相环(Phase-Locked Loop，PPL)时钟是一个闭环的反馈控制系统，如图 5.9 所示。锁相环由鉴相器(Phase Detector，PD)、环路滤波器(Loop Filter，LF)和压控振荡器(Volatge Controlled Oscillator，VCO)组成。鉴相器用来鉴别输入信号 U_r 与输出信号 U_o 之间的相位差，并输出误差电压 U_d。U_d 中的噪声和干扰成分被低通性质的环路滤波器滤除，形成压控振荡器的控制电压 U_c。U_c 作用于压控振荡器的结果是把它的输出振荡频率拉向参考信号频率，当二者相等时，环路被锁定，称为入锁。维持锁定的直流控制电压由鉴相器提供。鉴相器的两个输入信号间留有一定的相位差。

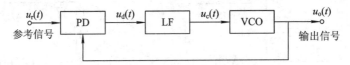

图 5.9　锁相环原理

AD9751 的 PLL 可用来产生用于边沿触发锁存器、多路选择器以及 DAC 所必需的内部同步 2 倍时钟。PLL 电路包括一个相位检测器、电荷泵、压控振荡器、输入数据率范围控制电路、时钟逻辑电路和输入/输出端控制电路。当使用内部 PLL 时，RESET 接地；而当 AD9751 处于 PLL 有效模式时，LOCK 作为内部相位检测器的输出。当它被锁定时，该模式下的锁定输出为逻辑"1"。

当 PLL 的 VDD 脚接 3 V 电压时，PLL 处于工作状态。表 5.2 给出了当 PLL 有效时的 DIV_0 和 DIV_1 脚在不同状态下的输入时钟频率范围。当频率锁相环电路的 VDD 接地时，频率锁相环电路将处于无效状态。此时，外部时钟必须以合适的 DAC 输出更新数据率来驱动 CLK 的输入端。存在于输入端口 1 和端口 2 的数据的速率和定时依赖于 AD9751 是否交替输入数据，或者仅仅响应单端口上的数据。

表 5.2　PLL 有效时 DIV_0 和 DIV_1 脚在不同状态下的输入时钟频率范围

CLK 频率/MHz	DIV_1	DIV_0	范围控制器
50～150	0	0	/1
25～100	0	1	/2
12.5～50	1	0	/4
6.25～25	1	1	/8

5.4.4　数字输入和模拟输出

AD9751 的数字输入端包括两个通道 $PORT_1$ 和 $PORT_2$，每个通道有 10 个数据输入引脚，同时还有一对差分时钟输入引脚。10 位并行数据输入遵循标准的直接二进制编码形式。DB9 为最高有效位(MSB)，DB0 为最低有效位(LSB)。当所有数据位都为逻辑"1"时，I_{OUTA} 产生满刻度输出电流。而 I_{OUTB} 产生与 I_{OUTA} 互补的输出，也就是 I_{OUTB} 为满刻度输出电流减去 I_{OUTA}。

当 PLL 有效时，或者当使用内部时钟倍增器时，DAC 输出端在每一个输入时钟周期均被更新两次，其时钟输入速率高达 150 MSPS。这使得 DAC 的输出更新率为 300 MSPS。

AD9751 有一个灵活的差分时钟输入端口，采用独立的电源(CLKVDD，CLKCOM)可以获得最优的防抖动特性。两个时钟输入端 CLK＋和 CLK－可由单端或差分时钟源所驱动。对单端工作来说，CLK＋应被一个逻辑电平所驱动，而 CLK－则应被设置为一个等于1/2 CLKVDD 的门限电压 $V_{THRESHOLD}$。这可以通过如图 5.10(a)所示的一个电阻分压器/电容网络来实现。而对于差分工作情况，CLK＋和 CLK－都应当通过一个如图 5.10(b)所示的电阻分压网络被偏置到 CLKVDD/2 来完成。差分时钟模式下，CLK＋和 CLK－的电平相反，可以提高有效输入电平幅度，有利于在高速时钟时弥补时钟信号的衰减。

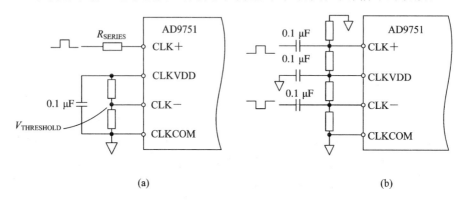

图 5.10　AD9751 单端

(a) 电阻分压器/电容网络；(b) 时钟驱动电路

AD9751 有两个互补的电流输出端 I_{OUTA} 和 I_{OUTB}，可以配置成单端或差分两种工作模式。I_{OUTA} 和 I_{OUTB} 可通过一个负载电阻 R_{LOAD} 被转换成互补的单端电压输出 V_{OUTA} 和 V_{OUTB}。而使差分电压 V_{DIFF} 存在于 V_{OUTA} 和 V_{OUTB} 之间，同时也可以通过一个变压器或差分放大器来将差分信号转换成单端电压，如图 5.11(a)所示。图 5.11(a)中 I_{OUTA} 和 I_{OUTB} 分别通过 25 Ω 电阻接地，产生的电压差驱动放大器 AD8047 产生单端双极性电压信号。另外，AD9751也可以设置成单极性输出模式，如图 5.11(b)所示。图 5.11(b)中放大器将 I_{OUTA} 虚地，输出电压为负的 I_{OUTA} 乘以 R_{FB}。

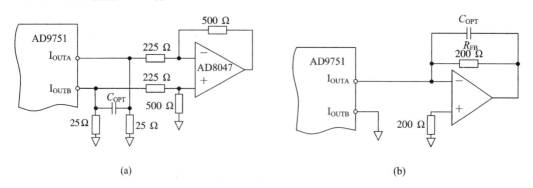

图 5.11　AD9751 放大器双极性差分耦合

(a) 差分信号转换为单端电压；(b) 输出电路

第 6 章　数据采集系统常用电路

在计算机数据采集系统中，除了用到第 3 章介绍的各类传感器外，要获取信号并将信号输入计算机处理还需要要用到一系列辅助电路或芯片，如多路模拟开关、采样/保持电路、测量放大电路和芯片、滤波电路和芯片、存储电路和显示电路等。本章将分别介绍这些常用电路和芯片。

6.1　多路模拟开关

在数据采集系统中，如果有多个独立的或相关的模拟信号需要采集，为使采样/保持器和 A/D 转换器等后续电路可以公用，则可通过多路模拟开关按序切换来实现。但这种系统的速度和精度将有所下降，故适用于对速度和精度要求不高的场合（如工业控制现场）。

多路转换设计中最令人关心的电气元件是开关器件，一般常用的是机电开关和固体多路开关。机电开关有干簧继电器、湿式水银继电器等。机电开关在通断指标方面具有近似理想的电气特性，但是速度和体积等方面则不够理想。另外，在簧片和连线间还存在有热电势。固体多路开关有双极型晶体管、场效应管，目前集成电路中多用 CMOS 结构，CMOS 集成电路开关体积小、速度快、导通电阻较低。

电路上常用的模拟开关是 CMOS 模拟开关，目前可供选择的 CMOS 多路模拟开关很多，大多都集成在一个芯片中。各种型号的多路模拟开关，虽然它们型号不同，但功能基本相同，仅是在切换通道数目、接通及断开时的开关电阻、漏电流以及输入电压等参数方面有所差异。多路模拟开关常用的有多输入单输出和单输入多输出两种，数据采集系统中常用多输入单输出多路模拟开关。

在数据采集中常用的多路模拟开关集成芯片有 AD 公司的 AD7501 和 AD7503，RCA 公司的 CD405 以及 MOTA 公司的 MC14051 等。

6.1.1　AD7501

1. 逻辑结构

AD7501 的内部结构如图 6.1 所示。AD7501 由三个地址线 A_0、A_1 和 A_2 的状态及 EN 端来选择 8 路通道中的一路，当 EN 端为高电平时模拟开关选通。AD7503 与 AD7501 相比，除了 EN 端的控制逻辑电平相反外，其他部分完全相同。

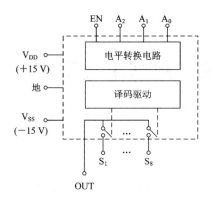

图 6.1 AD7501 的内部结构

2. 性能参数

AD7501 的主要性能如下：

- CMOS 工艺制造。
- 能直接与 TTL/CMOS 接口。
- 单路 8 选 1 模拟多路转换器。
- 具有双向传输能力。
- 标准 16 引脚 DIP 封装。
- 电源：$+/-15$ V。
- 功耗：300 μW。
- 开关接通电阻：170 Ω(标准)。
- 开关接通时间：0.8 μs(标准)。
- 开关断开时间：0.8 μs(标准)。

3. 应用

可以用两片 AD7501 利用 4 位地址线来获得 16 通道的实用线路，如图 6.2 所示。其中选通信号 C＝0 时，选通允许，由 A_3 的电平来选择两个模拟开关之一。

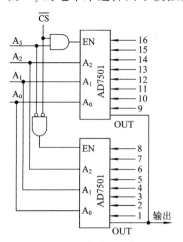

图 6.2 用两片 AD5701 实现 16 通道

6.1.2 CD4051

CD4051 是常用的由场效应管组成的单端 8 通路模拟开关,它的原理图如图 6.3 所示。它有 3 根二进制的控制输入端 A、B 和 C 以及 1 根禁止输入端 INH(高电平禁止)。片上有二进制译码器,可由 A、B 和 C 共 3 个二进制信号在 8 个通路中选择 1 个。当 INH 为高电平时,无论 A、B 和 C 为何值,8 个通路都不通。

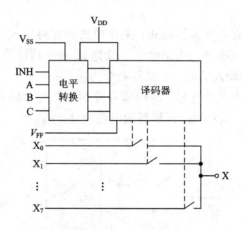

图 6.3 CD4051 原理图

CD4051 有很宽的数字和模拟信号电平,数字信号为 3~15 V,模拟信号峰-峰值为 15 V。当 $V_{DD} - V_{FF} = 15$ V,输入范围为 15 V 时,其导通电阻为 80 Ω;当 $V_{DD} - V_{FF} = 10$ V 时,其断开时的漏电流为 ± 10 pA;静态功耗为 1 μW。

为了提高抗共模干扰能力,可用差动输入方式。图 6.4 为 16 个通路差动输入时 CD4501 的连接方法。若要采样第 15 号通路的模拟信号,则由程序在 CPU 的数据总线上输出 1111,经锁存器后其输出 $Q_3 \sim Q_0$ 为 1111,此时只有 2 号、3 号的 INH 为低电平,允许选通。A、B 和 C 端均为 1,X_7 路接通,选中第 15 号通路。

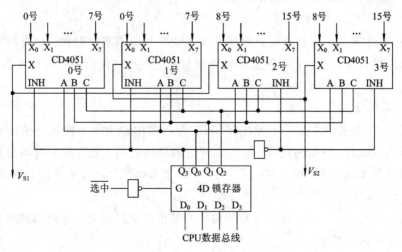

图 6.4 使用 CD4051 时的差动接法

6.2 采样/保持电路

在数据采集系统中，在进行 A/D 转换时使输入信号保持不变的电路称为采样/保持电路。采样/保持电路对数据采集系统的精度具有决定性的影响。

6.2.1 概念介绍

采样/保持电路一般有两种运行模式：采样模式和保持模式，它由数字控制输入端来选择。在采样模式中输出随输入变化，增益一般为 1；在保持模式中，电路的输出将保持不变，直到数字控制输入端输入了下一个采样命令为止。

采样/保持电路通常由保持电容、逻辑输入控制的开关电路和输入、输出缓冲放大器等组成。如图 6.5 所示为一般采样/保持器的电路原理。

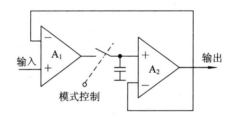

图 6.5 一般采样/保持器的电路原理

如图 6.5 所示，在采样模式期间，逻辑输入控制的开关是闭合的，A_1 是高增益放大器，它的输出通过开关给电容器快速充电；在保持模式期间，开关断开，由于运算放大器 A_2 的输入阻抗很高，即理想情况下，电容器将保持充电时的最终值不变。有些采样/保持芯片中不包含保持电容，此时保持电容由用户根据需要选择。

1. 性能参数

采样/保持器的主要性能参数介绍如下。

1) 孔径时间 T_P

孔径时间 T_P 是指从保持命令发出到开关完全断开所需要的时间。这是开关从闭合状态到断开状态的过渡时间，它将使实际电压值与希望的电压保持值之间产生误差，影响转换精度。

2) 捕捉时间 T_C

捕捉时间 T_C 是指从采样命令发出到采样/保持器的输出由上次保持值达到输入信号的当前值所需的时间。捕捉时间 T_C 与模式开关的接通时间、电容充电时间常数及保持电容上的电压变化幅度有关。捕捉时间 T_C 越小，采集系统所允许的采样频率越高。

3) 保持电压的衰减率

在保持模式状态下，由于保持电容的漏电和其他杂散漏电流引起的保持电压衰减的速率称为保持电压的衰减率。

并不是所有的数据采集系统都需要采样/保持器。在数据采集系统中，主要根据被采样信号的变化快慢(频率)来决定是否需要采样/保持器。对于缓慢变化信号的采集，如生物医学信号可以不用采样/保持器。对于频率较高的模拟信号，一般要有采样/保持器。

假若保持命令与 A/D 的转换命令同时发出，那么当输入信号变化缓慢到在孔径时间 T_P 内输入信号的变化量小于 A/D 转换的分辨力时，采集系统不需要采样/保持器。即当允许输入信号最大变化率 $(\mathrm{d}V/\mathrm{d}t)_{max}$ 与采样/保持器的孔径时间 T_P 的乘积量小于 A/D 转换器所能分辨的最小电压 $(2^{-n} \times V_F$，其中 V_F 是 A/D 转换的满度值)时，也就是

$$\left(\frac{\mathrm{d}V}{\mathrm{d}t}\right)_{max} \times T_P < 2^{-n} \times V_F \tag{6.1}$$

此时，采集系统不需要采样/保持器。为了提高允许信号电压的最大变化率，常把保持命令相对于 A/D 转换命令提前 T_P 发出，这时式(6.1)变为

$$\left(\frac{\mathrm{d}V}{\mathrm{d}t}\right)_{max} \times \Delta T_P < 2^{-n} \times V_F \tag{6.2}$$

式中，ΔT_P 是孔径时间 T_P 的不定性。由式(6.2)可以看出，此时系统所允许输入信号的最大变化速率与 T_P 无关，而只与 ΔT_P 有关，这样大大提高了系统所允许输入信号的最大变化率。

2. 结构形式

在速度与各通道相位要求不高的场合中，常采用一个多路模拟开关切换模拟输入信号，然后用一只公用的采样/保持器和一只公用的 A/D 变换器完成各通道信号的采样与量化，如图 6.6 所示。这种方式的缺点主要是由于采用了公共的采样/保持器，在完成一次 A/D 变换后，要等到下一次采样命令到达，并使保持电容上的电压跟踪到当前输入信号的值后，才能再次启动 A/D 变换器，因而速度慢，易引起各通道间的相位误差。

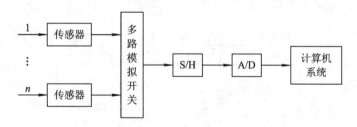

图 6.6　多通道公用 S/H 和 A/D

除了图 6.6 之外，多通道公用 A/D 的另外一种形式如图 6.7 所示。图 6.7 中每一个通道都自备一只采样/保持器，启动采样后，各通道并行地进行采样，然后由多路开关轮流选通并进行 A/D 变换。这种方式可不必考虑采样/保持器的捕捉时间。

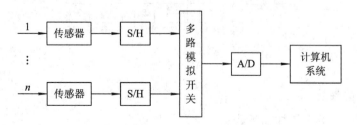

图 6.7　多通道公用 A/D

对于高速多通道数据采集系统，以及需要各通道同时采集数据的系统，上述多通道公用 A/D 转换器或 S/H 的电路通常不能满足要求。此时通常让每个通道各自具有采样/保持器与 A/D 变换器，如图 6.8 所示。

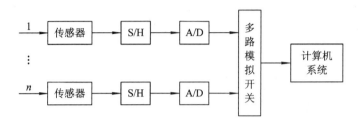

图 6.8　多通道分别采用 S/H 和 A/D

目前使用的采样/保持电路集成芯片很多，如 AD346、AD389、AD9100、AD585、LF198 和 LF398 等，其中又以 AD585 和 LF398 使用最多，下面我们主要探讨 AD585 和 LF398 的结构性能和使用情况。

6.2.2　AD585

1. AD585 的结构

AD585 是单片采样/保持放大器。该芯片由高性能的运算放大器、低漏电的模拟开关和 FET 集成放大器组成。AD585 片内有保持电容以及匹配电阻，精度高而且应用方便。AD585 封装为 DIP14，其引脚定义如图 6.9 所示。

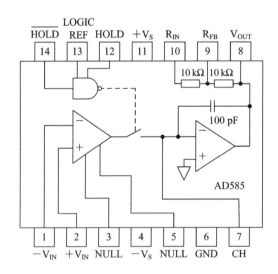

图 6.9　AD585 的引脚定义

2. AD585 的性能

以下是 AD585 的具体性能参数：
- 采样时间：3 μs。
- 泄漏速率：1 mV/ms。

- 失调电压：3 mV。
- 抖动时间：0.5 ns。
- 外部温度：$-55 \sim +125℃$。
- 片内保持电容。
- 片内匹配电阻。
- 电源：± 12 V 或 ± 15 V。
- 可表贴。

3. AD585 的应用

由 AD585 组成的增益为 1 的采样/保持电路如图 6.10 所示，该电路实质上是增益为 1 的同相放大器。该电路外围元件少，由于片内有保持电容，因此外部电容一般不接，除非有特殊要求。对于要求较高的应用，可以外接 10 kΩ 的调零电位器。

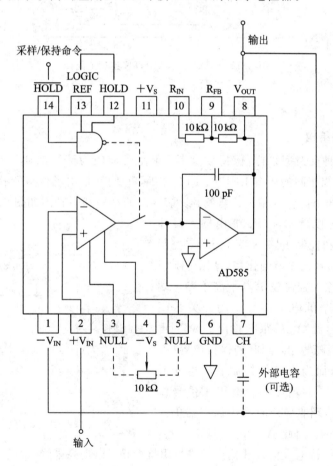

图 6.10　AD585 一倍增益采样/保持电路

为了进一步说明 AD585 的应用，我们给出 AD585 与 12 位采样芯片 AD578K 的连接电路图，如图 6.11 所示，其中 AD578K 的 27 脚作为 10 V 范围输入脚与 AD585 的输出脚相连。AD578K 的 21 脚为采样变换启动命令脚，由高跳低时启动采样。AD578K 的 20 脚为结束采样信号端，在采样期间保持高电平，驱动 AD585 的 12 脚（HOLD）保持信号。

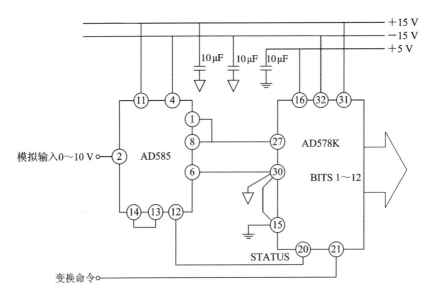

图 6.11　AD585 与 AD578K 连接电路图

6.2.3　LF398

1. LF398 的结构

LF398 是一种反馈型采样/保持放大器，也是目前较为流行的通用型采样/保持放大器。与 LF398 结构相同的还有 LF198、LF298 等，它们都是由场效应管构成的，具有采样速率高、保持电压下降慢和精度高等特点。LF398 的结构和引脚图如图 6.12 所示。

由图 6.12 可以看出，LF398 由输入缓冲级、输出驱动级和控制电路三部分组成。控制电路中 A_3 主要起到比较器的作用，其中引脚 7 为参考电压，当输入控制逻辑电平高于参考端电压时，输出一个低电平信号驱动开关 S 闭合，此时输入信号经 A_1 后跟随输出到 A_2，再由 A_2 的输出端跟随输出，同时向保持电容（接引脚 6 端）充电。而当 8 端的控制逻辑电平低于参考端电压时，A_3 输出一个高电平信号使开关 S 断开，以达到非采样时间内保持器仍保持原来输入的目的。因此 A_1 和 A_2 是跟随器，

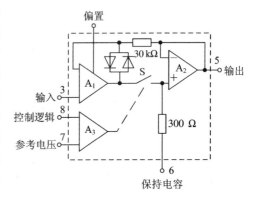

图 6.12　LF398 的结构和引脚图

其作用主要是对保持电容输入和输出端进行阻抗变换，以提高采样/保持放大器的性能。

2. LF398 的性能参数

LF398 的性能参数如下：

- 反馈型采样/保持放大器。
- 片内无保持电容。
- 采样时间（10 V 级，到 0.01%）：20 μs。

- 增益误差：0.01%。
- 下降率：3 mV/s(标准)。
- 失调电压：7 mV。
- 保持电容：0.01 μF。

3. LF398 的应用

如图 6.13 所示为 LF398 的典型应用电路图。此时，逻辑控制电压从 8 脚输入，当输入高电平时，LF398 进行采样；当输入低电平时，LF398 保持采样值不变。

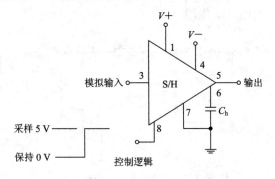

图 6.13　LF398 的典型应用

如图 6.14 所示为应用了 LF398 的峰值采集电路。当信号处于上升阶段，即 $V_1 > V_2$ 时，比较器输出为高电平；当信号达到峰值后，即 $V_1 < V_2$ 时，比较器电平反转，成为低电平，启动 A/D 即可获得此时的峰值电平。如果给采样/保持放大器一个恒定保持信号，将保持住峰值。

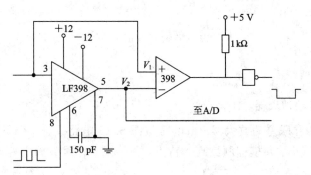

图 6.14　应用 LF398 的峰值采集电路

6.3　信号放大电路

6.3.1　放大电路原理

各种非电量的测量通常由传感器将其转换为电压(或电流)信号，此电压信号一般可能较弱，最小的为 0.1 μV，而且动态范围较宽，且往往有很大的共模干扰。因此，在传感器后面大都需要接大器电路，以便与 A/D 转换器所需的电平极性匹配，充分利用 A/D 的精度。同时，信号放大电路还应起阻抗变换作用，隔离后面的负载对传感器的影响，并充分抑制共模干扰。

由于传感器的输出阻抗一般很高,输出电压幅度很小,再加上工作环境恶劣,因此要求信号放大电路具有高输入阻抗、高共模抑制比、低失调与漂移、低噪声及高闭环增益稳定性等。本节介绍几种由运算放大器构成的高共模抑制比放大器电路。

1. 同相串联差动放大器

图 6.15 为同相串联差动放大器。电路要求两只运算放大器的性能参数基本匹配,且在外接电阻元件对称的情况下(即 $R_1 = R_4$,$R_2 = R_3$),电路可获得很高的共模抑制比,此外还可以抵消失调及漂移误差电压的作用。

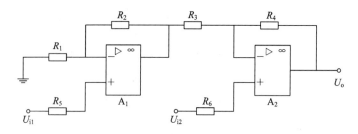

图 6.15 同相串联差动放大器

该电路的输出电压由叠加原理可得

$$
\begin{aligned}
U_o &= \left(1 + \frac{R_2}{R_1}\right)U_{i1}\left(-\frac{R_4}{R_3}\right) + \left(1 + \frac{R_4}{R_3}\right)U_{i2} \\
&= -\left(1 + \frac{R_4}{R_3}\right)U_{i1} + \left(1 + \frac{R_4}{R_3}\right)U_{i2} \\
&= \left(1 + \frac{R_4}{R_3}\right)(U_{i2} - U_{i1})
\end{aligned}
\tag{6.3}
$$

从而求得差模闭环增益为 $1 + \dfrac{R_4}{R_3}$。

2. 同相并联差动放大器

图 6.16 为同相并联差动放大器。该电路与图 6.15 电路一样,仍具有输入阻抗高、直流效益好、零点漂移小、共模抑制比高等特点,在传感器信号放大中得到广泛应用。

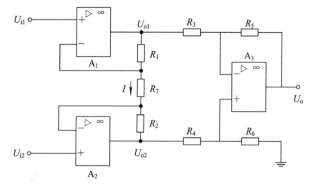

图 6.16 同相并联差动放大器

由图 6.16 可知：

$$\begin{cases} U_{o1} = U_{i1} + IR_1 \\ U_{o2} = U_{i2} - IR_2 \\ I = \dfrac{U_{i1} - U_{i2}}{R_7} \end{cases} \tag{6.4}$$

将 I 代入 U_{o1}、U_{o2} 可得

$$U_{o1} = U_{i1} + \left(\frac{U_{i1} - U_{i2}}{R_7}\right)R_1 = U_{i1}\left(1 + \frac{R_1}{R_7}\right) - \frac{R_1}{R_7}U_{i2} \tag{6.5}$$

$$U_{o2} = U_{i2} - \left(\frac{U_{i1} - U_{i2}}{R_7}\right)R_2 = U_{i2}\left(1 + \frac{R_2}{R_7}\right) - \frac{R_2}{R_7}U_{i1} \tag{6.6}$$

$$U_o = \frac{R_5}{R_3}(U_{o2} - U_{o1}) = \left(1 + \frac{R_1 + R_2}{R_7}\right)\frac{R_5}{R_3}(U_{i2} - U_{i1}) \tag{6.7}$$

由此可得差模电路的闭环增益为 $\left(1 + \dfrac{R_1 + R_2}{R_7}\right)\dfrac{R_5}{R_3}$。

该电路若用一可调电位器代替 R_7，则可以调整差模增益的大小。该电路要求 A_3 的外接电阻严格匹配，因为 A_3 放大的是 A_1、A_2 输出之差。电路的失调电压是由 A_3 引起的，降低 A_3 的增益可以减小输出温度漂移。

6.3.2　AD620 集成仪表放大器

1. AD620 原理

AD620 集成仪表放大器的引脚图如图 6.17 所示。其中 1、8 脚要跨接一个电阻 R_G 来调整放大倍率，4 和 7 脚需提供正负相等的工作电压，由 2、3 脚输入的电压即可从 6 脚输出放大后的电压值。5 脚是参考基准，如果接地则 6 脚的输出即为与地之间的相对电压。AD620 的放大增益关系式如式(6.8)所示，通过式(6.8)可推算出各种增益所要使用的电阻值 R_G。

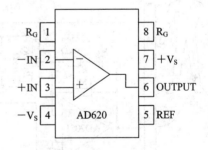

$$G = \frac{49.4\ \text{k}\Omega}{R_G} + 1 \tag{6.8}$$

图 6.17　AD620 集成仪表放大器的引脚图

AD620 的基本特点为精度高、使用简单、低噪声，增益范围为 1～1000，只需一个电阻即可设定，电源供电范围 ±2.3～±18 V，而且耗电量低，可用电池驱动，方便应用于可携式仪器中。

2. AD620 基本放大电路

AD620 非常适合压力测量方面的应用，如用于一般压力测量器的电桥电路的信号放大。图 6.18 为基于 AD620 的压力测试电路图。其中由 3 kΩ 电阻组成的电桥为压力传感器，产生的差动信号分别接入 AD620 的 3 脚和 2 脚。增益电阻 R_G 选为 499 Ω，增益值为 100。由 AD705 组成跟随电路，使 ADC 的参考地和 AD620 的参考电压固定在 AD705 的正输入端。而 AD705 的正输入端的电压为 2 V(由 20 kΩ 和 10 kΩ 电阻产生)。这样由 AD620 输出的电压在 2 V 上下波动，适于 ADC 采集。

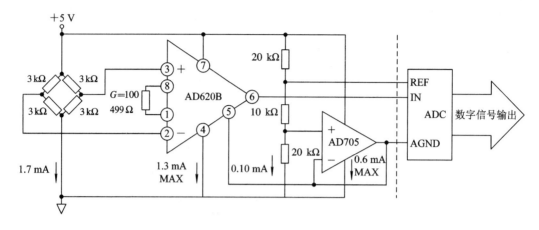

图 6.18　AD620 压力测试电路

　　AD620 也可以作为心电图测量使用。图 6.19 为 AD620 组成的心电图测试电路。图 6.19 中 R_G 选为 8.25 kΩ，增益值为 7。AD620 输出的信号经过 0.03 Hz 的高通滤波器后，再经 143 倍放大作为输出信号。这样设计是因为心电信号本身含有一定的低频成分，如果直接高增益放大，会造成后电路饱和。由于人体心电信号中含有较强的 50 Hz 工频共模干扰，因此 AD620 的使用可以很好地抑制共模干扰。但由于人体左右手的共模干扰有可能相位不一致，因此电路中人体右腿电极通过 C_1 和 R_1、R_2、R_3 接入 AD620 的 1、8 脚，可以更好地同步工频干扰相位。

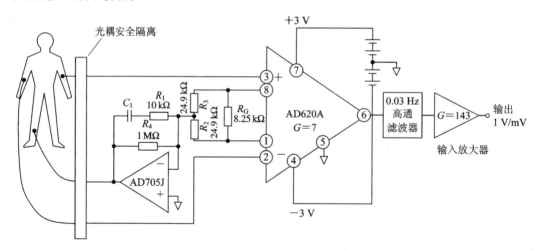

图 6.19　AD620 心电图测试电路

　　由于 AD620 的耗电量低，电路中电源可用 3 V 干电池驱动，因此 AD620 可以应用在许多可携式的医疗设备中。

6.4　MAX260 滤波芯片

　　信号在被 ADC 采样之前一般要进行滤波，一来为了使其满足采样定理，同时去除信号中的干扰或噪声成分。传统的 RC、LC 等滤波电路可以实现信号的滤波功能，但对元器件的参数精度要求比较高，设计和调试也比较麻烦。美国 Maxim 公司生产的可编程滤波器芯片 MAX260 可以通过编程对各种低频信号实现低通、高通、带通、带阻以及全通滤波处理，且滤波的特性参数，如中心频率、品质因数等，可通过编程进行设置，电路的外围器件也较少。下面介绍 MAX260 的功能以及由它构成的滤波器电路。

MAX260 芯片是 Maxim 公司推出的双二阶通用开关电容有源滤波器，可通过微处理器精确控制滤波器的传递函数(包括设置中心频率、品质因数和工作方式)。它采用 CMOS 工艺制造，在不需外部元件的情况下，控制 MAX260 引脚就可以构成各种带通、低通、高通、陷波和全通滤波器。图 6.20 是 MAX260 的引脚封装和内部结构示意图，表 6.1 是 MAX260 引脚说明。

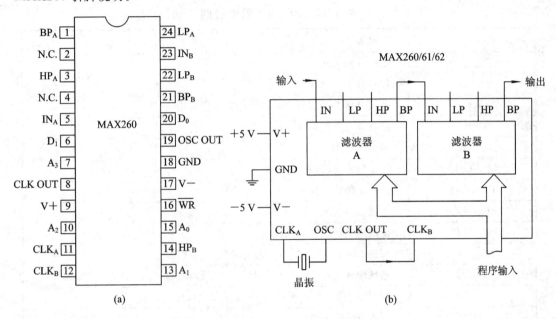

图 6.20　MAX260 封装和内部结构

(a) 引脚封装；(b) 内部结构

MAX260 由 2 个二阶滤波器(A 和 B 两部分)、2 个可编程 ROM 及逻辑接口组成。每个滤波器部分又包含 2 个级联的积分器和 1 个加法器。该芯片的主要特性如下：

(1) 配有滤波器设计软件，可改善滤波特性，带有微处理器接口。

(2) 可控制 64 个不同的中心频率 f_0、128 个不同的品质因数 Q 及 4 种工作模式。

(3) 对中心频率 f_0 和品质因数 Q 可独立编程。

(4) 时钟频率与中心频率比值(f_{clk}/f_0)精度可达到 1%。

MAX260 滤波器可设为二阶低通、带通和高通滤波器。

二阶低通滤波器的传递函数为

$$G(s) = \frac{\omega_0^2}{s^2 + s(\omega_0/Q) + \omega_0^2} \tag{6.9}$$

带通滤波器的传递函数为

$$G(s) = \frac{s(\omega_0/Q)}{s^2 + s(\omega_0/Q) + \omega_0^2} \tag{6.10}$$

高通滤波器的传递函数为

$$G(s) = \frac{s^2}{s^2 + s(\omega_0/Q) + \omega_0^2} \tag{6.11}$$

中心频率为

$$f_0 = \frac{\omega_0}{2\pi}$$

MAX260 通过 $A_0 \sim A_3$ 脚、D_0、D_1 脚和 WR 提供对微处理器的接口。通过微处理器接口用户可以对 MAX260 内的储存单元写入特定的数值，实现对滤波器类型、中心频率 f_0 和品质因数 Q 的设定。

表 6.1　MAX260 引脚说明

V+	正电源输入端
V−	负电源输入端
GND	模拟地
CLK_A	外接晶体振荡器和滤波器 A 的时钟输入端
CLK_B	滤波器 B 的时钟输入端
CLK OUT	时钟输出端
OSC OUT	振荡器输出端
IN_A、IN_B	滤波器的信号输入端
BP_A、BP_B	带通滤波器输出端
LP_A、LP_B	低通滤波器输出端
HP_A、HP_B	高通、带阻、全通滤波器输出端
A_0、A_1、A_2、A_3	地址输入端，可用来完成对滤波器工作模式、f_0 和 Q 的相应设置
D_0、D_1	数据输入端，可用来对 f_0 和 Q 的相应位进行设置
$\overline{WR}$	写入有效输入端

表 6.2　MAX260 滤波器 A 微处理器接口数据和寻址

数 据		地 址			
D_0	D_1	A_3	A_2	A_1	A_0
M_0	M_1	0	0	0	0
F_0	F_1	0	0	0	1
F_2	F_3	0	0	1	0
F_4	F_5	0	0	1	1
Q_0	Q_1	0	1	0	0
Q_2	Q_3	0	1	1	0
Q_4	Q_5	0	1	1	1

通过对表 6.2 中的 M_0 和 M_1 的设定可以将 MAX260 设定为 4 种不同的工作模式。其中工作方式 1 可实现低通和带通滤波器，信号分别由 LP 和 BP 脚输出。工作方式 2 也可实现低通和带通滤波器，信号分别由 LP 和 BP 脚输出。相对于方式 1，可实现较高的 Q 值和

较低的噪声。工作方式 3 可实现高通滤波器，信号由 HP 脚输出；工作方式 4 可实现全通滤波器，信号由 HP 脚输出，以实现信号的群延时补偿，并且可与方式 1 联合使用。

另外，MAX260 在程序控制方面还为用户提供了专门的开发工具和编程软件，可以方便地设定芯片的模式和状态。

6.5 存 储 电 路

存储器是具有记忆功能的部件，用来存放程序和数据，是计算机不可缺少的重要组成部分。记录 1 位二进制信息的最小存储单元称为存储位元（Memory Cell）。从初期的汞、镍延迟线，到目前广泛使用的超大规模集成电路存储芯片，随着计算机的广泛应用和发展，计算机存储器种类不断增加、功能不断增强、容量大幅度提高。

6.5.1 存储器概述

1. 存储器的分类

存储器技术发展很快，不断出现新的存储介质和存储元器件，不仅存取方式多种多样，而且速度差异悬殊，保存信息的方式和手段也是千差万别。可以从下面从四个不同的角度对存储器进行分类。

1）按在系统中的作用

根据存储器在系统中的作用不同，存储器可分为主存储器、辅助存储器和高速缓冲存储器。

（1）主存储器：简称主存，用来存放当前运行时所需要的程序和数据，以便向 CPU 快速地提供信息。相对于辅助存储器而言，主存的存取速度快，但容量较小，且价格较高。由于主存设置在主机的内部，故又称"内存储器"。

主存容量一般在几百千字节到几百兆字节之间，指令可直接访问。对于主存，从物理结构上看，若干个存储位元组成一个存储单元。一个存储单元可存放一个机器字（Word）或一个字节（Byte）。存放一个机器字的存储单元，称字存储单元。存放一个字节的存储单元，称字节存储单元。

（2）辅助存储器：简称辅存，用来存放当前暂不参与运行的以及一些永久性保存的程序、数据和文件，在 CPU 需要处理时再成批地同主存交换。其特点是存储容量大、价格低，但存取速度较慢，由于辅存一般在主机的外部，故又称为"外存储器"。

同主存相比，辅存容量相当大，通常在几十兆字节（2^{20} B）到几百吉字节（2^{30} B）之间，有的甚至达到几太字节（2^{40} B），辅存存取速度比主存至少慢两个数量级。

（3）高速缓冲存储器（Cache）：简称缓存，位于主存和 CPU 之间，存放当前正在执行程序的部分程序段或数据，以便向 CPU 快速提供马上要执行的指令或数据。其速度可与 CPU 匹配，存取时间在几纳秒到十几纳秒之间，存储容量一般在几千字节到几兆字节之间。

2）按存储介质

根据存储介质的不同，存储器可分为半导体存储器、磁存储器和光盘存储器。

（1）半导体存储器：目前应用相当广泛，半导体存储器的种类也很多，可以说几乎每个数据采集系统都带有半导体存储器存放程序和数据。

（2）磁存储器：用非磁性金属或塑料作基体，在其表面涂敷、电镀、沉积或溅射一层很薄的高导磁率和硬矩磁材料的磁面，用磁层的两种剩磁状态记录信息"1"和"0"。基体和磁层合称为磁记录介质。计算机中目前广泛使用的是磁盘存储器。

磁存储器是通过磁记录介质作高速旋转或平移，借助于软磁材料制作的磁头实现读/写。因为它采用机械运动方式，所以存取速度远低于半导体存储器，为 ms 级。磁存储器的存储位元是磁层上非常小的磁化区域，可以小至 $20~\mu m^2$，所以存储容量可以很大，与半导体存储器相比，每位价格低得多，因此广泛用作辅存。

（3）光盘存储器：和磁存储器类似，光盘存储器也是将用于记录的薄层涂敷在基体上构成记录介质。不同的是光盘存储器基体使用的圆形薄片由热传导率很小、耐热性很强的有机玻璃制成。在记录薄层的表面再涂敷或沉积保护薄层，以保护记录面。

光盘存储器是目前辅存中记录密度最高的存储器，存储位元区域可小至 $1~\mu m^2$，存储容量很大且盘片易于更换，但其缺点是存储速度比硬盘低一个数量级。

3）按存储方式

根据存储方式的不同，存储器可分为随机存取存储器、只读存储器、顺序存取存储器、直接存取存储器。

（1）随机存取存储器（Radom Access Memory，RAM）：以存储单元为单位组织信息和提供访问，CPU 通过指令可随机写入或读出信息。所谓"随机"是指对存储器的任何存储单元都可随时访问并且访问所需时间都是相同的，与存储单元所处的物理位置无关。原因是这种存储器对每个存储单元都有唯一的、由电子线路构成的寻址机构。这类存储器的特点是速度快、访问时间是 ns 级，用作 Cache 和主存，目前广泛使用的是半导体存储器。

（2）只读存储器（Read Only Memory，ROM）：除正常工作时只能随机读出信息、不能随机写入信息外，其他特征均同 RAM。ROM 中的信息是在事先写入的，信息一旦写入后，便可长期保存。目前广泛使用的是半导体大规模集成电路 ROM。根据用户要求不同，写入方式也存在很大差异。依写入方式不同 ROM 又分为两类。第一类是掩膜 ROM（Masked ROM，MROM），它是在制造时使用掩膜工艺将信息写入存储器，用户不能作任何改动，只能从中读出信息。第二类是可编程 ROM，即 PROM（Programmable ROM）。生产厂家在制造存储器时，就写入全"1"或全"0"，用户根据自己需要可多次擦除和改写。

（3）顺序存取存储器（Serial Access Storage，SAS）：该存储器中的信息按文件组织，一个文件可包含若干个数据块，一个数据块又包含若干字节，它们顺序地记录在存储介质上，存取时以块为单位，只能顺序查找块号，找到后即成块顺序读/写，所以存取时间与信息所处的物理位置关系极大。这类存储器速度慢、容量大、成本低，常作为后援辅存。磁带存储器属于此类存储器。

（4）直接存取存储器：这种存储器信息的组织与顺序存取存储器相同，存取信息也是以块为单位。它是介于随机存取和顺序存取之间的一种存储器。对信息的存取分两步进行，首先随机指向存储器的一个区域，如磁道和光道，然后对这一部分区域进行顺序存取。磁盘和光盘属于此类存储器。

4）按信息的可保存性

根据信息的可保存性的不同，存储器可分为挥发性存储器（Volatile Memory）和非挥发性存储器（Nonvolatile Memory）。

挥发性存储器亦称易失性存储器，这种存储器的特点是断电后信息即丢失。非挥发性存储器亦称非易失性或永久性存储器，这种存储器特点是断电后信息不丢失。半导体随机存取存储器为挥发性存储器，半导体只读存储器、磁存储器和光盘存储器都是非挥发性存储器。

2. 存储器的性能指标

1）存储容量

存储容量是指存储器可以存储的二进制信息量。表示方法为：存储容量＝存储单元数×每单元二进制位数。

2）最大存取时间

存储器的存取时间定义为访问一次存储器（对指定单元写入或读出）所需要的时间，这个时间的上限值即为最大存取时间。最大存取时间越短，芯片的工作速度越快。

3）可靠性

可靠性指存储器对电磁场及温度等变化的抗干扰能力。

4）其他指标

其他指标如体积、功耗、工作温度范围、成本等也是存储器的重要性能指标。

6.5.2　半导体存储器

半导体存储器可分为 RAM 和 ROM。RAM 即随机读/写存储器，它属于非永久性记忆存储器，用来存放需改变的程序、数据、中间结果及作为堆栈等；ROM 即只读存储器，它属于永久性记忆存储器，用来存放固化系统的设备驱动程序、不变的常数和表格等。

1. 随机存储器 RAM

按制造工艺 RAM 可分为双极型和 MOS 型。双极型 RAM 用晶体管组成基本存储电路，其特点是存取速度快，但与 MOS 型相比，集成度低、功耗大、成本高，常用来制造Cache。

MOS 型 RAM 用 MOS 管组成基本存储电路，存取速度低于双极型，但集成度高、功耗低、成本低、应用广泛。MOS 型 RAM 又可分为静态（SRAM）和动态（DRAM）两类。SRAM 基本存储单元电路如图 6.21（a）所示；DRAM 基本存储单元电路如图 6.21（b）所示。

1）SRAM

如图 6.21（a）所示，常用的 SRAM 基本静态存储单元电路由 6 个 MOS 管 $Q_1 \sim Q_6$ 组成。其中 Q_1 和 Q_2 组成一个触发器，Q_3 和 Q_4 为负载管，Q_5 和 Q_6 为控制门。

Q_1 截止时，A 点输出高电平。这使 Q_2 导通，B 点输出低电平。B 点的低电平又保证了 Q_1 的截止。可以设定存储电路的这种情况为状态"1"。

同样分析可得，如果 Q_1 导通，则 Q_2 截止。A 点输出低电平，B 点输出高电平。设定存储电路的这种情况为状态"0"。

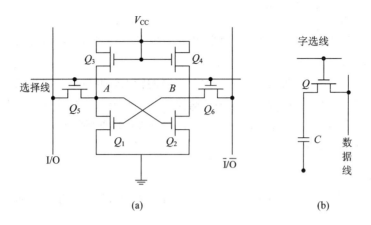

图 6.21　SRAM 和 DRAM 的基本存储单元

(a) SRAM 的基本存储单元；(b) DRAM 的基本存储单元

读/写操作时，地址译码器向选择线送一个高电平，Q_5 和 Q_6 导通。写入时，写入信号经 I/O 和 $\overline{\text{I/O}}$ 送到 A 点和 B 点；读出时，A 和 B 两点的电平经 I/O 和 $\overline{\text{I/O}}$ 送出。

静态 RAM 使用的管子多，使静态 RAM 的容量较动态 RAM 小。静态 RAM 中 Q_1 和 Q_2 两个管中总有一个是导通的，因此功耗较大。这是静态 RAM 的两个显著缺点。静态 RAM 的优点是不需刷新，使用简单方便。

2）DRAM

如图 6.21(b)所示，DRAM 的存储单元电路只用一个管子 Q 和一个电容 C 组成。写入时，字选择线为"1"，Q 管导通，写入信号由数据线存入电容 C 中；读出时，Q 管也导通，电容 C 中的电荷经 Q 管送到数据线。

动态 RAM 使用管子少，芯片的位容量大，但在读出时，电容中的电荷损失较多，需用刷新电路进行恢复。

3）SRAM 和 DRAM 的共同点

(1) 断电后记忆内容丢失。

(2) 既可读亦可写。

4）SRAM 和 DRAM 的区别

(1) 从存放一位信息的基本存储电路来看，SRAM 由六管结构的双稳态电路组成，而 DRAM 是由单管组成，是靠分布电容来记忆信息的。

(2) SRAM 的内容不会丢失，除非对其改写，DRAM 除了对其进行改写或掉电，若隔相当长时间时，其中的内容会丢失，因此，DRAM 每隔一段时间就需刷新一次，在 70℃ 的情况下，典型的刷新时间间隔为 2 ms。

(3) DRAM 集成度高，而 SRAM 的集成度低。

2. 只读存储器 ROM

只读存储器 ROM 又分为掩膜 ROM、PROM、EPROM、EEPROM。

1）掩膜 ROM

掩膜 ROM 在出厂时，厂家采用光刻掩膜技术将程序置入其中，用户使用时，只能进行读操作，不能再改写存储器中的信息。掩膜 ROM 的存储单元电路如图 6.22 所示。

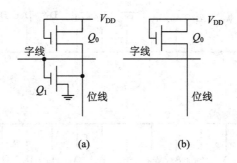

图 6.22　掩膜 ROM 的存储单元电路

(a) 状态"0"；(b) 状态"1"

由图 6.22 看出，掩膜 ROM 基本存储单元电路中 Q_0 是负载管。字线与位线的交叉处为一个存储单元。交叉处有无管子，由掩膜工艺决定。选中字线时，其电平为高。若存储单元有管子，如图 6.22(a)所示，则管子导通，位线输出低电平，即"0"；若存储单元无管子，如图 6.22(b)所示，则位线输出高电平，即"1"。

2）PROM

PROM 即可编程 ROM。用户可按照自己的需要进行一次且只能进行一次编程（写操作），一经编程 PROM 就只能执行读出操作了。

PROM 的基本存储单元一般是二极管。编程时，通过写入电路可把一些二极管烧断。烧断的二极管表示"1"，没烧断的二极管表示"0"。PROM 一旦编程，就再不能改变。

3）EPROM

EPROM 即可擦除编程 ROM，是指用户借助特殊手段写入信息（编程）且能用紫外线擦除信息并可重复编程的 ROM。

4）EEPROM

EEPROM 即电可擦可写 ROM。EEPROM 的基本存储单元与 EPROM 类似。EEPROM 可用电擦除，不需紫外线，而且写入和擦除电流都很小，可用普通电源供电。EEPROM 的另一个优点是可按字节擦除，把一部分存储单元的内容擦除，而保留另一部分存储单元的内容不变。

6.5.3　常用存储器

1. 静态 RAM(SRAM)

1）静态 RAM 的结构和特性

随着 CPU 主频不断提高，对存储器存取速度要求也越来越高，因此目前在许多数据采集系统中常常利用静态存储器作为存储器。常用的静态 RAM 芯片有 6116、6264 和 62256 等。下面我们以典型产品 62256 为例来说明静态 SRAM 的使用。

图 6.23 为芯片 62256 的管脚排列及管脚名称，该芯片内部含有 32 KB 存储单元。62256 共有 28 条引脚，其中有 15 根地址线，可访问 $2^{15}=32768$(32 KB)存储单元；8 根数据线以及 2 根电源线，以及 3 个控制引脚控制对存储器的读/写。

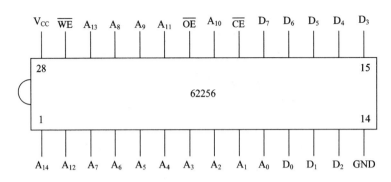

图 6.23 62256 的引脚及其定义

62256 的引脚定义如下：

(1) $A_0 \sim A_{14}$：地址输入线。

(2) $D_0 \sim D_7$：双向数据线。

(3) $\overline{CE}$：片选信号输入线，低电平有效。

(4) $\overline{OE}$：读选通信号输入线，低电平有效。

(5) $\overline{WE}$：写选通信号输入线，低电平有效。

(6) V_{CC}：工作电源，+5 V。

(7) GND：线路地。

2) 静态 RAM 的工作方式

静态 RAM 存储器有读出、写入、维持三种工作方式，62256 的工作方式的操作控制如表 6.3 所示。

表 6.3　62256 的操作控制

信号 方式	$\overline{CE}$	$\overline{OE}$	$\overline{WE}$	$D_0 \sim D_7$
读	V_{IL}	V_{IL}	V_{IH}	数据输出
写	V_{IL}	V_{IH}	V_{IL}	数据输入
维持	V_{IH}	任意	任意	高阻抗

对于 CMOS 型的静态 RAM 电路，$\overline{CE}$ 为高电平时电路处于降耗状态，此时 V_{CC} 电压可降至 3 V 左右，内部的存储数据也不会丢失。

2. EPROM

1) EPROM 的结构和特性

常用的 EPROM 芯片有 2716、2732、2764、27128、27256 和 27512 等。下面以 2716 为例进行讲解。

2716 采用 N 通道 FAMOS 工艺。2716 有 2×1024 个存储单元，每个单元 8 位，共有 16×1024 位。2716 采用 DIP 封装，共 24 个引脚。各引脚的意义如下：

(1) $A_0 \sim A_{10}$：地址输入线。

(2) $D_0 \sim D_7$：三态数据总线，读或编程校验时为数据输出线，编程时为数据输入线，维持或编程禁止时呈高阻抗。

（3）$\overline{CE}$：选片信号输入线，低电平有效。

（4）$\overline{PGM}$：编程脉冲输入线。

（5）$\overline{OE}$：读选通信号输入线，低电平有效。

（6）V_{pp}：编程电源输入线，该值因芯片型号和制造厂商而异。

（7）V_{cc}：主电源输入线，一般为 +5 V。

（8）GND：线路地。

2）EPROM 的操作方式

EPROM 的主要操作方式有以下 5 种：

（1）编程方式：把程序代码（机器指令、常数）固化到 EPROM 中。

（2）编程校验方式：读出 EPROM 中的内容，检验编程操作的正确性。

（3）读出方式：CPU 从 EPROM 中读取指令或常数。

（4）维持方式：数据端呈高阻。

（5）编程禁止方式：适用于多片 EPROM 并行编程不同数据。

3. 串行可编程 EEPROM

常用的串行可编程 EEPROM 芯片有 ATMEL 公司的 24C01A、24C02A、24C04A、24C08A 和 24C016A，它们的存储空间分别为 1K（128×8）、2K（256×8）、4K（512×8）、8K（1024×8）和 16K（2048×8）存储位。要使用这些串行可编程 EEPROM，必须使用 I^2C 总线，见第 9 章。

串行电可擦除可编程只读存储器 24C×× 系列芯片的结构和功能基本相同，下面我们以 24C02A 为例进行讲解。图 6.24（a）为 24C02A 的引脚定义，图 6.24（b）为它的内部结构图。

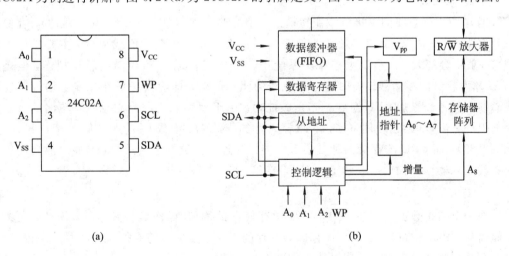

（a）　　　　　　　　　　　　　　　　（b）

图 6.24　24C02A

（a）引脚定义；（b）内部结构图

AT24C02EEPROM 引脚功能如下：

SCL：输入时钟。

SDA：串行输出/输入数据端，与其他芯片的 SDA 实现"线或"。

A_2、A_1 和 A_0：为设备可编程页地址，用于片选芯片，即在一个系统中可以允许多个串行 EEPROM 使用。如果系统仅有 1 片 24C02A，则 A_2、A_1 和 A_0 可以都接地，表示片选的是 0 页存储单元。

WP：写保护。24C02A 具有一个写保护引脚，提供对硬件数据的保护。WP 引脚接地时，可允许芯片正常读/写。若 WP 和 V_{CC} 相连，则对芯片实现写保护，禁止存储器写入。

当 24C02A 与 CPU 连接时，SDA 必须与具有双向输入输出功能的可编程管脚相接。同时时钟信号线与数据线都必须通过上拉电阻接 +5 V 电源。图 6.25 为单片 24C02A 与 CPU 的连接图。其中 PF 为可编程输入/输出管脚。

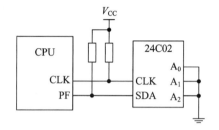

图 6.25　24C02A 的使用实例

每个 24C02 存储芯片的 3 个地址引脚 $A_2A_1A_0$ 的取值均通过硬件连接设置，$A_2A_1A_0$ 的值相当于地址的低 3 位的值，而地址位的高 4 位的值，厂家规定为 1010。如果按图 6.25 的连接方式，则该 24C02A 的 7 位识别地址为 1010000。

6.5.4　存储器与 CPU 的连接

1. 概述

在微型计算机中，CPU 要频繁地和存储器交换数据，CPU 在对存储器进行读/写操作时，总是首先在地址总线上给出访问某一单元的地址信号，然后再发出相应的读/写控制信号，最后才能在数据总线上进行数据交换。因此，存储器与 CPU 的连接主要应包括地址线的连接、数据线的连接和控制线的连接。在连接时应考虑以下问题。

1）负载能力

通常，CPU 总线的直接负载能力是带一个标准 TTL 门（或 20 个 MOS 器件），存储器芯片多为 MOS 电路，因为 MOS 器件输入阻抗大，所以其直流负载很少，主要是容性负载，一般不会超载。在小型数据采集系统中，CPU 可以直接和存储器芯片相连，但是当 CPU 和大容量的存储器相连时应考虑总线的驱动问题，即应当考虑在总线上增加缓冲器或总线驱动器以增加 CPU 总线的带负载能力。由于地址总线和控制总线是单向的且总是由 CPU 发出，因此常用单向缓冲器（例如 74LS244）或驱动器（例如 74LS373 和 Intel8282），而 CPU 与存储器和其他 I/O 接口相连接的数据总线总是双向的，故要使用双向总线驱动器，如 74LS245 和 Intel8286/8287。

2）速度匹配

在一个微机数据采集系统中，CPU 对存储器的读/写操作是很频繁的，因此，在考虑存储器与 CPU 连接时，必须考虑存储器芯片的工作速度能否与 CPU 的读/写时序相匹配，这是关系到整个微机数据采集系统工作效率高低的关键问题。

当 CPU 在对存储器进行读操作时，CPU 在发出地址和读命令后，存储器必须在规定的时间内给出有效数据（即将读出数据送入数据总线）。而当 CPU 对存储器进行写操作时，存储器必须在写脉冲规定的时间内将数据写入指定的存储单元，否则就无法保证迅速准确地传送数据。所以，应考虑选择速度能与 CPU 相匹配的存储器芯片。若芯片已选定，则应考虑如何插入等待周期问题。

　　3）接线

　　存储器的数据线应和 CPU 的系统数据总线相连。应该注意，存储器一般是以字节编址，即一个单元为一个字节，而微机采集系统的字长有 8 位、16 位和 32 位，甚至 64 位，数据总线宽度总是存储单元宽度的倍数，所以，应注意将存储器的数据线连接到正确的系统数据线上。

　　CPU 与存储器连接的控制信号主要有：地址锁存信号 ALE，选择信号 $M/\overline{IO}$，读/写信号 $\overline{RD}$ 和 $\overline{WR}$，数据允许信号 $\overline{DEN}$，数据收/发控制信号 $DT/\overline{R}$，准备就绪信号 READY，片选信号 $\overline{CS}(\overline{CE})$ 等，这些控制信号线必须正确地连接到存储芯片的相应控制端。

　　常用的 CPU 与存储器芯片相连接只有片选信号 $\overline{CS}(\overline{CE})$、$\overline{RD}$ 和 $\overline{WR}$ 三个。$\overline{CS}(\overline{CE})$ 一般由地址译码器的输出提供，CPU 的 $\overline{RD}$ 一般连到芯片的输出允许端 $\overline{OE}$，$\overline{WR}$ 一般连到芯片的写允许端 $\overline{WE}$，高、低字节控制信号（如 8086 中的 A_0 和 $\overline{BHE}$）一般也用来控制片选端。实际上，CPU 的控制信号与存储器的连接方式可以多种，视不同情况而定，但总的原则是：能正确确定存储器的读/写状态，使 CPU 能顺利完成对存储器的读/写操作为准。

　　4）存储器组织

　　单片存储器芯片的容量总是有限的，因此，在构成一个数据采集系统的存储器时，一般要由若干个存储器芯片来组成。这就涉及到如何对这些芯片进行合理排列、连接，以及如何和 CPU 的地址总线、数据总线的连接问题。

　　一个存储器系统通常由多片存储器芯片组成，每个芯片内又由若干个存储单元组成，为保证每次读/写操作时 CPU 能唯一地选中一个指定单元，必须进行两级选择。首先是从若干芯片中选择某一芯片，称为片选，然后再从该芯片中选择某一单元，称为片内选择（或者叫做字选）。一般用地址总线高位经外部地址译码器译码产生片选信号，用地址总线的低位地址直接输入到芯片的地址引脚，经芯片内部地址译码器来选中指定单元。

　　2. 译码器

　　常用的地址译码器有 74LS154（4－16 译码器）、74LS138（3－8 译码器）和 74LS139（双 2－4 译码器）。这三个译码器的输出均为低有效，特别适合作为地址译码器，因为绝大多数存储元件的片选都是低有效。

6.6　显 示 电 路

　　显示器和键盘是人与微机数据采集系统之间信息交互的主要媒介。其中显示器是输出设备（相对微机系统来说），是指微机数据采集系统直接向人提供计算结果信息的设备，常用的输出设备是 CRT 显示器、LED 和 LCD 数码显示器；而键盘属于输入设备，是指将人的操作信息送入微机数据采集系统的外部设备，常用的输入设备是键盘。

6.6.1　发光二极管（LED）

　　在微机数据采集系统中，发光二极管（LED）常常作为重要的显示手段，它可以显示系统的状态，以及数字和字符。由于 LED 显示器的驱动电路简单，易于实现并且价格低廉，

因此在很多应用场合下，它是最常用、最简便的显示器。另外，随着多媒体技术的发展，以
LED 组成的显示屏也被用作各种公共场所中的显示媒体，如机场、火车站、商业中心和证
券交易所等公共场合的信息和广告的显示。目前与多媒体计算机相结合的 LED 显示技术
已得到了快速的发展。下面讨论有关 LED 显示器及其接口原理。

1. 结构功能

发光二极管(LED)又称为数码管，是利用发光二极管显示字段的显示器件。常用的发
光二极管由 7 段发光管组成，构成一个 8 字形，如图 6.26 所示。用适当的电信号控制，可
使某些段显示，另外一些段不显示，就可以组成各种不同的字形，包括 0～9 十个数字及
A～F 六个英文符号。

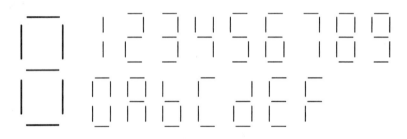

图 6.26　7 段码显示数字

LED 是一种由半导体 PN 结构成的固态发光器件，在正向导电时能发出可见光，常用
的有红色的、绿色的，也有蓝色的，其发光颜色与发光效率取决于制造的材料与工艺，发
光强度与其工作电流有关。它的发光时间常数约为 $10\sim200~\mu s$，其工作寿命可长达 10 万小
时以上，可靠性好。

LED 中的 PN 结具有类似于普通半导体
二极管的伏安特性。在正向导电时其端电压近
于恒定，通常约为 $1.6\sim2.4$ V，其工作电流一
般约为 $10\sim200$ mA。它适合与低电压的数字
集成电路器件匹配工作。

组成 LED 管 7 个段的二极管可以接成共
阴极连接方式(如图 6.27 所示)，也可接成共
阳极连接方式。共阴极就是所有二极管的阴极
都接地，阳极受控。共阳极就是所有二极管的
阳极都接正电源，阴极受控。

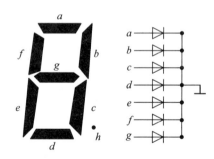

图 6.27　共阴极接法

2. 译码

采用图 6.27 所示的共阴极接法时，要想 LED 显示数字 2，就要把图中的 a、b、g、e 和
d 5 个段对应的发光二极管点亮。如果从 a 到 g 的各位输入中，凡是为 1 的相应段点亮的
话，那么全部输入的数据应为 1101101，即在 LED 管的阳极输入 1101101 就可显示数字 2。

如何由数字 2(相应的 BCD 码 0010)变换为 LED 的输入码(7 段码)1101101 呢？这就
需要译码处理。可以采用硬件译码和软件译码两种方法。

3. 静态显示

在多位数字静态显示系统中，每位数字显示器分别都应有各自的锁存、译码与驱动器。用它们分别锁存每位将要显示的 BCD 码，经各自的译码器将四位 BCD 数码变换为七位段码，供段驱动电路连续地驱动相应数字显示器的每个显示段。仅在需要改变显数数字时，才需更新其数字显示器的锁存、译码与驱动器的内容。

4. 动态显示

如图 6.27 所示，数码管采用共阴极接法时，数码管的阴极公共端相当于一个总开关，一般称之为位码开关，当它为高电平时，数码管全灭；当它为低电平时，根据发光二极管阳极(一般称为段码或字型码)的状态或灭或暗。同理，当数码管采用共阳极接法时，数码管的公共端也相当于一个总开关。

所以在多位显示时，除了静态显示以外，还可以动态分时显示，如图 6.28 所示。它的工作原理是将多个显示器的段码同名端连在一起，位码分别控制，利用眼睛视觉暂留效应分别进行显示。只要保证一定的显示刷新频率，看起来的效果和一直显示是一样的，但是在电路上却要简化很多，从而降低了成本。

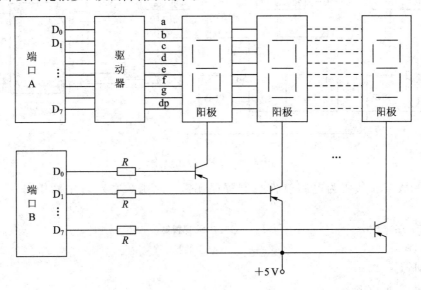

图 6.28　LED 动态显示

在多路分时显示的情况下，必须适当地选用动态扫描周期，有效地利用显示余辉效应与人眼视觉残留功能，以避免显示闪烁现象。为此，通常要求定时地刷新显示，扫描刷新周期不应大于 20 ms。

LED 显示器的发光亮度，不仅取决于它的工作电流，还与其工作方式有关。在静态显示方式下，数字显示器显示段的工作电流是恒定的。在动态显示方式下，数字显示器显示段的工作电流是脉动的。如果使后者的脉动工作电流等于前者的恒定工作电流，显然后者的显示亮度远不及前者。为了使两者具有相同的显示亮度，后者的脉动工作电流应远大于前者的恒定工作电流，后者的平均工作电流可略低于前者的恒定工作电流。

与静态显示方式相比，动态显示方式虽然大大地节省了系统硬件，但是它需占用微处理器系统的工作时间。如果不是系统有要求，建议不要采用动态显示。

5. 发光二极管应用

我们设计 3 个 8 段 LED 管的电路图(如图 6.29 所示)以及微处理器程序来进一步说明 LED 数码管的应用。

图 6.29 中采用共阴极接法,使用 3 个三极管驱动 LED。LED 由 74LS138 译码管分别点亮,CPU 控制 74LS138 每隔 10 ms 扫描一次 LED。由 7447 对 LED 进行显示操作。CPU 用 P_1 口数显译码器,用 P_2 口控制小数点。

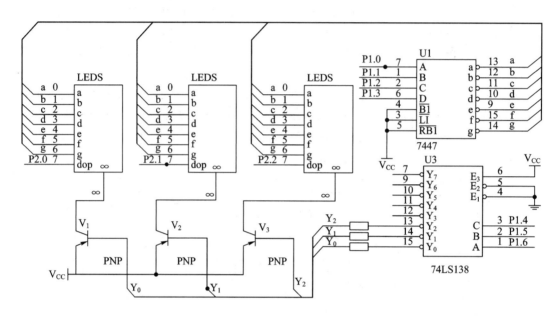

图 6.29　LED 应用电路

下面一段 C51 代码为电路软件控制程序函数,此函数在定时中断中每 10 ms 调用一次。

```
int Dptr;                        //数码管指针
char Data;                       //显示数据
sbit dot1 = P2-0;
sbit dot2 = P2-1;
sbit dot3 = P2-2;
void OnDispScan()
{
    P2 &= 0xfC;
    D1 = Data%10;                //数据个位
    D2 = (Data−D1)/10)%10;       //数据十位
    D3 = (Data−D2 * 10 − D1)/100; //数据百位

    Switch (Dptr)
    {
    case 0x00:
```

```
        {
          Dptr = 0x10;                    //调整指针到下一个 LED
          P1 = D2;
          P1 |= Dptr;
          break;
        }
      case 0x10:
        {
          Dptr = 0x20;
          P1 = D3;
          P1 |= Dptr;
          break;
        }
      case 0x20:
        {
          Dptr = 0x30;
          P1 = D1;
          P1 |= Dptr;
          break;
        }
      // 控制小数点的程序
        dot1 = 1;
        dot2 = 1;
        dot3 = 0;
          return;
        }
```

6.6.2 液晶显示器(LCD)

液晶显示器 LCD 已经成为现代仪器仪表用户界面的主要发展方向,可以预见,它将越来越广泛地应用于微机数据采集系统中。LCD 液晶显示不仅省电,而且能够显示大量的信息,如各种文字、曲线等,它比 LED 显示界面有了质的提高,但点阵式 LCD 的驱动电路相对复杂一些,价格也较高。

1. LCD 的基本结构及工作原理

液晶是一种介于液体和固体之间的热力学的中间稳定物质形态。其特点是在一定的温度范围内既有液体的流动性和连续性,又有晶体的各向异性,其分子呈长棒形,长宽之比较大,分子不能弯曲,是一个刚性体,中心一般有一个桥链,分子两头有极性。

LCD 器件的结构如图 6.30 所示。由于液晶的四壁效应,在定向膜的作用下,液晶分子在正、背玻璃电极上呈水平排列,但排列方向为正交,而玻璃间的液晶分子的排列方向在两个正交方向间连续,这样的构造能使液晶对光产生旋光作用,使光偏转方向旋转 90°。

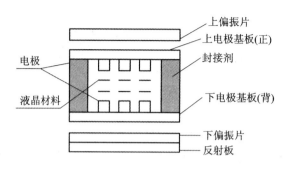

图 6.30　LCD 的基本结构图

图 6.31 显示了液晶显示器的工作原理。当外部光线通过上偏振片后形成偏振光，偏振方向成垂直排列，当此偏振光通过液晶材料之后，被旋转 90°，偏振方向成水平方向，此方向与下偏振片的偏振方向一致，因此光线能完全穿过下偏振片而达到反射极，经反射后沿原路返回，从而呈现出透明状态。当液晶盒的上、下电极加上一定的电压后，电极部分的液晶分子转成垂直排列，从而失去旋光性，因此从上偏振片入射的偏振光不能被旋转，当此偏转光到达下偏振片时，因其偏振方向与下偏转片的偏振方向垂直，故被下偏振片吸收，无法到达反射板形成反射，所以呈现出黑色。根据需要，将电极做成各种文字、数字或点阵，就可以获得所需的各种显示。

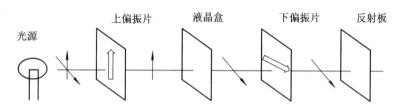

图 6.31　LCD 的工作原理

2. LCD 的驱动方式

液晶显示器的驱动方式由电极引线的选择方向确定，因此，在选择好液晶显示器之后，用户无法改变驱动方式。液晶显示器的驱动方式一般有静态驱动和动态驱动两种。由于直流电压驱动 LCD 会使液晶体产生电解和电极老化，从而大大降低 LCD 的使用寿命，因此现在的驱动方式多用交流电压驱动。

液晶显示的驱动与 LED 的驱动有很大不同，对于 LED 而言，当在 LED 两端加上恒定的导通或截止电压便可控制其亮或暗。而 LCD 由于其两极不能加恒定的直流电压，因而给驱动带来复杂性。一般应在 LCD 的公共极（一般为背极）加上恒定的交变方波信号（一般为30～150 Hz），通过控制前极的电压变化而在 LCD 两极间产生所需的零电压或二倍幅值的交变电压，以达到 LCD 亮或灭的控制。目前已有许多 LCD 驱动集成芯片，在这些芯片中将多个 LCD 驱动电路集成到一起。点阵式 LCD 的控制一般采用行扫描方式，并且要采用时分割驱动方法，原理较复杂。

3. LCD 显示控制接口芯片介绍

随着液晶显示技术的迅速发展，出现了各种专用的控制和驱动 LCD 的大规模集成电路 LSI，使得 LCD 的控制和驱动极为方便，而且可由 CPU 直接控制，满足了用户对液晶显示的多种要求。目前这类 LSI 已发展到既可显示数字和字符，又可显示图形。常用的接口芯片是 T6963C 点阵式图形液晶显示 LSI。该芯片自带字符 ROM，可产生标准的 128 个 ASCII 字符供用户调用，也可外接扩展 RAM 存储若干屏的显示数据，还可在图形模式下显示汉字和图形。T6963C 常用于控制与驱动点阵图形式 LCD，通过对其片脚的不同预置可进行文本、图形混合显示。

6.7 数 字 电 位 器

6.7.1 电位器与数字电位器

电位器是一种可调的电子元件。传统机械电位器基本上就是滑动变阻器，如图 6.32(a) 所示，它是由一个电阻体和一个转动或滑动系统组成。当电阻体的两个固定触点之间外加一个电压时，通过转动或滑动系统改变触点在电阻体上的位置，在动触点与固定触点之间便可得到一个与动触点位置成一定关系的电压。

电位器是各种电路中常用的器件，但传统机械电位器具有易漂移、磨损以及难以实现自动化等缺点。数字电位器是一种用数字信号控制电位器状态的新型器件，以集成为芯片形式，如图 6.32(b) 所示。数字电位器由数字信号控制调节，具有在自动控制系统方面机械电位器无法实现的优点。下面我们以 DS1267 数字电位器为例介绍数字电位器的功能和应用。

(a) (b)

图 6.32 电位器实物图
(a) 机械电位器；(b) 数字电位器

6.7.2 DS1267 数字电位器

DS1267 是美国 DALLAS 公司生产的 256 节点双数字电位器，如图 6.33 所示。这种数字电位器在每片封装中都含有两只相互隔离的数字电位器，既可以单独使用，也可以组合使用以获得更高的分辨率。DS1267 具有超低功耗、三线串行接口、很容易和单片机配合等优点，使用很少的硬件和软件配合即可实现自动增益控制和自动平衡调节等功能。

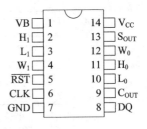

图 6.33 DS1267 封装

DS1267 有 14 脚 DIP 封装、16 脚贴片式 SOIC 封装和 20 脚 TSSOP 封装形式。其 14 脚 DIP 封装(如图 6.33 所示)的各个引脚功能在表 6.4 中给出说明。

表 6.4　DS1267 引脚功能

L_0	电位器低端	L_1	电位器低端
H_0	电位器高端	H_1	电位器高端
W_0	电位器滑动端	W_1	电位器滑动端
V_B	基片偏压,电压范围:$-5.5\ V\sim GND$	S_{OUT}	两个片内电位器串连时的输出端
$\overline{RST}$	串行口复位输入端	DQ	串行口数据输入端
CLK	串行口时钟输入端	C_{OUT}	多电位器芯片级联数据输出端
V_{cc}	$+5\ V$ 电源	GND	地

DS1267 的内部结构如图 6.34 所示。DS1267 双数字数字电位器内含两个电阻阵列 (255 个阻值相等的电阻串联构成)、两个 256 选 1 多路模拟开关、17 位移位寄存器、串口控制逻辑电路、串接开关等电路。外部控制信号输入端 RST、CLK、DQ 构成了三线串行接口,三个信号互相配合可将滑臂位置数据 $D_{16}\sim D_1$ 和滑臂选择数据 D_0 写入到 17 位的I/O 移位寄存器,这 17 位的寄存器数据又可以回传到滑臂位置寄存器和滑臂选择位 D_0,如图 6.35 所示。引出端 C_{OUT} 可串行输出 17 位寄存器数据,以用于多片电位器的级联工作。

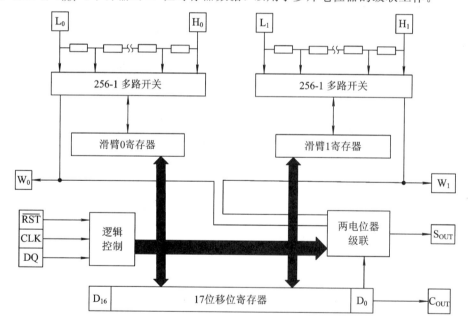

图 6.34　DS1267 内部结构

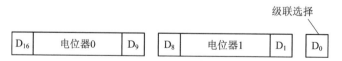

图 6.35　17 位滑臂位置寄存器

在一片 DS1267 内，可将两个电位器直接级联在一起而使总的电阻节点数增加一倍，即由 256 级增加到 512 级，如图 6.36 所示。这样，在相同的外加输入电压情况下，滑臂位置分辨率将增加一倍。此时两个滑臂 W_0 和 W_1 可通过滑臂选择多路器选择其一并从 S_{OUT} 输出。当 W_1 下移到 L_1 或 W_0 上移到 H_0 时，可利用程序来控制切换 S_{OUT} 输出。用两片以上的 DS1267 可以构成更高分辨率的数字电位器，并用外加的多路器选择一个滑臂输出。

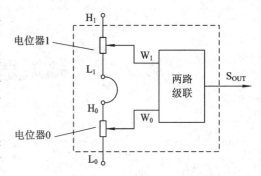

图 6.36 两个片内电位器级联

DS1267 的三线串行接口的工作时序图见图 6.37，当复位信号 RST 为低电平时，数据信号 DQ 和时钟信号 CLK 不影响内部寄存器的状态，此时接口关闭。一旦 RST 上升到高电平，DQ 端的串行数据即可在 CLK 的上升沿进入内部移位寄存器。并在 17 个 CLK 时钟脉冲内输入完整的 17 位数据，顺序为 D_0 在先，D_{16} 在后。其中 D_0 为滑臂选择位，$D_1 \sim D_8$ 为电位器 1 的滑臂数据，$D_9 \sim D_{16}$ 为电位器 0 的滑臂数据，D_1、D_9 为高位，D_8、D_{16} 为低位。当 RST 信号恢复为低时，17 位的移位寄存器数据将进入滑臂位置寄存器和滑臂选择位 D_0，从而使滑臂 W_0、W_1 接到新的电阻节点上。

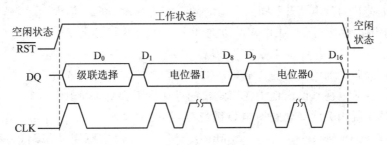

图 6.37 DS1267 三线串行接口工作时序图

将多片 DS1267 级联工作可以使多片 DS1267 共享微处理器的三线串行接口以简化硬件结构，如图 6.38 所示。在级联方式中，应将每片 DS1267 的 C_{OUT} 端接到下一片 DS1267 的 DQ 端。当 N 片 DS1267 级联工作时，需要 $N \times 17$ 个时钟脉冲才能将所需数据置入各 DS1267 中。此时，为了便于处理器掌握数据写入情况，可以将最后一片的 C_{OUT} 输出通过 $2 \sim 10 \ k\Omega$ 的反馈电阻反馈到处理器。

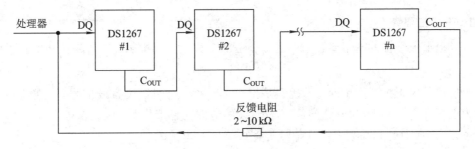

图 6.38 多个 DS1267 级联

第 7 章　数据采集系统抗干扰技术

在数据采集系统的设计过程中要考虑抗干扰问题。一个数据采集系统设计的成败与否，很大程度上取决于该系统的设计是否充分考虑了干扰并采取了有效的抗干扰措施。

本章第 7.1 节从产生干扰的三要素出发，讨论了抗干扰设计的一般原则和相应措施，第 7.2 节和第 7.3 节将从硬件和软件两方面分别讨论抗干扰技术的具体实施。

7.1　干扰的形成与抗干扰设计

本书所提到的"干扰"通常是指电磁干扰（Electro Magnetic Interference，EMI）。在进行电磁干扰分析时，应该分别考虑"电磁"和"干扰"两种因素。

静止的电荷称为静电。当不同的电荷向同一个方向移动时，便发生了静电放电，产生电流，电流周围产生磁场。如果电流的方向和大小持续不断变化就产生了电磁波。电以各种状态存在，通常把这些状态统称为电磁场。

干扰是指设备受到电磁场的影响后性能降低，例如雷电使收音机产生杂音，摩托车在电视机附近行驶后电视画面出现雪花以及拿起电话后听到的无线电声音等。

与电磁场干扰相关的概念还有电磁敏感度（Electro Magnetic Susceptibility，EMS）和电磁兼容性（Electro Magnetic Compatibility，EMC）。电磁敏感度（EMS）是指由于电磁场能量造成性能下降的容易程度。为了通俗易懂，可以将电子设备比喻为人，将电磁能量比喻成感冒病毒，敏感度就是是否易患感冒。如果不易患感冒，说明免疫力强，也就是英语单词 Immunity，即抗电磁干扰性强。电磁兼容性（EMC）指设备所产生的电磁能量既不对其他设备产生干扰，也不受其他设备的电磁能量干扰的能力。

7.1.1　干扰的形成

1. 干扰三要素

可以把形成干扰的基本要素概括为如下三种，分别是干扰源、传播路径和敏感器件。

1）干扰源

干扰都是由干扰源产生的。干扰源是指产生干扰的元件、设备或信号，用数学语言可描述为电压导数（du/dt）和电流导数（di/dt）大的地方就是干扰源，例如雷电、继电器、可控硅、电机、高频时钟和高频 PWM 信号等都可能成为干扰源。

2）传播路径

传播路径指干扰从干扰源传播到敏感器件的通路或媒介。干扰通过传播路径到达敏感器件，典型的干扰传播路径有通过导线的传导和空间的辐射。

电磁干扰按干扰的传播路径可分为传导干扰和辐射干扰两类。传导干扰是指通过导线传播到敏感器件的干扰；辐射干扰是指通过空间辐射传播到敏感器件的干扰。

3）敏感器件

敏感器件指容易被干扰的对象。干扰可通过敏感器件表现出来，并使敏感器件不能正常工作。常见的敏感器件包括 A/D 转换器、D/A 转换器、单片机、数字 IC 和弱信号放大器等。

2. 干扰的分类

干扰可以按照下面所列的六类进行划分：

（1）按照发生源的不同可将干扰分为自然干扰和人为干扰。自然干扰包括大气干扰、雷电干扰和宇宙干扰。人为干扰包括功能性干扰及非功能性干扰。功能性干扰指系统中某一部分正常工作所产生的有用能量对其他部分的干扰，而非功能性干扰指无用的电磁能量所产生的干扰，例如发动机点火系统产生的干扰。

（2）按照干扰传播途径的不同可以将干扰分为通过电源线、信号线、地线、大地等途径传播的传导干扰和通过空间直接传播的空间干扰两类。

（3）按照产生原因的不同可将干扰分为电源干扰、反射干扰、振铃(LC 共振)干扰、上冲和下冲干扰、状态翻转干扰，串扰干扰(相互干扰、串音)以及直流电压跌落干扰。

（4）按照不同设备工作原理的不同可以将干扰分为出现在输出入端子上的干扰(电流交流声、尖峰脉冲噪声、回流噪声)和影响内部工作的干扰(开关干扰、振荡、再生噪声)。

（5）按照发生的频率的不同可将干扰分为突发干扰、脉冲干扰、周期性干扰、瞬时干扰、随机干扰和跳动干扰。

（6）按照频率范围的不同可以将干扰分为低频干扰和高频干扰。

干扰可以分成很多类别，这些干扰既产生于电气电子设备，又干扰电气电子设备，造成设备的故障和停用，使数据采集系统不能正常工作。

3. 干扰的耦合方式

干扰耦合(或辐射)的形式一般包括静电耦合、互感耦合、公共阻抗耦合和漏电流耦合。

1）静电耦合(电容性耦合)

静电耦合是由电路间经杂散电容耦合到电路中的一种干扰与噪声耦合方式。图 7.1 所示的是静电耦合的电路模型。图中 U_1 为干扰电路在 a、b 两点之间的电动势，Z_2 为受扰电路在 c、d 两点间的等效输入阻抗，C 为干扰源电路和受扰电路间存在的等效寄生电容。受扰电路在点 c、d 间所感受到的干扰信号为

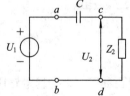

$$U_2 = \frac{Z_2}{Z_2 + \dfrac{1}{j\omega C}} U_1 \qquad (7.1)$$

图 7.1　静电耦合电路模型

由此可见，受扰电路所感受到的干扰信号 U_2 随 U_1、C、Z_2 和干扰信号的频率 ω 增大而增大。减小受扰电路的等效输入阻抗 Z_2 和电路间的寄生电容 C，可以降低静电耦合的干

扰与噪声。

2）互感耦合（电感性耦合）

互感耦合是由电路间寄生互感耦合到电路的一种干扰与噪声耦合方式。图 7.2 所示的是互感耦合的电路模型。图中 I_1 为干扰源电路在点 a、b 间的等效输入电流源，M 为干扰源电路和受扰电路间的等效互感，则受扰电路在点 c、d 间所感受到的干扰信号为

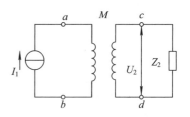

$$U_2 = j\omega M I_1 \qquad (7.2)$$

由此可见，受扰电路所感受到的干扰信号 U_2 随 I_1、M 和干扰信号的频率 ω 增大而增大。减小受扰电路的寄生互感 M，可以降低互感耦合的干扰与噪声。

图 7.2　互感耦合电路模型

3）公共阻抗耦合

公共阻抗耦合是由电路间的公共阻抗耦合到电路的一种干扰与噪声耦合方式。图 7.3 所示的是公共阻抗耦合的电路模型。图中 I_1 为干扰源电路在点 a、b 间的电流源，Z_2 为受扰电路在点 c、d 间的等效输入阻抗，Z_1 为干扰源电路和受扰电路间的公共阻抗，则受扰电路在 c、d 间所感受到的干扰信号为

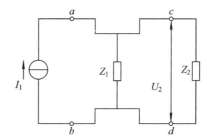

$$U_2 = \frac{Z_1 Z_2}{Z_1 + Z_2} I_1 \qquad (7.3)$$

由此可见，受扰电路所感受到的干扰信号 U_2 随 I_1、Z_1 的增大而增大。减小干扰电路和受扰电路的公共阻抗 Z_1，可以降低公共阻抗耦合的干扰与噪声。

图 7.3　公共阻抗耦合电路模型

4）漏电流耦合

漏电流耦合是由电路间的漏电流耦合到电路的一种干扰与噪声耦合方式。图 7.4 所示是漏电流耦合的电路模型。图中 U_1 为干扰电路在点 a、b 之间的电动势，Z_2 为受扰电路在点 c、d 间的等效输入阻抗，Z_1 为干扰源电路和受扰电路间的漏电电阻，则受扰电路在点 c、d 间所感受到的干扰信号为

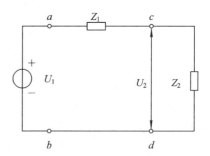

$$U_2 = \frac{1}{1 + \dfrac{Z_1}{Z_2}} U_1 \qquad (7.4)$$

由此可见，受扰电路所感受到的干扰信号 U_2 随 U_1 和 Z_2 的增大而增大，随 Z_1 的增大而减小。

图 7.4　漏电流耦合电路模型

如果增大干扰电路和受扰电路间的漏电阻抗 Z_1，减小受扰电路的等效输入阻抗 Z_2，都可降低漏电流耦合的干扰与噪声。

7.1.2　抗干扰设计

根据形成干扰的三要素,抗干扰设计的基本原则是抑制干扰源、切断干扰传播路径和提高敏感器件的抗干扰性能。

1. 抑制干扰源

抑制干扰源就是尽可能地减小干扰源的电压导数"$\mathrm{d}u/\mathrm{d}t$"和电流导数"$\mathrm{d}i/\mathrm{d}t$"的量值。这是抗干扰设计中最优先考虑的和最重要的原则,常常会起到事半功倍的效果。减小干扰源的"$\mathrm{d}u/\mathrm{d}t$"主要是通过在干扰源两端并联滤波电容来实现的,减小干扰源的"$\mathrm{d}i/\mathrm{d}t$"则是通过在干扰源回路串联电感或电阻以及增加续流二极管来实现的。

抑制干扰源的常用措施如下:

(1) 继电器线圈增加续流二极管,消除断开线圈时产生的反电动势干扰。仅加续流二极管会使继电器的断开时间滞后,若再增加稳压二极管,则继电器在单位时间内可动作更多的次数。

(2) 在继电器接点两端并接火花抑制电路(一般是 RC 串联电路,电阻一般选几千欧到几十千欧,电容选 $0.01~\mu\mathrm{F}$),减小电火花的影响。

(3) 给电机加滤波电路,电容和电感的引线要尽量短。

(4) 电路板上每个 IC 要并接一个 $0.01\sim0.1~\mu\mathrm{F}$ 高频电容,以减小 IC 对电源的影响。高频电容的布线,连线应靠近电源端并尽量粗短,否则,等于增大了电容的等效串联电阻,会影响滤波效果。

(5) 布线时避免 90° 折线,减少高频噪声发射。

2. 切断干扰传播路径

对于传导干扰,高频干扰噪声和有用信号的频带不同,可以通过在导线上增加滤波器的方法切断高频干扰噪声的传播,有时也可加隔离光耦来解决。电源噪声的危害最大,要特别注意处理。

对于辐射干扰,一般的解决方法是增加干扰源与敏感器件的距离,用地线把它们隔离和在敏感器件上加屏蔽罩。

切断干扰传播路径的常用措施如下:

(1) 充分考虑电源对单片机的影响。电源做得好,整个数据采集系统的抗干扰就解决了一大半。许多单片机对电源噪声很敏感,要给单片机电源加滤波电路或稳压器,以减小电源噪声对单片机的干扰。比如,可以利用磁珠和电容组成 π 形滤波电路,当然条件要求不高时也可用 100 Ω 电阻代替磁珠。

(2) 如果单片机的 I/O 口用来控制电机等噪声器件,在 I/O 口与噪声源之间应加隔离(增加 π 形滤波电路)。控制电机等噪声器件,在 I/O 口与噪声源之间应加隔离(增加 π 形滤波电路)。

(3) 注意晶振布线。晶振与单片机引脚尽量靠近,用地线把时钟区隔离起来,晶振外壳接地并固定。此措施可解决许多疑难问题。

(4) 电路板合理分区。如强信号和弱信号分开,数字信号和模拟信号分开。尽可能把干扰源(如电机、继电器)与敏感元件(如单片机)远离。

（5）用地线把数字区与模拟区隔离，数字地与模拟地要分离，最后在一点接于电源地。A/D、D/A 芯片布线也以此为原则，厂家分配 A/D、D/A 芯片引脚排列时已考虑此要求。

（6）单片机和大功率器件的地线要单独接地，以减小相互干扰。大功率器件尽可能放在电路板边缘。

（7）在单片机 I/O 口、电源线和电路板连接线等关键地方使用抗干扰元件，如磁珠、磁环、电源滤波器和屏蔽罩，可显著提高电路的抗干扰性能。

3. 提高敏感器件的抗干扰性能

提高敏感器件的抗干扰性能是指从敏感器件这边考虑尽量减少对干扰噪声的拾取，以及从不正常状态尽快恢复的方法。

提高敏感器件抗干扰性能的常用措施如下：

（1）布线时尽量减少回路的面积，以降低感应噪声。

（2）布线时，电源线和地线要尽量粗。除减小压降外，更重要的是降低耦合噪声。

（3）对于单片机闲置的 I/O 口，不要悬空，要接地或接电源。其他 IC 的闲置端在不改变系统逻辑的情况下接地或接电源。

（4）对单片机使用电源监控及看门狗电路，如 IMP809、IMP706、IMP813、X25043、X25045 等，可大幅度提高整个系统的抗干扰性能。

（5）在速度能满足要求的前提下，尽量降低单片机的晶振和选用低速数字电路。

（6）IC 器件尽量直接焊在电路板上，少用 IC 插座。

7.2　硬件抗干扰技术

屏蔽、滤波、接地是解决电磁干扰问题的三种基本方法，下面分别讨论。

7.2.1　屏蔽

屏蔽是用导电或导磁体的封闭面将其内外两侧空间进行的电磁隔离。因此，从其一侧空间向另一侧空间传输的电磁能量，由于屏蔽而被抑制到极小量。这种干扰抑制效果称为屏蔽效能或屏蔽插入衰减，用分贝表示。令空间某点在没有屏蔽时的场强为 E_o 或 H_o，设计屏蔽后该点的场强为 E_i 或 H_i，于是屏蔽效能 S 为

$$S = 20 \lg \frac{E_o}{E_i} \qquad (7.5)$$

或

$$S = 20 \lg \frac{H_o}{H_i} \qquad (7.6)$$

屏蔽效能是频率和材料电磁参数的函数。另外，材料的厚度和屏蔽体的连接对屏蔽效能也有显著影响。

1. 屏蔽的分类

根据频率和作用机理不同，屏蔽可以分下面几种：

（1）直流磁场屏蔽：其屏蔽效能取决于屏蔽材料的导磁系数 μ。

（2）地磁屏蔽：地磁场接近于直流磁场，但实际上它是在 20～50 Hz 频率范围漂动。因此，对地磁屏蔽可看成是对叠加有效流场的直流磁场屏蔽。为了获得较好的屏蔽效能，屏蔽体应采用高导磁材料，通过控制剩余感应 B 来抵消外界直流磁场。控制的方法是，用一个高强度的高斯线圈放在屏蔽室中或靠近屏蔽室，进行急剧磁化和交流去磁，以免屏蔽体磁化饱和或出现不希望的剩余感应，使剩余感应达到所期望的数值。

（3）低频磁场屏蔽：从狭义角度，是指甚低频（VLF）和极低频（ELF）的磁场屏蔽。主要屏蔽机理是利用高导磁材料具有低磁阻的特性，使磁场尽可能通过磁阻很小的屏蔽壳体，而尽量不扩散到外部空间。屏蔽壳体对磁场起磁分路作用。其屏蔽效能主要取决于屏蔽材料的导磁系数 μ；随着频率增加，材料的电导率 σ 也起一定作用。

（4）电磁屏蔽：从广义角度，所有屏蔽均属电磁屏蔽。但从狭义角度，电磁屏蔽是指从 1～10 kHz 到 40 GHz 频率范围的屏蔽。电磁屏蔽的机理是磁感应现象。在外界交变电磁场的作用下，通过电磁感应屏蔽壳体内产生感应电流，而该感应电流在屏蔽空间又产生了与外界电磁场方向相反的电磁场，从而抵消了外界电磁场，产生屏蔽效果。因此电磁屏蔽较适用于高频场合。低频时感应电流小，屏蔽效果较差。应保证屏蔽壳体各部分具有良好的电气连续，使感应电流能在壳体中畅流，以便产生足够大的感应电磁场来抵消外界电磁场，否则将影响屏蔽效果。

（5）静电屏蔽：用来防止静电耦合产生的感应。屏蔽壳体采用高电导率材料并良好接地，以隔断两个电路之间的分布电容耦合，达到屏蔽作用。静电屏蔽的屏蔽壳体必须接地。

2. 屏蔽策略

只有如金属和铁之类导磁率高的材料才能在极低频率下达到较高的屏蔽效率。这些材料的导磁率会随着频率增加而降低。另外，如果初始磁场较强也会使导磁率降低，采用机械方法将屏蔽罩做成规定形状同样会降低导磁率。综上所述，选择用于屏蔽的高导磁性材料非常复杂，通常要向 EMI 屏蔽材料供应商以及有关咨询机构寻求解决方案。

在高频电场下，采用薄层金属作为外壳或内衬材料可达到良好的屏蔽效果，但条件是屏蔽必须连续，并将敏感部分完全遮盖住，没有缺口或缝隙（形成一个法拉第笼）。然而在实际中要制造一个无接缝及缺口的屏蔽罩是不可能的，由于屏蔽罩要分成多个部分进行制作，因此就会有缝隙需要接合，另外通常还得在屏蔽罩上打孔，以便安装与插卡或装配组件的连线。

设计屏蔽罩的困难在于制造过程中不可避免会产生孔隙，而且设备运行过程中还会需要用到这些孔隙。例如，电路板连线、通风口、外部监测窗口以及面板安装组件等都需要在屏蔽罩上打孔，从而大大降低了屏蔽性能。尽管沟槽和缝隙不可避免，但在屏蔽设计中对与电路工作频率波长有关的沟槽长度作仔细考虑是很有好处的。

任一频率电磁波的波长为：波长（λ）＝光速（c）/频率（f）。

当缝隙长度为波长（截止频率）的一半时，RF 波开始以 20 dB/10 倍频（1/10 截止频率）或 6 dB/8 倍频（1/2 截止频率）的速率衰减。通常 RF 发射频率越高，它的波长越短，衰减越严重。当涉及到最高频率时，必须要考虑可能会出现的任何谐波，不过实际上只需考虑一次及二次谐波即可。

一旦知道了屏蔽罩内 RF 辐射的频率及强度，就可计算出屏蔽罩的最大允许缝隙和沟槽。例如，对 1 GHz（波长为 300 mm）的电磁波来讲，若需要衰减 20 dB，则缝隙应小于

15 mm(150 mm 的 1/10)；需要衰减 26 dB 时，缝隙应小于 7.5 mm(15 mm 的 1/2)；需要衰减 32 dB 时，缝隙应小于 3.75 mm(7.5 mm 的 1/2)。可采用合适的导电衬垫使缝隙大小限定在规定尺寸内，从而实现这种衰减效果。

7.2.2　滤波

滤波是为了抑制噪声干扰。在数字电路中，当电路从一个状态转换成另一个状态时，会在电源线上产生一个很大的尖峰电流，形成瞬变的噪声电压。当电路接通与断开电感负载时，产生的瞬变噪声干扰往往严重妨碍系统的正常工作。所以在电源变压器的进线端加入电源滤波器，以消弱瞬变噪声的干扰。

滤波器按结构分为无源滤波器和有源滤波器。无源滤波器是由无源元件电阻、电容和电感组成的滤波器；有源滤波器是由电阻、电容、电感和有源元件(如运算放大器)组成的滤波器。

滤波器最重要的特性是其频率特性，可用对数幅频特性 $20 \lg A$ 来表示。这在抗干扰技术中又称为衰减系数。

$$衰减系数 = 20 \lg \left| \frac{U_o(j\omega)}{U_i(j\omega)} \right| \tag{7.7}$$

式中，U_o 表示滤波器的输出信号；U_i 表示滤波器的输入信号；ω 表示信号的角频率。

信号通过滤波器，被滤除(或称被衰减)的信号频带称为阻带，被传输的信号频带称为通带。根据阻带和通带的频谱，又可将滤波器分为下面四种：

(1) 低通滤波器：允许低频信号通过，但阻止高频信号通过。

(2) 高通滤波器：允许高频信号通过，但阻止低频信号通过。

(3) 带通滤波器：允许规定的某频段信号通过，但阻止高于和低于该频段的信号通过。

(4) 带阻滤波器：只阻止规定的某频段信号，允许高于或低于该频段的信号通过。

1. 差模干扰与共模干扰

若从噪声形成的特点来看，噪声干扰分为差模干扰与共模干扰两种。电磁干扰滤波器必须对差模干扰和共模干扰都起到抑制作用。

设备的电源线或其他设备与设备之间相互交换的通信线路，至少要有两根导线，这两根导线作为往返线路输送电能或信号。但在这两根导线之外通常还有第三导体，这就是"地线"。这三根导线的接法通常有两种：一种是两根导线分别作为往返线路传输(如图 7.5 所示)；另一种是两根导线做去路，地线做返回路传输(如图 7.6 所示)。前者叫"差模"回路，后者叫"共模"回路。前者会产生差模回路干扰，后者会形成共模回路干扰。

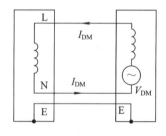

图 7.5　差模干扰

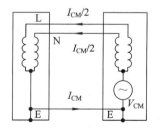

图 7.6　共模干扰

　　差模干扰回路中有一个差模干扰源 V_{DM}，该差模干扰源通过相线(L)与中线(N)形成差模干扰，差模干扰电流为 I_{DM}；共模干扰回路中有一个共模干扰源 V_{CM}，该共模干扰源通过相线(L)、中线(N)与地线(E)形成共模干扰回路，共模干扰电流为 I_{CM}。差模和共模回路的区别在于差模电流只在相线和中线之间流动，而共模电流不但流过相线和中线，而且还流过地线。

2. 无源滤波器

1) 电容滤波器

　　电容 C 的电抗与频率有关，所以电容常用做滤波元件。图 7.7 所示为三种结构的电容滤波器。

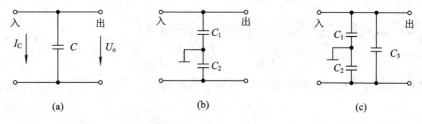

图 7.7　电容滤波器

(a) 可抗差模干扰；(b) 可抗共模干扰；(c) 既可抗差模干扰又可抗共模干扰

2) RC 低通滤波器

　　RC 低通滤波器共有 L 型、π 型和 T 型三种结构，如图 7.8 所示。它们都具有通过低频信号、滤除高频信号的能力。

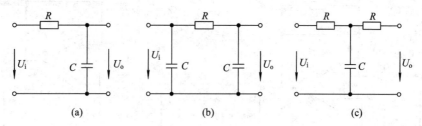

图 7.8　RC 低通滤波器

(a) L 型；(b) π 型；(c) T 型

3) LC 低通滤波器

　　LC 低通滤波器由电感和电容组成，按电路的结构也可以分为三种：L 型、π 型和 T 型，如图 7.9 所示。

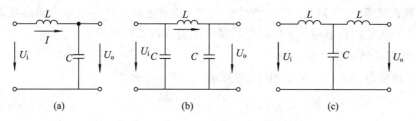

图 7.9　LC 低通滤波器

(a) L 型；(b) π 型；(c) T 型

通常 LC 低通滤波器比 RC 低通滤波器具有更好的滤波性能。但是由于制造电感比较麻烦，不利于大规模生产，不便于集成化和小型化，因而使 LC 低通滤波器的应用范围受到局限。

3. 有源滤波器

有源滤波器的组成元件中除了电阻和电容(或电感)之外，还有运算放大器。RC 有源滤波器可做成混合型集成电路，因而体积较小。RC 有源滤波器的谐振频率可由 RC 网络任意设定，网络的损耗由运算放大器补偿。另外，这种滤波器可做成高品质因数(Q)，并且当 Q 值一定时其谐可调。因此，RC 有源滤波器是当前应用较多的一种滤波器。

1) 一阶有源低通滤波器

如图 7.10 所示为一阶有源低通滤波器，其传递函数为

$$A(s) = -\frac{R_2}{R_1} \frac{1}{1 + sR_2C} \tag{7.8}$$

用 $j\omega$ 代替传递函数变量 s 可得此滤波器的频率特性为

$$A(j\omega) = -\frac{R_2}{R_1} \frac{1}{1 + j\omega R_2C} \tag{7.9}$$

由此可得，此滤波器的静态增益为 $-R_2/R_1$(负号表示反向)，截止频率(转折频率)为 $1/(R_2C)$。

一阶有源低通滤波器的另一种结构如图 7.11 所示。

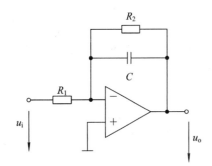 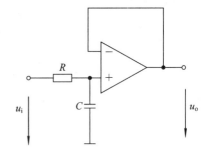

图 7.10　一阶有源低通滤波器　　　　图 7.11　一阶有源低通滤波器

它的频率特性为

$$A(j\omega) = \frac{1}{1 + j\omega RC} \tag{7.10}$$

它的截止频率(转折频率)为 $1/(RC)$。其中，集成运放工作在电压跟随器状态，有极高的输入阻抗和极低的输出阻抗，可减小后接负载对滤波器的影响。

2) 二阶有源低通滤波器

二阶有源低通滤波器电路如图 7.12 所示。其传递函数为

$$A(s) = \frac{U_o(s)}{U_i(s)} = \frac{A_f\omega_n^2}{s^2 + \frac{\omega_n}{Q}s + \omega_n^2} \tag{7.11}$$

其中

$$A_f = \frac{R_1 + R_2}{R_2}, \quad \omega_n = \frac{1}{RC}, \quad Q = \frac{1}{3 - A_f} \tag{7.12}$$

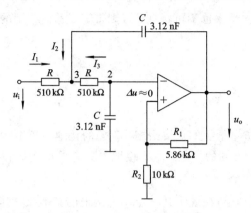

图 7.12　二阶有源低通滤波器

在二阶有源低通滤波器中，当 $Q=\dfrac{1}{\sqrt{2}}$ 时，截止频率 $\omega_{c}=\omega_{n}$。具有这种特性的滤波器称为巴特沃思(Butterworth)滤波器。

4. 数字电平滤波器

以上介绍的滤波器都是针对模拟信号进行滤波的滤波器。一般说来，一个系统对模拟信号的精度要求比较高，模拟信号也比较容易受到干扰；而数字信号不易受到干扰，或者说数字信号受到微小干扰但只要不至于影响 TTL 逻辑电平也没关系。但当干扰很大时，数字信号的逻辑电平也会受到严重干扰而使逻辑电平混乱。例如，屏蔽不好的 PWM 功放对后续数据采集系统的数字逻辑电平就会有严重的干扰。

为了解决数字电平易受干扰的问题，现介绍一种数字电平滤波器，它由 D 触发器和门电路组成，使用效果相当好。其电路图如图 7.13 所示。

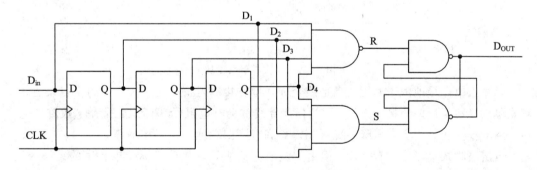

图 7.13　数字电平滤波器

如图 7.13 所示，数字电平滤波器的原理是，只有当 D_1、D_2、D_3、D_4 同时为高电平时，输出 D_{out} 才为高电平；当 D_1、D_2、D_3、D_4 同时为低电平时，D_{out} 才为低电平。如果 D_1、D_2、D_3、D_4 四点电平不一致时，输出 D_{out} 不改变。如果忽略门电路的延时，则整个电平滤波电路的延时取决于 CLK 时钟周期和 D 触发器的个数。图 7.13 所示的 TTL 电平滤波器的延时是 3 个时钟周期。

根据信号受干扰的程度可选择 D 触发器的个数，逻辑电平 TTL 输入信号 D_{in} 干扰得越厉害，选用的 D 触发器就越多，一般 3 个即可。滤波器的带宽可由时钟信号 CLK 控制。CLK 的时钟频率根据实际需要选择，CLK 时钟频率不可过高，否则带宽过大，噪声信号也能通过滤波器；CLK 时钟频率也不可过低，否则带宽过小，有用的数字电平信号将无法顺利通过该滤波器。

7.2.3　接地

1. 接地的方式

接地是抑制噪声和防止干扰的重要措施。正确的接地可以减少或避免电路间的相互干扰，根据不同的电路可用不同的方法。主要接地方式有单点接地和多点接地。

1）单点接地

单点接地就是把整个电路系统中某一点作为接地的基准点，其他信号的地线都连接到这一点上。单点接地又可分为两类：串联式单点接地（如图 7.14 所示）和并联式单点接地（如图 7.15 所示）。

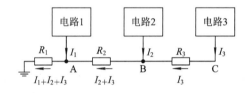

图 7.14　串联式单点接地

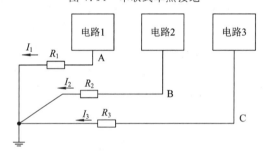

图 7.15　并联式单点接地

串联式单点接地由于共用一条地线，易引起公共地阻抗干扰。从噪声的观点来看，串联式单点接地是最差的接地方法。因为任何导线都会有电阻（如图 7.14 所示），故流经这些导线的电流会使导线产生压降，使 A、B、C 和"地"四点地电位互相不等。

虽然串联式单点接地有缺点，但由于其省工省料，故常被指标要求较宽的系统采用。这种接地法绝对不可用于功率强度相差甚远的系统之间，因信号功率较大的系统将会严重影响功率较小的系统。若某些场合非得使用此种接地方法时，应将最易受干扰的电路置于离接地点最近处，以图 7.14 为例，此点应为 A 点。

并联式单点接地是将每个电路单元单独地用地线连接到同一个接地点，在低频时，可有效避免各单元之间的地阻抗干扰。低频放大电路的地线设计宜采用这种并联式单点接地。但在高频时，相邻地线间的耦合增强，易造成各电路单元之间的相互干扰，所以并联式单点接地仅适用于 1 MHz 以下电路。

2）多点接地

多点接地（如图 7.16 所示）是指设备（或系统）中各个接地点都直接接到距它最近的接

地线上，使接地引线的长度最短。

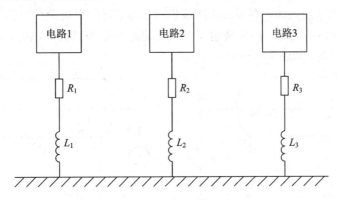

图 7.16　多点接地

在数字电路设计时，宜采用多点接地方式。多点接地系统的优点是电路构成比单点接地简单，而且由于采用了多点接地，接地线可能出现的高频驻波现象显著减少。但是，采用多点接地后设备会增加许多地线回路，它们会对设备内较低电平的信号单元产生不良影响。

一般而言，1 MHz 以下的电路最好采取单点接地；而 10 MHz 以上的电路最好采取多点接地的方法；介于 1～10 MHz 之间的电路则视接地导线的长短来决定采用何种接地方法。如接地导线所需长度少于 1/20 工作信号的波长时，则以单点接地较为合适，否则就需采用多点接地。

电路中既有低频电路又有高频电路时，低频电路宜采用单点接地方式，而高频电路需采用多点接地。对于单元电路一般采用单点接地方式，但多级电路地线设计，应根据信号通过频率的高低灵活采用各种不同的接地方式，有时可以采用混合接地措施，如图 7.17 所示。

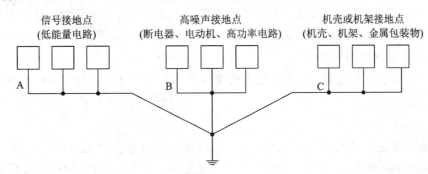

图 7.17　混合接地

如图 7.17 所示，大部分系统至少要求三个分开的接地点。信号接地点用于低功率或低能量的电子电路，绝不能与继电器或电动机电路高噪声接地点混合使用。第三个机壳接地点专供机械外壳、机身、机架和机壳底盘等使用。如果电力输配线经过这些系统，则电力线接地点接于机壳接地点上。以上三个接地点最后只能接于同一个接地点上。

2. 电缆屏蔽层的接地

对于屏蔽层的接地，不仅应遵循一点接地，而且接地点不同其效果也不相同。按照单地原则，一个不接地信号源和一个接地的放大器相连时屏蔽端的接地应该接放大器的地端。同理，一个接地信号源和一个不接地的放大器相连时屏蔽端的接地应该接信号源的地端。

若信号源和电路均接地，则屏蔽线两端也须接地，这时靠屏蔽体分流干扰，如图 7.18 所示。如果远方电路不接地，则屏蔽也不接地，而是与电路相接，此时，地线变成单点接地，未形成干扰回路，如图 7.19 所示。

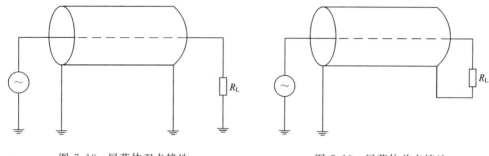

图 7.18　屏蔽体双点接地　　　　　　图 7.19　屏蔽体单点接地

7.2.4　电源抗干扰

在数据采集系统中，为了保证各部分电路的工作，需要一组或多组直流电源。直流电源都是由交流电(如市电 220V AC)经过变压、整流、滤波、稳压后得到的。直流电源的输入直接接在电网上，因此电网上的各种干扰便会通过直流电源引入数据采集系统中，对数据采集系统内部造成影响。所以必须对电网电源采取抗干扰措施。

1. 电源干扰的类型

1）电源线中的高频干扰

供电电力线相当于一个接收天线，能把雷电、开闭日光灯、启停大功率的用电设备、电弧、广播电台等辐射的高频干扰信号通过电源变压器初级耦合到次级，形成干扰。

2）感性负载产生的瞬变噪声

切断大容量感性负载时，能产生很大的电流和电压变化率，从而形成瞬变噪声干扰，成为电磁干扰的主要原因。

3）晶闸管通断时所产生的干扰

晶闸管由截止到导通，仅在几微秒的时间内使电流由零很快上升到几十甚至几百安培，因此电流变化率 di/dt 很大。这样大的电流变化率，使得晶闸管在导通瞬间流过一个具有高次谐波的大电流，在电源阻抗上产生很大的压降，从而使电网电压出现缺口。这种畸变了的电压波形含有高次谐波，可以向空间辐射，或者通过传导耦合，干扰其他电子设备。

4）电网电压的短时下降干扰

当启动如大电动机等大功率负载时，由于启动电流很大，可导致电网电压短时大幅度下降。当下降值超出稳压电源的调整范围时，就会干扰电路的正常工作。

5）拉闸过程形成的高频干扰

当计算机与电感负载共用一个电源时，拉闸时产生的高频干扰电压通过电源变压器的初、次级间的分布电容耦合到数据采集系统，再经该装置与大地间的分布电容形成耦合回路。

2. 常用电源抗干扰措施

1）电路滤波器

电路滤波器的结构如图 7.20 所示，由纵向扼流圈 L 和滤波电容 C 组成。1、3 为交流电网电源输入端口，2 为外部接地端，4、5 为电源输出端。恰当地确定 L 和 C 的数值，可有效地抑制电网中 100 kHz 以上的干扰与噪声。

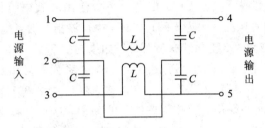

图 7.20　电源滤波器结构

2）切断噪声变压器

切断噪声变压器的结构如图 7.21 所示。它的铁芯材料、形状以及线圈位置都比较特殊，可以切断高频噪声磁通，使之不能感应到二次绕组，既能切断共模噪声，也能切断差模噪声。

图 7.21 中，切断噪声变压器的一次、二次绕组分别绕在铁芯的不同处，且铁芯选用高频时有效磁导率尽量低的材料。干扰与噪声因频率高，在通过铁芯向二次绕组交连时被显著地衰减，而变压器中的有用信号因频率较低，仍可被正常地传输。切断噪声变压器还将一次、二次绕组和铁芯分别予以屏蔽并接地，切断了更高频率的干扰与噪声通过分布电容向二次绕组的传播。采用切断噪声变压器，可使测控设备对电网干扰与噪声的抑制能力显著地提高，用脉冲干扰模拟器测得对电网干扰抑制的敏感阈值可达 5000 V 以上。

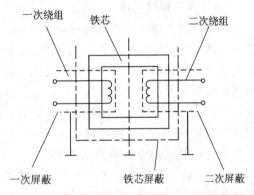

图 7.21　切断噪声滤波器结构

7.3　软件抗干扰技术

软件抗干扰技术是硬件抗干扰技术的一个补充和延伸，软件抗干扰技术运用得法可以显著提高数据采集系统的可靠性，并且在一定程度上避免和减轻不必要的损失。

软件抗干扰的工作主要集中在 CPU 抗干扰技术和输入/输出信号的抗干扰技术两个方面。前者主要是抵御因干扰造成的程序"跑飞"，后者主要是用各种数字滤波方法消除信号中的干扰以提高系统精度。

这里着重讲解 CPU 抗干扰技术，至于各种数字滤波方法将在第 10 章中进行介绍。CPU 软件抗干扰技术通常包括：广布陷阱法、重复功能设定法、指令冗余、设置监视跟踪定时器和重要数据备份法。下面分别进行具体介绍。

1. 广布陷阱法

有时一个意想不到的干扰就能破坏和中断所有程序的正常运行。此时程序指针(Programm Counter，PC)值可能在程序区内，也可能在程序区之外，要使其能够自恢复正常运行，只有依赖于广布"陷阱"的方式。

所谓"陷阱"，是指某些类型的 CPU 提供给用户使用的软中断指令或者复位指令。例如，Z80 指令 RST 38H，其机器码为 FFH。CPU 执行该指令时，则将当前程序计数器 PC 的值压入堆栈，然后转到 0038H 地址执行程序。如果把 0038H 作为一个重启动入口，则机器就可以恢复新的工作了。再如，INTEL8098、80198 系列的复位指令 RST，机器码也为 FFH。CPU 执行该指令时，其内部进行复位操作，然后从 2080H 开始执行程序。当然，80198 系列还有更多的非法操作码可作为陷阱指令使用，这时只需要在 2012H 的一个字的中断矢量单元里安排中断入口，并且编制一个处理非法操作码的中断服务程序，一遇非法操作码就能进行故障处理。

陷阱要广泛布置。陷阱不但需要在 ROM 的全部非内容区、RAM 的全部非数据区设置，而且在程序区的模块之间也要广泛布置。一旦机器程序跑飞，总会碰上陷阱，就可以救活机器。

2. 重复功能设定法

一个完善的数据采集系统有很多功能需要设定，通常是在主程序开始时的初始化程序里设定的，以后再不必设定。这在正常情况下本无问题，但偶然的干扰会改变 CPU 内部的这些寄存器或者接口芯片的功能寄存器，例如，把中断的类型、中断的优先级别、串行口、并行口的设定修改了，机器的运行肯定会出错。

因此，只要重复设定功能操作不影响程序连续工作的性能，都应当将功能设定纳入主程序的循环圈里。每个循环就可以刷新一次设定，避免了偶然不测事件的发生。对于那些重复设定功能操作会影响当前连续工作性能的，要尽量想法找机会重新设定。例如串行口，如果接收完某帧信息或者发送完某帧信息之后，串口会有一个短暂的空闲，就应作出判断并且安排重新设定一次的操作。

3. 指令冗余

CPU 取指令过程是先取操作码，再取操作数。当 PC 受干扰出现错误时，程序便脱离正常轨道"跑飞"。对于机器代码而言，"跑飞"到某双字节指令，若取指令时刻落在操作数上，误将操作数当作操作码，程序将会出错。若"跑飞"到了三字节指令，则出错机率更大。

在关键地方人为插入一些单字节指令，或将有效单字节指令重写称为指令冗余。通常是在双字节指令和三字节指令后插入两个字节以上的空操作指令(No Operation，NOP)。这样即使程序"跑飞"到操作数上，由于 NOP 的存在，因而避免了后面的指令被当作操作数执行，程序会自动纳入正轨。

此外，在对系统流向起重要作用的指令如 RET、RETI、LCALL、LJMP、JC 等指令之前插入两条 NOP，也可将"跑飞"的程序纳入正轨，确保这些重要指令的执行。

4. 设置监视跟踪定时器

程序运行监视定时器(WDT)，又被称为"看门狗"，是一种软硬件结合的对付程序"跑飞"的措施。它使用定时中断来监视程序运行状态。定时器的定时时间稍大于主程序正常运行一个循环的时间,在主程序运行过程中执行一次定时器时间常数刷新操作。这样,只要程序正常运行,定时器就不会出现定时中断。而当程序运行失常,不能及时刷新定时器时间常数而导致定时中断时,利用定时中断服务程序可将系统复位。

在 8031 应用系统中作为软件抗干扰的具体做法是:使用 8155 的定时器所产生的"溢出"信号作为 8031 的外部中断源 INT1;用 555 定时器作为 8155 中定时器的外部时钟输入;8155 定时器的定时值稍大于主程序的正常循环时间;在主程序中,每循环一次,对 8155 定时器的定时常数进行刷新;在主控程序开始处,对硬件复位还是定时中断产生的自动恢复进行分类判断处理。

5. 重要数据备份法

系统中的一些关键数据,应当有且至少有两个以上的备份副本,当操作这些数据时,可以把主、副本进行比较,如其改变,就要分析原因,采取预先设计好的方法处理。还可以把重要数据采用校验和或者分组 BCH 校验(一种 CRC 校验方法)的方法进行校验。这两种方法一并使用则更可靠。

第 8 章 总线接口技术

　　总线(Bus)是系统中连接各部分的一组公共通信线，由导线组成的传输线束。按照计算机所传输的信息种类，计算机的总线可以划分为数据总线、地址总线和控制总线，分别用来传输数据、数据地址和控制信号。总线可允许有多个发送端和多个接收端，但在同一时刻只能允许一个设备发送，否则将引起总线竞争。

　　总线结构使得系统在结构上具有简单、规整和易于扩展的特点，使整个系统各功能部件之间的相互关系成为面向总线的单一关系。这样系统只要将符合总线规范的功能部件接到总线上，系统的功能就可得到扩展。在多数微机系统中，主板只提供一个标准功能的基座，需要通过扩展总线提供内置的外部设备连接器，可以高速地与大量外围部件实现通信。通过扩展总线连接各种特殊用途且可互换的接口卡，来增加计算机的功能。

8.1　计算机总线简介

　　本节将对常用的各种计算机总线进行简要的介绍。

1. PC/XT 总线

　　最早的 PC 总线是 IBM 公司 1981 年在 PC/XT 电脑中采用的系统总线，它基于 8 位的 8088 处理器，被称为 PC 总线或者 PC/XT 总线。PC/XT 总线共有 62 个信号，是目前各类总线中最少的。

2. PC/AT 总线

　　1984 年，IBM 推出基于 16 位的 Intel 80286 处理器的 PC/AT 电脑，系统总线也相应地扩展为 16 位，并被称为 PC/AT 总线。

　　PC/AT 的扩展总线系统设计的最大速度为 8 MHz，比 PC/XT 总线的速度几乎快了近一倍，而最佳的数据传输率达 20 MB/s。不过 80286 CPU 的执行速度更快，因此要增加额外的等待周期，方能使扩展总线与 CPU 之间进行数据传递。改善的方式是在总线控制器中增加缓冲器，作为高速的微处理器与较低速的 AT 总线之间的缓冲器，从而使 AT 总线可以在比 CPU 低得多的环境下工作。

3. ISA 总线

　　由于 IBM - PC/XT/AT 系统总线的开放性，全世界的 PC 机制造商纷纷向 IBM - PC 靠拢，从而使 IBM - PC 系列风靡全球。为了满足众多 PC 兼容机厂商的要求，美国电气和电子工程师学会(IEEE)成立了一个委员会，并确定以 PC/AT 总线为标准，称之为工业标准体系结构(Industry Standard Architecture，ISA)，即 ISA 总线标准。

为了开发与 IBM-PC 兼容的外围设备,行业内逐渐确立了以 IBM-PC 总线规范为基础的 ISA 总线。ISA 总线是 8/16 位系统总线,最大传输速率仅为 8 MB/s,允许多个 CPU 共享系统资源。由于其兼容性好,ISA 在 20 世纪 80 年代是应用最广泛的系统总线之一。

为了充分地发挥 80286 的优良性能,同时又要最大限度地与 PC/XT 总线兼容,ISA 总线在原 XT 总线的基础上又增加了一个 36 脚的扩展槽,将数据总线扩展为 16 位,地址总线扩展到 24 位,将中断的数目从 8 个扩充到 15 个,并提供了中断共享功能,而 DMA 通道也由 4 个扩充到 8 个。从此,这种 16 位的扩展总线一直是各制造厂商严格遵守的标准,至今仍广泛地使用。

不过 ISA 总线的弱点也是显而易见的,比如传输速率过低、CPU 占用率高和占用硬件中断资源等。后来在 PC98 规范中,逐渐放弃了 ISA 总线,而 Intel 从 i810 芯片组开始,也不再提供对 ISA 接口的支持。

4. PC/104 总线

PC/104 总线是超小型 PC 微机所用的总线标准。这种超小型 PC 微机体积小,结构紧凑,在各种工业控制中很受欢迎。它可以嵌入到对体积和功耗要求都很高的产品,例如医疗仪器、实验室仪器、通信设备、商用终端、军用电子设备、机器人等设备之中,因而 PC/104 微机常称为嵌入式 PC 机。这种微机有两个总线插头,其中 P_1 有 64 脚,P_2 有 40 脚,共有 104 脚,这也是 PC/104 名称的由来。

PC/104 总线及整机除小型化的结构外,在硬件和软件上与 PC 总线完全兼容,实质上是为了更好地满足工业控制或小型化设备的要求而开发出来的 XT、AT、386、486 的小型化机型。

使用 PC/104 总线的嵌入式 PC 机的有以下三个主要特点:

(1) 使用超小尺寸的模块,包括 CPU 模板在内,全部功能模板均按 PC/104 标准设计,模板尺寸规定为 90 mm×96 mm,比一般 PC 系列微机主板尺寸要小得多。

(2) 自堆总线结构,取消了底板和插槽,利用模板上的堆装总线插头座,将各模板堆叠连接在一起,组装紧凑、灵活。

(3) 总线驱动电流小(6 mA),功耗低(1～2 W)。为适应小型化要求,各模板都采用 VLSI 器件、门阵列、ASCI 芯片及大容量固态盘。

5. EISA 总线

1988 年,康柏和惠普等 9 个厂商协同把 ISA 扩展到 32 位,这就是著名的 EISA (Extended ISA,扩展 ISA)总线。

由于 EISA 是从 ISA 发展起来的,而且又与 ISA 兼容,并在许多方面参考了 MCA 的设计,因此受到 PC 机众多厂家及用户的欢迎,成为一种与 MCA 相抗衡的总线标准。

EISA 总线支持新一代智能总线主控技术,使外设控制卡可以控制系统总线,可以实现 32 位内存寻址,实现对 CPU、DMA 和总线控制器的 32 位数据传送,支持突发式传输访问,最高数据传输速率为 33 MB/s,支持电子触发中断方式、多处理器和自动配置等。正是由于 EISA 保持了与 ISA 总线的兼容性,从而保护了人们已经在 ISA 总线微机硬件和软件上的巨大投资。

EISA 适合于对总线使用要求较高的系统软件,如 Windows、Unix、OS/2 等,也适用于要求数据传输速率高及数据传输量大的应用场合,如高速图形处理、LAN 管理和文件服务应用软件等。

可惜的是,EISA 仍旧由于速度有限,并且成本过高,在还没成为标准总线之前,在 20世纪 90 年代初就被 PCI 总线所取代了。

6. MCA 总线

长期以来,16 位的 ISA 总线一直处于统治地位,但随着 80386、80486 等 32 位 CPU的问世,日益显露出 ISA 总线的一些弱点,如 24 位地址线和 16 位数据线与 32 位 CPU 不匹配,传输速率低,不支持自动配置,不支持总线主控技术及缺乏对多处理器支持等。为了解决上述问题,同时也为保护自己的利益,IBM 公司于 1987 年推出了 32 位微通道结构(Micro Channel Architecture,MCA)总线。

MCA 总线将数据线和地址线都扩展到 32 位,成为标准的 32 位扩展总线系统,同时系统的寻址范围增加到 4 GB。它的传输速率为 40 MB/s,且具有多总线功能,有总线仲裁机构,可支持多任务处理,支持多处理器,具有并行处理能力,具有附加卡定义档案,易于机器识别和系统诊断,具有可编程任选机制,可自动进行系统配置和安装。

虽然 MCA 总线有许多优于传统的设计,增加了许多新的特殊功能,甚至连现在最新的 PCI 总线都不具备,但是它不能向后兼容 ISA,而且 IBM 紧紧抓住技术的所有权,一直不肯开放此标准,最后以惨败告终,结束了其短暂的生命历程。

7. VL 总线

VESA(Video Electronics Standards Association)是一个专门制定标准的组织,目的是改善 PC 机的视频性能。它在 1992 年引入了 VL(VESA Local)32 位总线,使数据流通速度更接近 CPU 的频率,其操作频率最高可达 60 MHz,提高了总体性能。

VL 总线协议简单,传输速率高,能够支持多种硬件,如图形加速器、网络适配器及多媒体控制卡的工作。但是,它的规范性、兼容性和扩展性均较差。

VL 总线的扩展总线分成两个部分,前段的 VL 总线插槽以 33 MHz 的速度高速运行,而后端仍保持 ISA 的所有特性。

VL 总线的数据总线和地址总线通过局部总线与微处理器相连,这样就将数据传输最频繁的数据总线、地址总线与微处理器相连,以达到与微处理器相同的处理速率。这样的连接方式会增加微处理器的负载,即要求微处理器要有较大的功率去驱动 VL 总线。为了防止微处理器因负载太重而不能正常工作甚至被烧毁,所以限制 80486 主板上的 VL 总线插槽不能超过 3 个。

VL 总线是在 ISA 的基础上新增一段插槽,增加了主板的占用面积,但由于设计方面的不足,以及时钟调节出现了问题,再加上不支持总线主控、即插即用等新特性,很快被PCI 所淘汰。

8. PCI 总线

使用 286 和 386SX 以下 CPU 的电脑似乎和 8/16 位 ISA 总线还能够相处融洽,但当出现了 32 位外部总线的 386DX 处理器之后,总线的宽度就已经成为了严重的瓶颈,并影响到处理器性能的发挥。

为此，1991 年下半年，Intel 公司首先提出了 PCI(Peripheral Component Interconnect)总线的概念，并与 IBM、Compaq、AST、HP 和 DEC 等公司联合于 1993 年推出 PCI 总线。

PCI 总线是外部设备互连总线，PCI 总线目前有 4 个主要的规格，分别支持 32 位和 64 位，其下又细分为 3.3 V 和 5 V 两种信号。PCI 总线和 VL 总线一样都是局部总线的设计。原始的 PCI 规格其时钟与 CPU 同步，但只限于 20～33 MHz 的 486 年代，中央处理器的飞速发展是 PCI 永远都追赶不上的。后来人们采用分频的方法来设定 PCI 的频率，PCI32 的标准速度是 33 MHz，PCI64 的标准速度是 66 MHz。如果高于额定频率会导致数据传输出错，超频将影响系统的稳定性。32 位 PCI 总线采用 124 针连接器，64 位 PCI 总线用 188 针连接器。

PCI 的设计与 VL 总线有较大的区别。PCI 并没有与微处理器直接相连，而是使用桥路(Bridge)把 PCI 与局部总线连接起来。因此，PCI 是位于微处理器的局部总线与标准扩展总线之间的一种总线结构。由于 PCI 是从局部总线中隔离出来的，局部总线信号经过桥路及控制器后，已将 PCI 与局部总线隔开，因而不会出现类似 VL 总线造成微处理器过热的问题。同样，由于 PCI 没有局部总线的负载问题，它允许主板有 10 个芯片组负载。

总之，PCI 局部总线具有高性能、兼容性好、不受微处理器品种限制、适合各式机种低成本和高效益及预留发展空间等优点，目前被越来越广泛地应用。

9. AGP 总线

AGP(Accelerated Graphics Port，图形加速接口)是以 66 MHz PCI Revision 2.1 规范为基础，由英特尔开发的提高视频性能的接口。它使视频处理器与系统主内存直接相连，避免了经过 PCI 总线而造成的系统瓶颈，增加了 3D 图形数据传输速度，而且系统主内存可以与视频芯片共享，在显存不足的情况下，调用系统主内存用于存储纹理。

目前，由于 3D 计算变得越来越重要，因此，新型主板几乎都已经加入了对 AGP 的支持。AGP 又分为 AGP1X、AGP2X 和 AGP4X 三种，其区别就在于带宽不同。另外，AGP1X 和 AGP2X 插槽与 AGP4X 插槽略有不同，但 AGP4X 插槽可以向下兼容 AGP1X、AGP2X 的显示设备。AGP Pro 则是 AGP 的改进型，它使工作站级主板也能利用 AGP 的加速性能，降低了 AGP 所需的电压供应，但没有什么革命性的改变。

10. USB 总线

1994 年，英特尔、康柏、Digital、IBM、微软、NEC 和北电等 7 家世界著名的计算机和通信公司成立了 USB(Universal Serial Bus，通用串行总线)论坛，历时近 2 年形成了统一意见，于 1995 年 11 月正式制定出 USB0.9 通用串行总线规范，并在 1997 年开始有真正符合 USB 技术标准的外设出现。USB2.0 是目前推出的在支持 USB 的计算机与外设上普遍采用的标准。

USB 是串行接口，支持热插拔和即插即用，适合多媒体数据的传送模式。USB 接口连接方便，可提供功率有限的电源，且其价格便宜。它既可用于低速的外围设备，如键盘、鼠标等，也可用于中速装置，如打印机、数码照相机、调制解调器、扫描仪等。

由于速度的限制，USB1.1 无法支持高速 CD - R/RW 驱动器或高速视频捕捉设备等设备。使用 USB1.1 连接 USB 的 CD - R 驱动器最高只能达到 8 倍速，MPEG2 视频捕捉单元的位速率最高只能达到 6 Mb/s。

目前 USB2.0 的应用越来越广泛。USB2.0 向下兼容 USB1.1，数据的传输率可达到 120～240 Mb/s，同时支持宽带数字摄像设备及下一代扫描仪、打印机及存储设备。

在 USB2.0 中，还支持 480 Mb/s 这一相当惊人的高速数据传输。连接 USB 的 CD - R 中可以实现 10 倍速以上的高速数据写入，利用 USB2.0 进行视频捕捉时可进行高画质的录像。

11. IEEE1394

IEEE1394 是一种串行接口标准，它允许把电脑、电脑外部设备和各种家电非常简单地连接在一起。IEEE1394 的原型是运行在 Apple Mac 电脑上的 FireWire(火线)，由 IEEE 采用并且重新进行了规范。它定义了数据的传输协议及连接系统，可用较低的成本达到较高的性能，以增强电脑与硬盘、打印机和扫描仪等外设，以及与数码相机、DVD 播放机和视频电话等消费性电子产品的连接能力。

由于要求相应的外部设备也具有 IEEE1394 接口功能才能连接到 1394 总线上，因此直到 1995 年 Sony 推出的数码摄像机加上了 1394 接口后，它才真正引起人们的广泛注意。采用 1394 接口的数码摄像机可以毫无延迟地编辑处理影像和声音数据，其性能得到了增强。数码相机、DVD 播放机和一般消费性家电产品，如 VCR、HDTV 和音响等都可以利用 1394 接口来互相连接。电脑的外部设备，例如硬盘、光驱、打印机和扫描仪等，也可利用 1394 接口来传输数据。机外总线将改变当前电脑本身拥有众多附加插卡、连接线的现状，它把各种外设和各种家用电器连接起来。

12. PCI Express 总线

PCI 总线带宽只有 133 MB/s，对于整个电脑架构来说，带宽早已是不堪负荷，处处堵塞。在经历了长达 10 年的修修补补，PCI 总线已经无法满足电脑性能提升的要求，必须由带宽更大、适应性更广、发展潜力更深的新一带总线取而代之，这就是 PCI Express 总线，因为是第三代输入/输出总线，所以简称 3GIO(Third Generation Input/Output)。因为 PCI Express 的开发代号是 Arapahoe，所以又称为 Arapahoe 总线。

Intel 在 2001 年春季的 IDF 上，正式公布了旨在取代 PCI 总线的第三代 I/O 技术，该规范由 Intel 支持的 AWG(Arapahoe Working Group)负责制定。在 2002 年 4 月 17 日，AWG 正式宣布 3GIO1.0 规范草稿制定完毕，并移交 PCI - SIG 进行审核，最后被正式命名为 PCI Express。2002 年 7 月 23 日，PCI - SIG 正式公布了 PCI Express1.0 规范，并且根据开发蓝图，将在 2006 年正式推出 Spec2.0(2.0 规范)。

8.2　ISA 总线

对早期的 PC 和 PC/XT 微机，其 CPU 为 Intel8088，而 PC/AT 微机的 CPU 为 Intel80286。这几种机型除了采用的 CPU 不同外，其他方面(如中断级别、存储器容量等)也有所不同。但是，ISA 总线是由 PC/XT 总线改进与扩展而来的，它同时具有 8 位和 16 位扩展槽结构，并具有向下(与 PC/XT)兼容的特性。

8.2.1 PC/XT 总线

在采用 8088 作为处理器的第一代通用微型计算机中，系统中的所有其他部件直接与处理器相连（如图 8.1 所示）。处理器作为系统核心，通过 PC 总线对系统中的其他部件进行控制及数据交换。这种 PC 总线称为 XT 总线，它采用了 8 位数据总线和 20 位地址总线，以 CPU 时钟作为总线时钟，可支持 4 通道 DMA 和 8 级硬件中断。

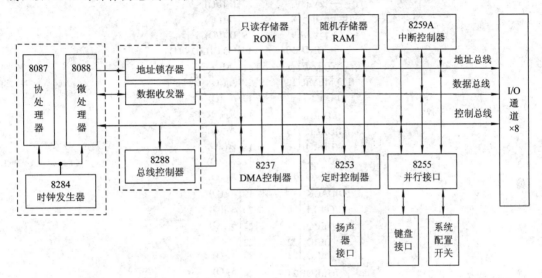

图 8.1 使用 PC/XT 总线的 PC 系统结构

1. 信号线定义

PC/XT 总线配有 62 根引脚（插槽引脚定义如图 8.2 所示），其对应引脚信号定义的电平，除 12 V 电源外，均为 TTL 电平。总线槽口上的信号大体可分为四大类：地址总线（Address Bus）、数据总线（Data Bus）、控制总线（Control Bus）、辅助线和电源线。

1）地址总线（共 20 根）

$A_0 \sim A_{19}$：地址总线信号，共 20 位，用来对内部存储器和 I/O 设备进行寻址，可访问 1 MB 空间内存和 64 KB 的 I/O 口。

2）数据总线（共 8 根）

$D_0 \sim D_7$：8 位双向数据线，用来传送 CPU 与内存和 I/O 设备之间的数据信息。该总线利用 4 根控制信号线 $\overline{IOW}$、$\overline{MEMW}$、$\overline{IOR}$ 和 $\overline{MEMR}$ 来控制选通。

3）控制总线（共 21 根）

（1）AEN：地址允许（Address Enable）信号。AEN 高电平有效，表示此时地址是由 DMA 控制器所发出的。该信号有效（AEN=1）表示目前正在进行 DMA 总线周期，由 DMA 控制器行使对总线的控制权；反之，AEN=0 表示由 CPU 行使总线控制权。该信号用于控制端口译码器。只有在该信号为低电平时，才对 I/O 地址进行译码。

（2）ALE：地址锁存允许（Address Latch Enable）信号。微处理器或总线控制器在每一个总线周期送出 ALE 信号，ALE 有效，表示一个总线周期的开始。此信号的下降沿可用来锁住地址信号。

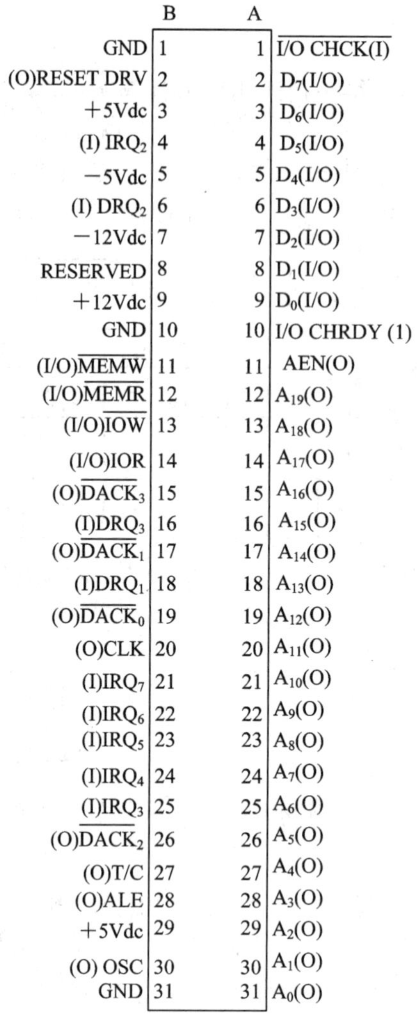

```
                    B       A
            GND  │ 1      1 │ I/O CHCK(I)
   (O)RESET DRV  │ 2      2 │ D₇(I/O)
         +5Vdc   │ 3      3 │ D₆(I/O)
       (I) IRQ₂  │ 4      4 │ D₅(I/O)
         −5Vdc   │ 5      5 │ D₄(I/O)
       (I) DRQ₂  │ 6      6 │ D₃(I/O)
        −12Vdc   │ 7      7 │ D₂(I/O)
      RESERVED   │ 8      8 │ D₁(I/O)
        +12Vdc   │ 9      9 │ D₀(I/O)
            GND  │ 10    10 │ I/O CHRDY (1)
   (I/O)MEMW     │ 11    11 │ AEN(O)
   (I/O)MEMR     │ 12    12 │ A₁₉(O)
   (I/O)IOW      │ 13    13 │ A₁₈(O)
   (I/O)IOR      │ 14    14 │ A₁₇(O)
   (O)DACK₃      │ 15    15 │ A₁₆(O)
   (I)DRQ₃       │ 16    16 │ A₁₅(O)
   (O)DACK₁      │ 17    17 │ A₁₄(O)
   (I)DRQ₁       │ 18    18 │ A₁₃(O)
   (O)DACK₀      │ 19    19 │ A₁₂(O)
   (O)CLK        │ 20    20 │ A₁₁(O)
   (I)IRQ₇       │ 21    21 │ A₁₀(O)
   (I)IRQ₆       │ 22    22 │ A₉(O)
   (I)IRQ₅       │ 23    23 │ A₈(O)
   (I)IRQ₄       │ 24    24 │ A₇(O)
   (I)IRQ₃       │ 25    25 │ A₆(O)
   (O)DACK₂      │ 26    26 │ A₅(O)
   (O)T/C        │ 27    27 │ A₄(O)
   (O)ALE        │ 28    28 │ A₃(O)
   +5Vdc         │ 29    29 │ A₂(O)
   (O) OSC       │ 30    30 │ A₁(O)
   GND           │ 31    31 │ A₀(O)
```

图 8.2　PC/XT 插槽引脚定义

（3）$\overline{\text{IOR}}$：I/O 读命令。该信号是输出信号，低电平有效。该信号指明当前的总线周期是一个 I/O 端口读周期，同时地址总线上的地址是一个 I/O 端口地址。被寻址端口的数据送上数据总线由微处理器读取。在 $\overline{\text{IOR}}$ 信号的上升沿由微处理器读入数据总线上有效的数据。

（4）$\overline{\text{IOW}}$：I/O 写命令。该信号是输出信号，低电平有效。与 $\overline{\text{IOR}}$ 类似，该信号由 CPU 或 DMA 控制器产生，由总线控制器驱动后送至总线。该信号指明在地址总线上有一个 I/O 端口地址，并指明数据总线上有一个要写至 I/O 端口的数据。这一信号变成低电平时开始写操作。数据总线上的数据在 $\overline{\text{IOW}}$ 信号的上升沿时刻才能写入被寻址的端口。

（5）$\overline{\text{MEMR}}$：存储器读命令（Memory Read）。该信号是输出信号，低电平有效，用于请求从存储器读取数据。该信号由总线控制器驱动，它表明地址总线上有一个有效的存储器读地址，指定的存储单元必须将数据送至数据总线。在 $\overline{\text{MEMR}}$ 信号上升沿由微处理器读入有效的数据。

(6) $\overline{\text{MEMW}}$：存储器写命令(Memory Write)。该信号是输出信号，低电平有效，用于将来自数据总线的数据写入存储器。该信号由总线控制器驱动。它表明地址总线上有一个有效的存储器单元地址，数据总线上的数据要在 $\overline{\text{MEMW}}$ 信号的上升沿写入这个单元。

(7) T/C：DMA 终末计数(Terminal Count)信号。该信号是输出信号，高电平有效。该信号由 DMA 控制器发出，表明某个 DMA 通道已达到其程序预置的传送周期数，结束一次 DMA 数据传送。

(8) $\text{IRQ}_2 \sim \text{IRQ}_7$：中断请求 2～中断请求 7。这 6 个输入信号用来向微处理器发出中断请求，这些信号直接送到系统主板上的 8259 中断控制器，再经 8259 接到 CPU 的中断请求输入端。8259 中断控制器管理中断的优先权，使 IRQ_2 优先级最高，而 IRQ_7 优先级最低。如果 $\text{IRQ}_x(x=2\sim7)$ 未被屏蔽，该信号的上升沿就产生对 8088 微处理器的中断请求，该请求一直保持高电平，直到微处理器发出一个 INTA 信号为止。由于 INTA 信号不在 XT 总线上出现，因此中断服务程序中应有一句 I/O 指令，通过一个 I/O 寄存器端口对这一个中断请求信号进行复位。

(9) $\text{DRQ}_1 \sim \text{DRQ}_3$：DMA 请求 1～DMA 请求 3。这三条线是输入线，高电平有效，是 I/O 端口用来申请 DMA 周期的。此信号表示外设要求进入 DMA 周期。当一个外设或接口具有高速传输能力且有大量数据等待传输，而不希望通过微处理器时，即可以启动此信号。这几条信号线直接连到系统板上的 DMA 控制器，由 DMA 控制器进行优先级判别，ROM-B10S 将 DMA 控制器初始成为 DRQ_1 优先级最高。

(10) $\overline{\text{DACK}}_0 \sim \overline{\text{DACK}}_3$：DMA 响应 0～DMA 响应 3，这四个信号都是由 DMA 控制器发出的，低电平有效，通知 I/O 通道，表示对应 DRQ_x 信号已被接受，DMA 控制器可以占用并开始处理所请求的 DMA 周期。在系统总线上并元对应的 DRQ_0，因此当 $\overline{\text{DACK}}_0$ 为低电平时，表示目前的 DMA 周期是一个无效的读取周期，此时正在进行动态 RAM 的刷新操作。

(11) RESET DRV：复位驱动信号。该信号是输出信号，高电平有效。该信号用来复位或加电时对微机系统进行初始化。

4) 辅助线和电源线(共 13 根)

(1) $\overline{\text{I/O CHCK}}$：I/O 通道检查信号(Channel Check)。此信号为输入信号，低电平有效。此信号一旦置成低电平，就会对微处理器产生一次不可屏蔽中断(NMI)。该信号一般用于提供关于存储器或 I/O 设备的奇偶校验信息。

(2) I/O CHRDY：I/O 通道就绪信号(Channel Ready)。此信号为输入信号，高电平有效。这个信号在高电平时表示扩展总线已就绪，系统与外设之间可以进行操作；当此信号为低电平时，用来延长总线周期，以适应慢速外设。如果存储器或 I/O 端口要延长总线周期，那么在它译出其地址并接收到 $\overline{\text{IOW}}$、$\overline{\text{IOR}}$、$\overline{\text{MEMW}}$ 和 $\overline{\text{MEMR}}$ 等命令时，就迫使 I/O CHRDY 电平为低。通过该信号保持低电平所附加的等待状态可以将总线周期延长。这一信号必须由集电极开路(OC)门来驱动。

(3) OSC：主振输出信号，频率为 14.31818 MHz。

(4) CLK：PC/XT 内部系统时钟输出，频率为 4.77 MHz。

(5) 电源及地线：±5 V，±12 V，地线。

2. PC/XT 总线分析

CPU 是在统一的时钟信号 CLK 控制下按节拍工作的。它经过读取指令、指令译码和执行指令规定的操作来完成。在这期间至少要和总线发生一次关系，即通过总线对存储器进行读或写，或对 I/O 端口进行读或写。我们把通过总线的这个时间操作过程称为一个总线周期。

PC 微机包括两类总线周期，一类是由 CPU 启动的总线周期，另一类是由 DMA 控制器启动的总线周期。由 CPU 启动的总线周期主要有存储器读/写周期、I/O 读/写周期和中断响应周期。

了解系统总线操作时序，对数据采集系统接口电路设计是至关重要的。比如，外设从 PC 机取数据，何时才能取到，向 PC 机存储器或寄存器写数据，何时才能送到，必须在时间上准确地控制接口来完成这些操作，以便正确地进行数据交换。接口的控制操作时序依照上述的总线周期进行设计，以便在数据采集系统外设和 PC 机相互间的时间上进行配合。

另外，当数据采集系统用于实时控制时，往往要知道一些操作所需要的时间，以便与被控制的过程相配合。根据总线操作时序，可以进行时间的估计。

指令系统中的一些指令，功能类似，但指令长度和执行时间（T 周期数）是不同的，每对存储器或 I/O 端口进行一次访问，就对应一个相应的总线周期，因而了解总线周期，这对于选择适当指令，优化程序也是必要的。

8.2.2　ISA 总线

ISA 总线支持 24 位地址线、16 位数据线、15 级硬件中断和 7 个 DMA 通道。ISA 总线结构示意图如图 8.3 所示。其中，PC AT/ISA 核心逻辑芯片组中可以实现 7 个 DMA 通道、15 级中断、时间/计数器、总线缓冲器和扩展总线控制等。

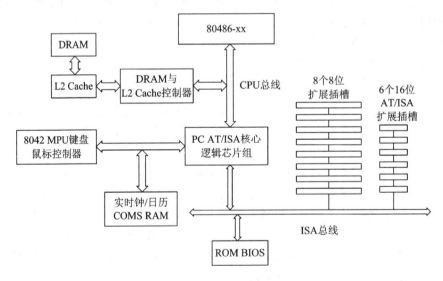

图 8.3　ISA 总线结构

ISA 总线扩展插槽由两部分组成，一部分有 62 脚，其信号分布及名称与 PC/XT 总线的扩展槽基本相同，仅有很小的差异；另一部分是 AT 机的添加部分，由 36 脚组成。这 36 脚分成两列，分别称为 C 列和 D 列。ISA 总线接口卡的外观如图 8.4 所示，其插槽外观如图 8.5 所示。

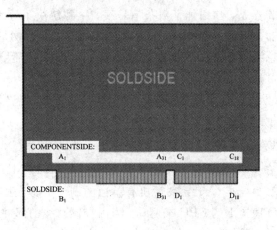

图 8.4 ISA 总线接口卡外观

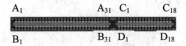

图 8.5 ISA 总线插槽外观

ISA 总线插槽相对于 PC/XT 总线添加的部分信号定义如图 8.6 所示。

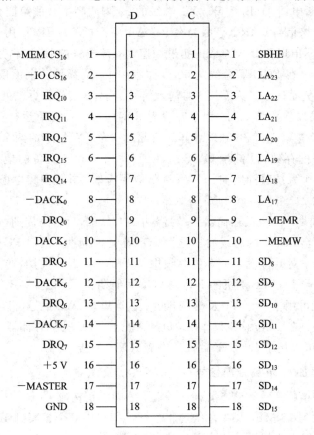

图 8.6 ISA 总线新增的 36 个信号定义

　　ISA 总线的主要特点是，除增加了数条信号线，一并解决了寻址与数据传输上的问题外，同时在总线控制器中增加了缓冲器，可插入等待状态，使微处理器与扩展总线使用的时钟分离，允许扩展总线工作于一个比微处理器低的频率工作环境。PC/AT 总线时钟为 8 MHz，最佳传输率可达 20 MB/s。

　　下面首先讨论一下 ISA 总线的 62 脚插座和 PC/XT 总线的 62 脚插座的差异，然后逐个介绍新增的 36 条信号线的功能。

1. ISA 总线与 PC/XT 总线 62 脚插座的差异

　　(1) CLK(B_{20})：在 ISA 总线中，CLK 频率为 6～14.31818 MHz，占空比为 50%。

　　(2) $\overline{REFRESH}$(B_{19})：PC/AT 系列微机有单独的刷新电路，用 $\overline{REFRESH}$ 表明刷新周期，该信号也可由 I/O 通道上的 CPU 来驱动。当由控制总线的部件进行驱动时，要使用集电极开路门之类的电路，并使其输出的电流在 24 mA 以上。

　　在 ISA 总线中，$DACK_0$ 可以用于 I/O 通道的 DMA，所以 $DACK_0$ 被安排在添加的 36 脚总线 D_8 插座上。

　　(3) $\overline{MEMW}$ 和 $\overline{MEMR}$(B_{11} 和 B_{12})：PC/XT 总线中 62 脚插座中 B_{11} 和 B_{12} 的 $\overline{MEMW}$ 和 $\overline{MEMR}$ 在 ISA 总线的相同位置上是功能完全相同的两个信号，但在 ISA 总线中，信号分别为 $\overline{SMEMW}$ 和 $\overline{SMEMR}$，这两个信号仅对低于 1 MB 的存储器地址有效。

　　(4) IRQ_9(中断申请9)(B_4)：PC/XT 总线的 62 脚插座中 B 侧第四个信号 B4 是 IRQ_2，而在 ISA 总线中，该信号是 IRQ_9。因为在 PC/AT 系列微机中 IRQ_2 用于从片 8259 的中断申请，因此 IRQ_2 不出现在 ISA 总线的扩展插座中，该位置被 IRQ_9 占用。

　　(5) OWS(B_8)：在 PC/XT 总线的 62 脚插座中 B_8 位置是一个保留位，未被使用。在 ISA 总线中，该位置是一个名为 OWS 的输入信号。OWS 信号告诉微处理器不加任何附加等待周期就能完成当前总线周期。为了在没有等待周期的情况下运行一个 16 位设备的存储器周期，OWS 将被读/写信号和地址译码所驱动。为了在最小的两个等待状况的情况下运行一个 8 位设备的存储器周期，OWS 应在读/写信号和该设备的地址译码有效后被驱动，有效时间为一个系统时钟周期，OWS 为低电平有效，并应由集电极开路或三态驱动器来驱动。

　　在 ISA 总线周期中，包括存储器读/写期或 I/O 端口读/写周期，需要三个系统时钟周期。但是 80286 至 80486 的总线周期是两个系统时钟周期，因而 PC/AT 或兼容机自动插入一个等待周期。对 8 位设备的 8 位总线操作需要 6 个时钟周期，包括自动插入的 4 个等待状态，这恰好与 PC/XT 微机的 I/O 端口读写周期相同。因此，PC/XT 微机的扩展接口插卡不作修改就可用于 PC/AT 及其兼容机。在这里，OWS 信号可以用于减少这些自动插入的等待周期数。在 16 位总线操作时，OWS 有效，并可去掉存储器读/写期中的等待状态，因此 OWS 可以用于 PC/AT 微机与快速 RAM 的接口。

2. ISA 总线添加的 36 脚插座信号

　　ISA 总线扩展槽将 62 脚与 36 脚插座一起，才能真正构成 16 位数据总线，并且可以将地址寻址范围扩大到 16 MB。ISA 总线还将中断的数目由 8 个扩充到 15 个，DMA 也增加到 8 个，从而使扩展系统的设计达到更高的水平。

　　(1) D_8～D_{15}：数据总线高 8 位。D_8～D_{15} 与 D_0～D_7 一起构成 16 位数据总线，其中 D_0

为最低位，D_{15} 为最高值。所有在 I/O 通道上的 8 位设备都应使用 $D_0 \sim D_7$ 与 CPU 通信，16 位的设备使用 $D_0 \sim D_{15}$ 与 CPU 通信。

(2) $LA_{17} \sim LA_{23}$：非锁存地址线。这些信号是用来对系统内的存储器和 I/O 设备寻址的。它们使系统具有 16 MB 的寻址能力，这些信号在 ALE 为高电平时有效。$LA_{17} \sim LA_{23}$ 在微处理器周期并不锁存，因此不能在整个周期里有效。它们为一个存储器读/写周期产生译码，这些译出的信息在 ALE 下降沿应被 I/O 接口插卡锁存。

在 ISA 添加的 36 脚中所增加的 $LA_{17} \sim LA_{23}$ 这 7 根地址线中，$LA_{20} \sim LA_{23}$ 这 4 根地址线是 PC/XT 总线中所没有的，但是 $LA_{17} \sim LA_{19}$ 这 3 根地址线与 PC/XT 总线中的地址线是重复的。这是因为在 ISA 总线中 62 脚部分的 20 根地址线是利用锁存器提供的，而锁存过程导致了传送速度降低。所以，在 ISA 总线中，为了提高速度，在 36 引脚插槽上定义了不采用锁存的地址线 $LA_{17} \sim LA_{23}$。

(3) $\overline{MEMR}$：存储器读命令。该信号指示存储器将其数据送上数据总线，$\overline{MEMR}$ 对所有的存储器读周期有效，$\overline{MEMR}$ 可被系统内任一微处理器或 DMA 控制器所驱动，在 I/O 通道上的微处理器想驱动 $\overline{MEMR}$ 时，它必须在总线上有一个系统周期的地址线有效的持续时间。

(4) $\overline{MEMW}$：存储器写命令。该信号指示存储器存储当前数据总线上的数据，$\overline{MEMW}$ 对所有的存储器写周期有效。和 $\overline{MEMR}$ 一样，$\overline{MEMW}$ 可由系统内任一微处理器或 DMA 所驱动。当在 I/O 通道上的微处理器想驱动 $\overline{MEMW}$ 时，它必须在总线上有一个系统周期的地址线有效的持续时间。

(5) SBHE：数据总线高字节允许信号。SBHE(System Bus High Enable Signal)有效表示在数据总线的高字节 $D_8 \sim D_{15}$ 上进行数据传送。该信号与其他地址信号一起，实现对高字节、低字节或一个字(高低字节)的操作。即当有 16 位的数据需要传送时，此信号便以高电平启动。该信号是由总线的主控设备发出的。

(6) $\overline{MEM\ CS16}$：存储器的 16 位片选信号。该信号有效则表明当前数据传送为 1 个等待状态的 16 位存储器周期。如果总线上的某一存储器插卡要传送 16 位数据，则必须产生一个有效的(低电平) $\overline{MEM\ CS16}$ 信号。这是一个输入信号，该信号加在系统板上，通知主板实现 16 位数据传送，此信号由 $LA_{17} \sim LA_{22}$ 译码产生，并利用三态门或集电极开路门输出(拉电流能力为 20 mA)。

(7) $\overline{I/O\ CS16}$：16 位输入/输出端口的片选信号。如果当前的数据传送是一个有等待状态的 16 位 I/O 周期，它必须发送 $\overline{MEM\ CS16}$ 信号给系统板。这个信号由地址译码器驱动，$\overline{MEM\ CS16}$ 为低电平有效，也应由开极电路或三态的驱动器来驱动。

(8) $IRQ_{10} \sim IRQ_{12}$ 和 $IRQ_{14} \sim IRQ_{15}$：这些信号同 $IRQ_3 \sim IRQ_7$ 及 IRQ_9 一起构成 ISA 总线的中断请求信号。中断申请是按优先级排队的，$IRQ_9 \sim IRQ_{12}$ 和 $IRQ_{14} \sim IRQ_{15}$ 的中断请求其优先级高于 $IRQ_3 \sim IRQ_7$，其中 IRQ_9 的优先权最高，IRQ_7 的优先权最低。优先级别由高到低的次序是：IRQ_9、IRQ_{10}、IRQ_{11}、IRQ_{12}、IRQ_{14}、IRQ_{15}、IRQ_3、IRQ_4、IRQ_5、IRQ_6、IRQ_7。当 IRQ 线上的信号由低变高时，就产生中断请求，线上信号必须一直保持为高，直到 CPU 响应了中断请求。

(9) DRQ_0、DRQ_5、DRQ_6 和 DRQ_7：这些信号与 $DRQ_1 \sim DRQ_3$ 一起构成 I/O 通道的 DMA 请求。这是由外围设备和 I/O 通道上的 CPU 所驱动的异步通道请求信号，以便得到

DMA 服务。这里规定 DRQ_0 的优先级最高，DRQ_7 的优先级最低。当 DRQ 线变为有效电平时产生一个请求，在相应的 DMA 请求响应线（$\overline{DACK}$）变为有效之前，DRQ 线必须保持有效电平。$DRQ_0 \sim DRQ_3$ 用于 8 位 DMA 传送，$DRQ_5 \sim DRQ_7$ 用于 16 位 DMA 传送。DRQ_4 用在系统板上，而不用在 I/O 通道上。

（10）$\overline{DACK_0}$、$\overline{DACK_5} \sim \overline{DACK_7}$：DMA 控制器提供的 DMA 响应信号。该信号为低电平有效。

（11）$\overline{MASTER}$：主控信号。该信号是 ISA 总线新增加的主控信号，为输入信号，低电平有效。利用该信号，可以使总线插卡上的设备变为总线主控器，用来控制总线上的各种操作。这个信号可以和 DRQ 一起用于获得对系统的控制。一个在 I/O 通道上的微处理器或 DMA 控制器可以按级联方式将 DRQ 发送到 DMA 控制器和接收 $\overline{DACK}$。在接收 $\overline{DACK}$ 时，I/O 通道上的微处理器或 DMA 控制器可以使 $\overline{MASTER}$ 变为低电平。它允许 I/O 通道上的微处理器或 DMA 控制器控制系统的地址总线、数据总线和控制总线。$\overline{MASTER}$ 为低电平后，I/O 微处理器在驱动地址和数据线之前，必须等待一个系统时钟周期，在发生读或写命令之前，必须等待两个时钟周期。如果该信号保持低电平超过 15 μs，就会影响动态 RAM 的刷新，而可能失去系统存储器中的信息。

（12）电源与地：在添加的 36 脚插座中，D_{16} 为 +5 V，D_{18} 为地。

3. ISA 总线分析

ISA 总线共有四类总线周期，即 8 位的总线周期、16 位的总线周期、DMA 总线周期和刷新总线周期。16 位的总线周期比 8 位的总线周期具有更高的操作速度。ISA 总线上有关信号时序与 PC/XT 总线相似，工作过程也类似。下面着重介绍 16 位的存储器总线周期和 16 位的 I/O 总线周期时序。

1）16 位存储器读/写周期

在 ISA 总线中有两组存储器读/写控制信号：$\overline{SMEMR}$ 和 $\overline{SMEMW}$；$\overline{MEMR}$ 和 $\overline{MEMW}$。其中的 $\overline{SMEMR}$ 和 $\overline{SMEMW}$ 与 PC/XT 总线中的 $\overline{MEMR}$ 和 $\overline{MEMW}$ 有相似的功能，它们与地址 $A_0 \sim A_{19}$ 相配，在 1 MB 的范围内对存储器进行寻址及读/写控制。$A_0 \sim A_{19}$ 对整个存储器读/写周期有效，利用这些信号进行存储器控制电路的设计简单，而且可做到与 PC/XT 及 ISA 总线的兼容。

但是 $A_0 \sim A_{19}$ 只能寻址 1 MB 的存储器空间，对于更大容量的存储器寻址应该利用 ISA 总线的 $LA_{17} \sim LA_{23}$ 地址信号线进行寻址，同时读/写控制要使用 $\overline{MEMR}$ 和 $\overline{MEMW}$。由于没有对 $LA_{17} \sim LA_{23}$ 进行地址锁存，这组地址线仅在 ALE 为高时有效，ALE 下降沿并没有锁存它们，反而使它们变为无效。因此，为了保护 $LA_{17} \sim LA_{23}$ 产生的译码信号，ALE 下降沿时，将这些地址译码信号锁存，由被锁存的译码信号来选通存储器单元，并与 $\overline{MEMR}$ 或 $\overline{MEMW}$ 一起控制存储器的读/写。

进行 16 位的存储器读/写操作时，必须使用 $\overline{MEM\ CS16}$ 信号。对存储器地址的译码信号经过驱动器送到 ISA 总线上对应的 $\overline{MEM\ CS16}$ 引脚上去。驱动器应该是三态门或集电极开路门，要有 20 mA 的拉电流能力，一般的 TTL 门电路可能提供不了这么大的拉电流。

在 ISA 总线的应用过程中，$\overline{\text{MEM CS16}}$信号是在地址有效的特定时间才被驱动去执行一个 16 位的操作。

2) 16 位 I/O 总线读/写周期

如果某个 I/O 设备能支持一个 16 位访问操作时，它将通过 ISA 总线扩展槽发出$\overline{\text{I/O CS16}}$位片选信号。一个有效的 $\overline{\text{I/O CS16}}$不仅说明该 I/O 设备支持 16 位数据，它还允许总线占有者执行一个很短的隐含操作周期。$\overline{\text{I/O CS16}}$信号直接对 $A_0 \sim A_{15}$ 的端口地址线进行译码，而不需要任何其他命令信号的参与。

与 ISA 总线的 16 位存储器读/写总线周期类似，$\overline{\text{I/O CS16}}$必须要在地址有效后的规定时间内被驱动有效，以执行 16 位的 I/O 操作。

同样，由 $A_0 \sim A_{15}$地址信号译码所产生的信号被送到 ISA 总线扩展槽的 $\overline{\text{I/O CS16}}$引脚前，要将该译码信号进行驱动。驱动器应该是三态门或集电极开路门，并具有 20 mA 的拉电流能力。16 位的 I/O 总线周期为 3 个时钟，8 位的 I/O 总线周期为 6 个时钟。

8.3　PCI 总线

PCI(Peripheral Component Interconnect)总线是描述如何通过一个结构化和可控制的方式把系统中的外设组件连接起来的一个标准。PCI 总线是目前局部总线应用最广的技术之一。它有四个主要的标准规格，分别支持 32 位与 64 位，其下又分成 3.3 V 与 5 V 两种信号。

PCI 亦为局部总线结构，运行在 33 MHz 下的 PCI，其数据传输率可达 133 MB/s，而 64 位的 PCI 最大数据传输率可达 266 MB/s，足够运用在高速信号采集与处理和实时控制系统中。

PCI 扩展总线的自动配置(Auto Configuration)功能，使用户在安装接口卡时，无需拨动开关或跳线，而将一切资源初始设置交给 BIOS 处理。

PCI 与微处理器之间不直接相连，而是使用电子桥接器连接 PCI 与局部总线。PCI 是位于处理器的局部总线与标准扩展总线间的一种总线结构。PCI 以桥接/内存控制器与微处理器的局部总线隔离，这就允许 PCI 总线处理较多的外围设备，而不增加微处理器的负担。

运用桥接器隔离微处理器与 PCI，同时也消除了数据交换时可能会发生的延迟问题。Intel 公司设计的芯片组巧妙地使用了读/写缓冲区。在数据变换时，微处理器可将数据交给 PCI 控制器，PCI 控制器再将这些数据存入缓冲区，让微处理器可以很快地执行下一条指令，而不必等到整个数据传输操作完成。

8.3.1　PCI 总线的主要性能

PCI 总线的主要性能如下：

· 支持 10 台外设。

· 总线时钟频率为 33.3 MHz/66 MHz。

· 最大数据传输速率为 133 MB/s。

- 时钟同步方式与 CPU 及时钟频率无关。
- 总线宽 32 位(5 V)/64 位(3.3 V)。
- 能自动识别外设。
- 特别适合与 Intel 的 CPU 协同工作。

PCI 还具有其他特点,具体包括:

- 具有与处理器和存储器子系统完全并行操作的能力。
- 具有隐含的中央仲裁系统。
- 采用多路复用方式(地址线和数据线),减少了引脚数。
- 支持 64 位寻址完全的多总线主控能力。
- 提供地址和数据的奇偶校验。
- 可以转换 5 V 和 3.3 V 的信号环境。

8.3.2 PCI 总线系统结构

PCI 总线是一种不依附于某个具体处理器的局部总线。从结构上看,PCI 是在 CPU 和原来的系统总线之间插入的一级总线,具体由一个桥接电路实现对这一层的管理,并实现上下之间的接口以协调数据的传送。管理器提供了信号缓冲,使之能支持 10 种外设,并能在高时钟频率下保持高性能。PCI 总线也支持总线主控技术,允许智能设备在需要时取得总线控制权,以加速数据传送。

图 8.7 是一个基于 PCI 总线的系统逻辑图。PCI 总线和 PCI - PCI 桥(bridge)是将系统组件联系在一起的"粘合剂"。CUP 和 Video 设备连接主要的 PCI 总线——PCI 总线 0。一个特殊的 PCI 设备——PCI - PCI 桥把主总线连接到次 PCI 总线——PCI 总线 1。按照 PCI 规范的术语,PCI 总线 1 是 PCI - PCI 桥的下游(Downstream),而 PCI 总线 0 是 PCI - PCI 桥的上游(Upstream)。连接在次 PCI 总线上的是系统的 SCSI 和以太网设备。物理上桥、次要 PCI 总线和这两种设备可以在同一块 PCI 卡上。系统中的 PCI - ISA 桥可支持老的、遗留的 ISA 设备。图 8.7 中还给出了一个超级 I/O 控制芯片,用于控制连接在 ISA 口上的键盘、鼠标和软驱。

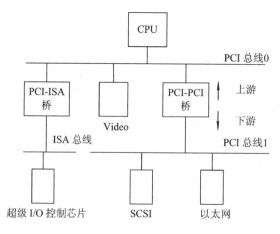

图 8.7 基于 PCI 总线的系统逻辑

8.3.3 PCI 总线信号定义

在一个 PCI 应用系统中,如果某个设备取得了总线控制权,就称其为"主设备",而被主设备选中以进行通信的设备称为"从设备"或"目标设备"。对于相应的接口信号线,通常分为必备信号线和可选信号线两大类。

为了进行数据处理、寻址、接口控制和仲裁等系统功能,PCI 接口要求作为目标的设备至少需要 47 条引脚,若作为主设备则需要 48 条引脚。可选引脚 51 条(主要用于 64 位扩展、中断请求、高速缓存支持等)。

PCI 总引脚数共有 120 条(包含电源、地、保留引脚等),如图 8.8 所示。下面按功能分组进行说明。

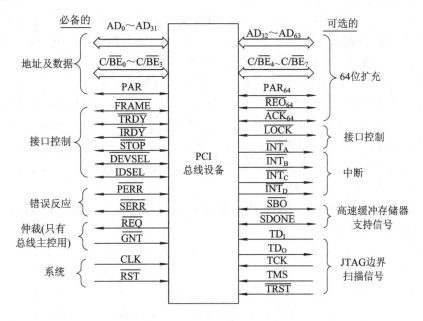

图 8.8　PCI 总线信号定义

1) 系统引线

(1) CLK:时钟输入信号,为所有 PCI 上的接口传送提供时序。其最高频率可达 33 MHz,这一频率也称为 PCI 的工作频率。对于 PCI 的其他信号,除 $\overline{RST}$、$\overline{INT_A}$、$\overline{INT_B}$ 和 $\overline{INT_C}$ 之外,其余信号都在 CLK 的上升沿有效。

(2) $\overline{RST}$:复位信号,用来使 PCI 专用的特性寄存器和定时器相关的信号恢复规定的初始状况。每当复位时,PCI 的全部输出信号一般都应驱动到第三态。

2) 地址和数据引线

(1) $AD_0 \sim AD_{31}$:地址和数据多路复用的输入/输出信号。该信号在 $\overline{FRAME}$ 有效时,是地址周期;在 $\overline{IRDY}$ 和 $\overline{TRDY}$ 同时有效时,是数据周期。一个 PCI 总线的传输中包含了一个地址信号周期和一个(或多个)数据周期。PCI 总线支持突发方式的读/写功能。

地址周期为一个时钟周期,在该周期中 $AD_0 \sim AD_{31}$ 线上有一个 32 位的物理地址。对于 I/O 操作,它是一个字节地址;若是存储器操作和配置操作,则是双字节地址。

在数据周期，$AD_0 \sim AD_9$ 为最低字节，$AD_{24} \sim AD_{31}$ 为最高字节。当 $\overline{IRDY}$ 有效时，表示写数据稳定有效，$\overline{TRDY}$ 有效表示读数据稳定有效。

（2）$C/\overline{BE}_0 \sim C/\overline{BE}_3$：总线命令和字节使能多路复用信号线。在地址周期内，这四条线上传输的是总线命令；在数据周期内，传输的是字节使能信号，用来表示在整个数据期中，$AD_0 \sim AD_{31}$ 上哪些字节为有效数据。

（3）PAR：奇偶校验信号线，$AD_0 \sim AD_{31}$ 和 $C/\overline{BE}_0 \sim C/\overline{BE}_3$ 的数据校验是偶校验。通常所有 PCI 单元都要求奇偶校验。

　　3）接口控制信号

（1）$\overline{FRAME}$：帧周期信号。由当前主设备驱动，表示一次访问的开始和持续时间。$\overline{FRAME}$ 无效时，是传输的最后一个数据周期。

（2）$\overline{IRDY}$：主设备准备好信号。该信号有效表明发起本次传输的设备能够完成一个数据期。它要与 $\overline{TRDY}$ 配合使用，当这两者同时有效时，才能进行完整的数据传输，否则即为等待周期。在写周期，该信号有效时，表示有效的数据信号已在 $AD_0 \sim AD_{31}$ 中建立；在读周期，该信号有效时，表示主设备已做好接收数据的准备。

（3）$\overline{TRDY}$：从设备准备好信号。该信号有效表示从设备已做好完成当前数据传输的准备工作，此时可进行相应的数据传输。同样，该信号要与 $\overline{IRDY}$ 配合使用，这两者同时有效数据才能进行完整传输。在写周期内，该信号有效表示从设备已做好了接收数据的准备；在读周期内，该信号有效表示有效数据已被送入 $AD_0 \sim AD_{31}$ 中。同理，$\overline{IRDY}$ 和 $\overline{TRDY}$ 的任何一个无效时都为等待周期。

（4）$\overline{STOP}$：停止数据传送信号，该信号由从设备发出。当它有效时，表示从设备请求主设备终止当前的数据传送。

（5）$\overline{LOCK}$：锁定信号。该信号是由 PCI 总线上发起数据传输的设备控制的，如果有几个不同的设备在使用总线，但对 $\overline{LOCK}$ 信号的控制权只属于一个主设备。当 $\overline{LOCK}$ 信号有效时，表示驱动它的设备所进行的操作可能需要多个传输才能完成。如果对某一设备具有可执行的存储器，那么它必须能实现锁定，以便实现主设备对该存储器的完全独占性访问。对于支持锁定的目标设备，必须能提供一个互斥访问块，且该块容量不能小于 16 个字节。连接系统存储器的主桥路也必须使用 $\overline{LOCK}$。

（6）IDSEL：初始化设备选择信号。在参数配置读/写传输期间，该信号用作片选信号。

（7）$\overline{DEVSEL}$：设备选择信号，由从设备驱动。该信号有效时，表示驱动它的设备已成为当前访问的从设备。它有效表明总线上的某一设备已被选中。

　　4）仲裁信号

（1）$\overline{REQ}$：总线请求信号。该信号一旦有效即表示驱动它的设备要求使用总线。它是一个点到点的信号线，任何主设备都应有自己的 $\overline{REQ}$ 信号。

（2）$\overline{GNT}$：总线允许信号。用来向申请占用总线的设备表示其请求已获批准。这也是一个点到点的信号线，任何主设备都应有自己的 $\overline{GNT}$ 信号。

　　5）错误报告信号

为了能使数据可靠和完整地传输，PCI 局部总线标准要求所有挂于其上的设备都应具有错误报告线。

(1) $\overline{\text{PERR}}$：数据奇偶校验错误报告信号。但是该信号不报告特殊周期中的数据奇偶错误。一个设备只有在响应设备选择信号 $\overline{\text{DEVSEL}}$ 和完成数据周期之后，才能报告一个 $\overline{\text{PERR}}$。对于每个数据接收设备，如果发现数据有错误，就应在数据收到后的两个时钟周期将 $\overline{\text{PERR}}$ 激活。该信号的持续时间与数据周期的多少有关，如果是一个数据周期，则最小持续时间为一个时钟周期；若是一连串的数据周期并且每个数据周期都有错，那么 $\overline{\text{PERR}}$ 的持续时间将多于一个时钟周期。由于该信号是持续的三态信号，因此该信号在释放前必须先驱动为高电平。另外，对数据奇偶错误的报告既不能丢失也不能推迟。

(2) $\overline{\text{SERR}}$：系统错误报告信号。该信号用于报告地址奇偶错误，特殊命令序列中的数据奇偶错误，以及其他可能引起灾难性后果的系统错误。SERR 是漏极开路信号，由返遣错误的单元驱动，在一个 PCI 时钟内有效。$\overline{\text{SERR}}$ 信号的发出和时钟同步，因而满足总线上所有其他信号的建立时间和保持时间的要求。

6）中断信号

中断在 PCI 总线上是可选用的，低电平有效，用漏极开路方式驱动。同时，此类信号的建立和撤销与时钟不同步。PCI 为每一个单功能设备定义一根中断线。对于多功能设备或连接器，最多可有 4 条中断线：$\overline{\text{INT}_A}$、$\overline{\text{INT}_B}$、$\overline{\text{INT}_C}$ 和 $\overline{\text{INT}_D}$。

对于单功能设备，只能使用 $\overline{\text{INT}_A}$，其余三条中断线无意义。$\overline{\text{INT}_B}$、$\overline{\text{INT}_C}$ 和 $\overline{\text{INT}_D}$ 只在多功能设备上才有意义。

多功能设备上的任何一种功能都能连到任何一条中断线上。中断寄存器决定该功能用哪一条中断线去请求中断。如果一个设备只用一条中断线，则这条中断线就称为 $\overline{\text{INT}_A}$，如果该设备用了两条中断线，那么它们就称为 $\overline{\text{INT}_A}$ 和 $\overline{\text{INT}_B}$，依此类推。对于多功能设备，可以所有功能用一条中断线，也可以是每种功能有自己的一条中断线，还可以是上两种情况的综合。一个单功能设备不能用一条以上的中断线去申请中断。

7）高速缓存（Cache）支持信号

为了使具有可缓存功能的 PCI 存储器能够和贯穿写（Write-Through）或回写（Write-Back）的 Cache 相配合工作，可缓存的 PCI 存储器应该能实现两条高速缓存支持信号作为输入。如果可缓存的存储器位于 PCI 总线上，那么连接回写式 Cache 和 PCI 的桥路必须要利用两条引脚，且作为输出，而连接贯穿写式 Cache 的桥只需要实现一个信号。上述两个信号的定义如下：

(1) $\overline{\text{SBO}}$：双向试探返回信号（Snoop Back Off）。当它有效时，说明对某条变化线的一次命中。当 $\overline{\text{SBO}}$ 无效而 SDONE 有效时，说明一个"干净"的监视结果。

(2) SDONE：监视完成信号（Snoop Done）。表明对当前操作的监视状态。当其无效时，说明监视仍在进行，否则表示监视已经完成。

8）64 位总线扩展信号

(1) $\text{AD}_{32} \sim \text{AD}_{63}$：扩展的 32 位地址和数据多路复用线。在地址周期（如果使用了双地址周期 DAC 命令且 $\overline{\text{REQ}_{64}}$ 有效时）这 32 条线上含有 64 位地址的高 32 位，否则它们是保留的。在数据周期，当 $\overline{\text{REQ}_{64}}$ 和 $\overline{\text{ACK}_{64}}$ 同时有效时，这 32 条线上含有高 32 位数据。

(2) $\text{C}/\overline{\text{BE}_4} \sim \text{C}/\overline{\text{BE}_7}$：总线命令和字节使能多路复用信号线。在数据周期，若 $\overline{\text{REQ}_{64}}$ 和 $\overline{\text{ACK}_{64}}$ 同时有效时，该四条线上传输的是表示数据线上哪些字节是有意义的字节使能信

号。在地址周期内，如果使用了 DAC 命令且 $\overline{REQ}_{64}$ 信号有效，则表明 C/$\overline{BE}_4$～C/$\overline{BE}_7$ 上传输的是总线命令，否则这些位是保留的且不确定。

（3）$\overline{REQ}_{64}$：64 位传输请求。该信号由当前主设备驱动，表示该设备要求采用 64 位通路传输数据。它与 $\overline{FRAME}$ 有相同的时序。

（4）$\overline{ACK}_{64}$：64 位传输认可，表明从设备将用 64 位传输。此信号由从设备驱动，并且和 $\overline{DEVSEL}$ 具有相同的时序。

（5）PAR_{64}：奇偶双字节校验，是 AD_{32}～AD_{63} 和 C/$\overline{BE}_4$～C/$\overline{BE}_7$ 的校验位。当 $\overline{REQ}_{64}$ 有效且 C/$\overline{BE}_4$～C/$\overline{BE}_7$ 上是 DAC 命令时，PAR_{64} 将在初始地址周期之后一个时钟周期有效，并在 DAC 命令的第二个地址周期后的一个时钟周期有效。当 $\overline{REQ}_{64}$ 和 $\overline{ACK}_{64}$ 同时有效时，PAR_{64} 在各数据期内稳定有效，并且在 $\overline{IRDY}$ 或 $\overline{TRDY}$ 发出后的第一个时钟处失效。PAR_{64} 信号一旦有效，将保持到数据周期完成之后的一个时钟周期。该信号与 AD_{32}～AD_{63} 的时序相同，但延迟一个时钟周期。对于主设备是为了地址和写数据而发出 PAR_{64}，从设备是为了读数据而发出 PAR_{64}。

8.3.4　PCI 总线分析

PCI 的总线传输机制是突发成组传输。一个突发分组由一个地址周期和一个（多个）数据周期组成。PCI 支持存储器空间和 I/O 空间的突发传输。这里的突发传输是指主桥（位于主处理器和 PCI 总线之间）可以将多个存储器的写访问在不产生副作用的前提下合并为一次传输。一个设备通过将基址寄存器的预取位置 1，来表示允许预读数据和合并写数据。一个桥可利用初始化时配置软件所提供的地址范围，来区分哪些地址空间可以合并，哪些不能合并。

当遇到要写的后续数据不可预取或者一个对任何范围的读操作时，在缓冲器的数据合并操作必须停止并将以前的合并结果清洗。但其后的写操作，如果是在预取范围内，便可与更后面的写操作合并，但无论如何不能与前面合并过的数据合并。

只要处理器发出的一系列写数据（双字）所隐含的地址顺序相同，主桥路总是可以将它们组成突发数据，但由于从处理器中发出的 I/O 操作不能被组合，因此这种操作一般只有一个数据周期。

1. PCI 总线的传输控制

PCI 总线上所有的数据传输基本上都是 $\overline{FRAME}$、$\overline{TRDY}$ 和 $\overline{IRDY}$ 三条信号线控制的。一般来说，PCI 总线的传输遵循如下管理规则：

（1）$\overline{FRAME}$ 和 $\overline{IRDY}$ 定义了总线的忙或闲状态。当其中一个有效时，总线是忙的；两个都无效时，总线处于空闲状态。

（2）一旦 $\overline{FRAME}$ 信号被置为无效，则在同一传输期间不能重新设置。

（3）除非设置了 $\overline{IRDY}$ 信号，一般情况下不能设置 $\overline{FRAME}$ 信号无效。

（4）一旦主设备设置了 $\overline{IRDY}$ 信号，直到当前数据期结束为止，主设备不能改变 $\overline{IRDY}$ 信号和 $\overline{FRAME}$ 信号的状态。

PCI 的数据传输过程包括读传送、写传送和传送终止等。这里简单介绍一下 PCI 总线上的读传送（读操作）。

　　图 8.9 所示为参与 32 位传送的各种重要信号之间的关系。实线表示正被当前总线主控或目标驱动的信号，虚线表示没有设备驱动的信号，但当此虚线处在基准位置时，仍然可表示它具有一个稳定的值。当三态信号以虚线画在高、低状态之间时，说明它的值是不稳定的（如 AD 线和 $C/\overline{BE}_0 \sim C/\overline{BE}_3$ 线）。当实线变成连续的点划线时，表明它由原来的被驱动状态变成了现在的三态。当实线由低向高跳变后成为连续的点划线时，则说明该信号先经过预充电变为高电平，然后变成三态（释放）。

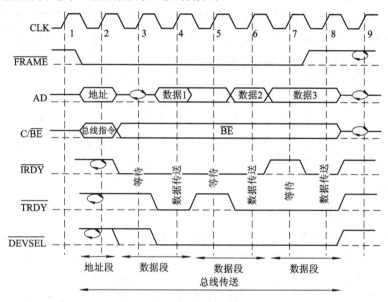

图 8.9　PCI 总线读操作时序

　　一旦一个总线主设备获得了总线控制权，它将 $\overline{FRAME}$ 驱动至有效电平，这表示一次传输开始。此后 $\overline{FRAME}$ 一直保持有效电平，直至启动方准备传输最后一个数据段为止。在地址期开始阶段，发起方将要访问的起始地址放在地址总线上，读命令放在 $C/\overline{BE}_0 \sim$ $C/\overline{BE}_3$ 信号线上。

　　在时钟周期 2，目标设备将从 AD 线上识辨属于自己的地址。启动方停止驱动 $C/\overline{BE}_0 \sim C/\overline{BE}_3$ 总线，并进入一个轮换周期，将地址让给目标设备使用。同时，启动方也改变 $C/\overline{BE}_0 \sim C/\overline{BE}_3$ 线上的信号，表示当前寻址中的哪些字节数据是有效的。启动方还驱动 $\overline{IRDY}$ 为有效电平，表示已做好准备接收第一个数据。

　　被选中的目标方驱动 $\overline{TRDY}$ 为有效电平，表明它已经识别出自己的地址码并将准备响应。随后目标方将请求的数据放到 AD 总线上，并驱动 $\overline{TRDY}$ 为有效电平，通知启动方。此时总线上的数据为有效数据。

　　启动方在时钟周期 7 开始读数据，如果需要的话再改变字节使能线，为下一次读取数据做好准备。

　　图 8.9 表示了 PCI 总线上的一次读操作中有关信号的变化情况。从图中可看出，一旦 $\overline{FRAME}$ 信号有效，地址周期就开始，并在时钟 2 的上升沿处稳定有效。在地址周期内，$AD_0 \sim AD_{31}$ 上包含有效地址，$C/\overline{BE}_0 \sim C/\overline{BE}_3$ 上含有一个有效的总线命令。数据周期是从时钟 3 的上升沿处开始的，在此期间，$AD_0 \sim AD_{31}$ 线上传送的是数据，而 $C/\overline{BE}_0 \sim C/\overline{BE}_3$

线上的信息指出数据线上的哪些字节是有效的(即哪几个字节是当前要传输的)。无论是读操作还是写操作,从数据周期的开始一直到传输的完成,$C/\overline{BE}_0 \sim C/\overline{BE}_3$ 的输出缓冲器必须始终保持有效状态。

图 8.9 中的 $\overline{DEVSEL}$ 信号和 $\overline{TRDY}$ 信号是由地址周期内所发地址选中的设备(从设备)提供的,但要保证 $\overline{TRDY}$ 在 $\overline{DEVSEL}$ 信号之后出现。而 $\overline{IRDY}$ 信号是发起读操作(主设备)根据总线的占有情况自动发出的。数据的真正传输是在 $\overline{IRDY}$ 和 $\overline{TRDY}$ 同时有效的时钟前沿进行的,这两个信号的其中之一无效时,就表示需插入等待周期,此时不进行数据传输。这就说明,一个数据周期可以包含一次数据传输和若干个等待周期。在图 8.9 中,时钟 4、6 和 8 处各进行了一次数据传输,而在时钟 3、5 和 7 处插入了等待周期。

在读操作的地址周期和数据周期之间,AD 线上要有一个交换周期,这需要由从设备利用 $\overline{TRDY}$ 信号强制实现(也就是 $\overline{TRDY}$ 的发出必须比地址的稳定有效晚一拍)。但在交换周期过后并且有 $\overline{DEVSEL}$ 信号时,从设备必须驱动 AD 线。

在时钟 7 处尽管是最后一个数据周期,但由于主设备因某种原因不能完成最后一次传输(此时 $\overline{IRDY}$ 无效),故 $\overline{FRAME}$ 不能撤销,只有在时钟 8 处,$\overline{IRDY}$ 变为有效后,$\overline{FRAME}$ 信号才能撤销。

2. PCI 总线的编址

PCI 定义了三个物理地址空间:存储器地址空间、I/O 地址空间和配置地址空间,前两个是一般总线都有的通用空间,第三个是用以支持 PCI 硬件配置的空间。

PCI 总线的编址是分布式的,每个设备都有自己的地址译码,从而省去了中央译码逻辑。PCI 支持两种类型的设备地址译码:正向译码和负向译码。所谓正向译码就是每个设备都监视地址总线上的访问地址是否落在它的地址范围内,因而速度较快。而负向译码是指该设备要接受未被其他设备在正向译码中接受的所有访问,因此这种译码方式只能由总线上的一个设备来实现。由于它要等到总线上其他所有设备都拒绝之后才能译码,因此速度较慢。然而,负向译码对于标准扩展总线这类设备是很有用的,因为这类设备必须响应一个很零散的地址空间。正向译码和反向译码设备都不对保留的总线命令发出 $\overline{DEVSEL}$ 响应信号。

1) I/O 地址空间

在 I/O 地址空间,全部 32 位 AD 线都被用来提供一个完整的地址编码(字节地址),使得要求地址精确到字节一级的设备不需多等一个周期就可完成地址译码(产生 $\overline{DEVSEL}$ 信号),也使负向地址译码节省了一个时钟周期。

在 I/O 访问中,AD_0 和 AD_1 这两位很重要,并要与 $C/\overline{BE}_0 \sim C/\overline{BE}_3$ 配合,才能进行一次有效的访问。

2) 内存地址空间

在存储器访问中,所有的目标设备都要检查 AD_0、AD_1,要么提供所要求的突发传输顺序,或者执行目标设备断开操作。对于所有支持突发传输的设备都应能实现线性突发性传输顺序,而高速缓存的行切换不一定实现。在存储器地址空间,用 $AD_2 \sim AD_{31}$ 译码得到一个双字地址的访问。在线性增长方式下,每个数据周期过后地址按一个 DWORD(4 个字)增长,直到对话结束。

在存储器访问期间，AD_0 和 AD_1 的含义为：当 $AD_0 AD_1$ 为 00 时，突发传输顺序为线性增长方式；$AD_0 AD_1$ 为 01 时，为高速缓存行切换方式；$AD_0 AD_1$ 为 1X 时，为保留。

3）配置地址空间

在配置的地址空间中，要用 $AD_2 \sim AD_7$ 将访问落实到一个 DWORD 地址。当一个设备收到配置命令时，若 IDSEL 信号成立，且 $AD_0 AD_1$ 为 00，则该设备即被选为访问的目标，否则就不参与当前的对话。如果译码出来的命令符合某桥路的编号，且 $AD_0 AD_1$ 为 01，则说明配置访问是对该桥后面的设备。

3. PCI 配置头（PCI Configuration Headers）

系统中的每一个 PCI 设备，包括 PCI - PCI 桥都由一个配置数据结构，位于 PCI 配置地址空间中。PCI 配置头允许系统识别和控制设备。这个头位于 PCI 配置地址空间的确切位置依赖于设备使用的 PCI 拓扑。例如，插在 PC 主板一个 PCI 槽位的一个 PCI 显示卡配置头会在一个位置，如果它被插到另一个 PCI 槽位，则它的头会出现在 PCI 配置内存中的另一个位置。但是不管这些 PCI 设备和桥在什么位置，系统都可以发现并使用它们配置头中的状态和配置寄存器来配置。

通常，系统的设计使得每一个 PCI 槽位的 PCI 配置头都有一个和它在板上的槽位相关的偏移量。所以，举例来说，板上的第一个槽位的 PCI 配置头的偏移量为 0，而第二个槽位的 PCI 配置头的偏移量为 256（所有的配置都一样长度，为 256 字节），依此类推。定义了系统相关的硬件机制使得 PCI 配置代码可以尝试检查一个给定 PCI 总线上所有可能的 PCI 配置头，试图读取头中的一个域（通常是 Vendor Identification 域）得到一些错误，从而知道哪些设备存在而哪些设备不存在。PCI 总线规范描述了一种可能的错误信息：试图读取一个空的 PCI 槽位的 Vendor Identification 和 Device Identification 域的时候返回 0xFFFFFFFF。

PCI 配置头的布局如图 8.10 所示。它包括以下 8 个域。

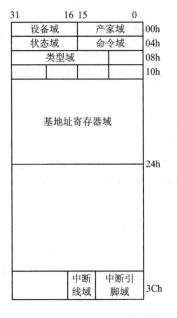

图 8.10 PCI 配置头布局

1）产家域（Vendor Identification）

产家域是唯一的数字，描述这个 PCI 设备的发明者。Digital 的 PCI Vendor Identification 是 0x1011，而 Intel 是 0x8086。

2）设备域（Device Identification）

设备域描述设备自身的唯一的数字。例如 Digital 的 21141 快速以太网设备的设备标识符是 0x0009。

3）状态域（Status）

状态域给出了设备的状态，它的位的含义由 PCI 总线规范规定。

4）命令域（Command）

系统通过写命令域来控制设备。例如：允许设备访问 PCI I/O 内存。

5）类型域（Class Code）

类型域标识了设备的类型。对于每一种设备都有标准分类：显示、SCSI 等等。对于 SCSI 的类型编码是 0x0100。

6）基地址寄存器域（Base Address Registers）

基地址寄存器域用于确定和分配设备可以使用的 PCI I/O 和 PCI 内存的类型、大小和位置。

7）中断引脚域（Interrupt Pin）

PCI 卡的物理管脚中有四个用于向 PCI 总线传递中断。标准中把它们标记为 $\overline{INT_A}$、$\overline{INT_B}$、$\overline{INT_C}$ 和 $\overline{INT_D}$。中断引脚域描述了这个 PCI 设备使用哪个管脚。通常对于一个设备来说这时硬件决定的。就是说每一次系统启动的时候，这个设备都使用同一个中断管脚。这些信息允许中断处理子系统管理这些设备的中断。

8）中断线域（Interrupt Line）

PCI 配置头中的中断线域用于在 PCI 初始化代码、设备驱动程序和系统的中断处理子系统之间传递中断控制。写在这里的数字对于设备驱动程序来讲是没有意义的，但是它可以让中断处理程序正确地把一个中断从 PCI 设备发送到系统中正确的设备驱动程序的中断处理代码处。

4. PCI－ISA 桥（PCI－ISA Bridges）

PCI－ISA 桥把对于 PCI I/O 和 PCI 内存地址空间的访问转换成为 ISA I/O 和 ISA 内存访问，用来支持 ISA 设备。现在销售的多数系统都包括几个 ISA 总线插槽和几个 PCI 总线插槽。这种向后的兼容的需要会不断减少，将来会出现只有 PCI 的系统。在早期的 Intel 8080 基础的 PC 时代，系统中的 ISA 设备的 ISA 地址空间（I/O 和内存）就被固定下来。甚至一个 S5000 Alpha AXP 基础的计算机系统的 ISA 软驱驱动器的 ISA I/O 地址也会和第一台 IBM PC 一样。PCI 规范保留了 PCI I/O 和 PCI 内存的地址空间中较低的区域保留给系统中的 ISA 外设，并使用一个 PCI－ISA 桥把所有对于这些区域的 PCI 内存访问转换为 ISA 访问。

5. PCI－PCI 桥（PCI－PCI Bridges）

PCI－PCI 桥是特殊的 PCI 设备，把系统中的 PCI 总线粘和在一起。简单系统中只有一个 PCI 总线，单个 PCI 总线可以支持的 PCI 设备的数量由电气限制。使用 PCI - PCI 桥可以增加更多的 PCI 总线允许系统支持更多的 PCI 设备。这对于高性能的服务器尤其重要。

PCI - PCI 桥只向下游传递对于 PCI I/O 及 PCI 内存读和写的一个子集。例如在图 8.7 中，只有读和写的地址属于 SCSI 或者以太网设备的时候 PCI - PCI 桥才会把读/写的地址从 PCI 总线 0 传递到总线 1，其余的都被忽略。这种过滤阻止了不必要的地址信息遍历系统。为了达到这个目的，PCI - PCI 桥必须被编程设置，以限制从主总线向次总线通过的 PCI I/O 和 PCI 内存空间访问。一旦系统中的 PCI - PCI 桥被设置好，设备驱动程序只是通过这些窗口存取 PCI I/O 和 PCI 内存空间，PCI - PCI 桥是不可见的。

既然 CPU 的 PCI 初始化代码可以定位不在主 PCI 总线上的设备，就必须有一种机制使得桥可以决定是否把配置循环(cycle)从它的主接口传递到次接口上。一个 cycle 就是它显示在 PCI 总线上的地址。PCI 规范定义了两种 PCI 地址配置格式：类型 0 和类型 1，分别如图 8.11 和图 8.12 所示。

图 8.11　类型 0 地址配置格式

图 8.12　类型 1 地址配置格式

类型 0 的 PCI 配置 cycle 不包含总线号，此 PCI 配置被 PCI 总线上的所有设备解释为 PCI 地址配置。配置 cycle 的位 32～11 看做是设备选择域。设计系统的一个方法是让每一个位选择一个不同的设备。这种情况下位 11 可能选择槽位 0 的 PCI 设备，位 12 选择槽位 1 的 PCI 设备，依此类推。另一种方法是把设备的槽位号直接写到位 31～11 中。一个系统使用哪一种机制依赖于系统的 PCI 内存控制器。

类型 1 的 PCI 配置 cycle 包括一个 PCI 总线号，除了 PCI - PCI 桥之外，所有 PCI 设备都忽略这种配置循环。所有看到了类型 1 的 PCI 配置 cycle 的 PCI - PCI 桥都可以把这些信息向它们的下游传送。一个 PCI - PCI 桥是否忽略 PCI 配置循环或者向它的下游传递，依赖于这个桥是如何配置的。每一个 PCI - PCI 桥都有一个主总线接口号和一个次总线接口号。主总线接口离 CPU 最近而次总线接口离 CPU 最远。每一个 PCI - PCI 桥都有一个附属总线编号，这是在第二个总线接口之外可以桥接的最大 PCI 总线数目。或者说，附属总线编号是 PCI - PCI 桥下游最大的 PCI 总线编号。

当 PCI - PCI 桥看到一个类型 1 的 PCI 配置 cycle 时，它做以下三件事情之一：

(1) 如果指定的总线编号不在桥的次总线编号和总线的附属编号之间就忽略它。

(2) 如果指定的总线编号和桥的次总线编号符合就把它转变成为类型 0 的配置命令。

(3) 如果指定的总线编号大于次要总线编号而小于或等于附属总线编号，就不改变地传递到次总线接口上。

所以，如果我们希望寻址如图 8.13 中总线 3 上的设备 1，我们必须从 CPU 生成一个类型 1 的配置命令。桥 1 不改变地传递到总线 1，桥 2 忽略它，但是桥 3 把它转换成一个类型 0 的配置命令，并把它发送到总线 3，使设备 1 响应它。

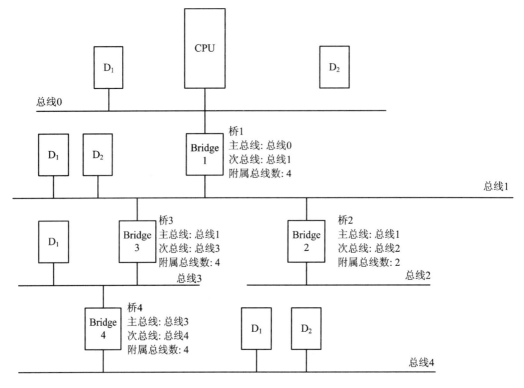

图 8.13　PCI 系统配置

每一个独立的操作系统负责在 PCI 配置阶段分配总线编号，但是不管使用哪一种编码方案，对于系统中所有的 PCI - PCI 桥，都必须满足这条规则：所有位于一个 PCI - PCI 桥后面的 PCI 总线的编码都必须在次总线编号和附属总线编号之间(包含)。

如果违背了这条规则，则 PCI - PCI 桥将无法正确地传递和转换类型 1 的 PCI 配置 cycle，系统无法成功地找到并初始化系统中的 PCI 设备。

8.3.5　PCI 总线开发

采用 PCI 总线技术的计算机数据采集系统开发中可能会碰到以下几个问题。

1. 接口驱动

PCI 规范规定：PCI 总线是 CMOS 总线，总线的信号驱动采用反射波方式，能力较弱，静态电流很小，因此板卡上的每条信号线只能有一个门电路负载挂接。这不仅包括通常的数据/地址总线，而且包括了所有的信号线。因此，用户逻辑和 PCI 卡槽连接的每一条信号线都必须在中间设置一个双向三态驱动门(比如设置若干个 74LS245)，状态机和配置空间等用户逻辑必须放置在三态门之后，与总线隔离，否则大多主板无法启动或工作时间过长而易烧坏主板。

2. 电压匹配

在 PCI 插槽上，虽然同时提供了＋5 V 电源和＋3.3 V 电源(有些主板的＋3 V 电源线是空置的，没有提供该路电源），但目前配置的大都是＋5 V 规范定义的引脚插槽。而由于功率或其他方面的要求，用户使用的设计芯片可能是工作在＋2.7 V 或＋3.3 V（如 ALTERA 公司的 10 K 系列），或者接口芯片本身虽工作电压为＋5 V，但接口之后的芯片工作在＋3.3 V（如 ALTERA 公司的 MAX7000 系列芯片同时分别提供了工作电源和接口电源两种电源引脚）。

实验证明：尽管 PCI 规范分为＋5 V 和＋3.3 V 两种，但两种规范是可以兼容的，在＋5 V 插槽中应用＋3.3 V 信号接口完全可行。也就是说，用户使用＋3.3 V 工作电压的 FPGA 芯片完全可以适用于目前的＋5 V 规范并能够正常工作。这是因为 PCI 总线的信号驱动采用的是反射波方式而不是入射波方式，PCI 总线驱动器仅把信号电平驱动至 2.5 V，依靠反射波叠加形成驻波便可达到规定的＋5 V 信号电平。使用＋3.3 V 电压驱动已超过了规范要求，当然可行。

3. 时序方面

PCI 总线由于其工作频率为 33 MHz 或 66 MHz，每个时钟周期只有 30 ns 或 15 ns，故对时序要求十分严格，特别是对数据变化所占时间应特别注意。PCI 规定信号为上升沿采样，下降沿改变数据。状态机设计时要充分考虑接口芯片本身的时延，必须保证数据在采样上升沿之前稳定。

注意不同工作速度的 FPGA 芯片的时延是不同的，因而 FPGA 芯片选型时一定要将芯片的时延计算在内，且要留有一定冗余量（例如，MA7032 和 7032 V 的时延分别为 6 ns 和 12 ns，相差一倍，在使用时则容易忽视）。必要时可在状态机中使 $\overline{IRDY}$ 或 $\overline{TRDY}$ 信号延迟一个时钟周期驱动，即能保证系统的稳定性。

4. 配置空间

配置空间的设计是实现 PCI 扩展卡设计的核心问题。一次设计的成功与否，配置空间起着关键性的作用。它决定了用户扩展卡能否被操作系统识别，能否"即插即用"，决定着软件驱动程序开发的方便程度。一个好的设计可方便地应用 Windows 标准控件来控制扩展卡的各种操作。

在 PCI 规范中，配置空间是一个容量为 256 B 并具有特定记录结构或模型的地址空间（如图 8.10 所示），该空间又分为头标区和设备有关区两部分，内容十分复杂。

5. 接口设计

PCI 总线扩展卡接口设计是一项精细和复杂的工作，设计过程中的每一步骤都需要综合考虑，任何一个细节的遗漏都将导致整个系统工作的不稳定。在实际工作中我们发现使用 Intel 芯片组的主机板对 PCI 的时序要求最为严格，使用其他公司生产芯片的主机板对时序要求较为宽松，只要设计在 Intel 主板上能够稳定工作，设计就基本成功了。

现在市场上有许多专用的 PCI 规范接口芯片，这些芯片提供的 PCI 接口完全符合规范，具体符合的规范版本可以参看具体的芯片，所以即使开发者不是很了解规范的具体细则，也可成功地设计 PCI 卡。

运用 PCI 接口芯片时，在连线上只要将对应的引脚连在总线上就可以了。在连线时要注意 PCI 规范中提到了信号用的反射波信号，所以驱动的信号只用了要求电压的一半，另一半靠反射来提升。信号线的长度有如下要求：一般 64 位卡的 32 位信号具备的最大连线长度是 1500 mil，64 位扩展信号的附加信号的连线长度最大为 2000 mil，CLK 的长度为 2500 mil±100 mil，如果长度不够，可以多绕几圈。

还有一个要注意的是 PCI 信号中 prsnt1 和 prsnt2 必须有一个接 GND，主板就是靠这两个信号来判断插槽上是否有卡，而其接法与 PCI 卡使用的功率有关具体的含义如下(1 表示悬空，0 表示接地)：

prsnt1	prsnt2	含义
1	1	无卡
1	0	15W
0	1	25W
0	0	7.5W

另外，在 PCI 卡上最好从槽上引的电源上多加几个电容，所有电源都必须退耦。一般规范推荐 PCI 卡做 4 层板，PCI 规范规定了＋5 V 和＋3.3 V 两种电气规范。

8.3.6　PCI 接口芯片 PCI9052

PCI9052 是 PLX 公司继 PCI9050 之后推出的低成本 PCI 总线接口芯片，它具有低功耗以及 PQFP160 管脚封装等特点，可以使局部总线快速转换到 PCI 总线上。

1. PCI9052 的特点

PCI9052 具有如下特点：

(1) 符合 PCI2.1 规范，支持低成本从属适配器。

(2) 包括一个 64 B 的写 FIFO 和一个 32 B 的读 FIFO，通过读/写 FIFO，可实现高性能的突发式数据传输。

(3) 采用 ISA 模式，支持 PCI 总线到 ISA 总线的单周期存储器(8 位或 16 位)读/写和 I/O 访问。

(4) 支持两个来自局部总线的中断，可生成一个 PCI 中断，利用软件写内部寄存器位也可以达到同样的目的。

(5) PCI9052 的局部总线与 PCI 总线的时钟相互独立运行，局部总线的时钟频率范围为 0～40 MHz，为 TTL 电平；PCI 总线的时钟频率范围为 0～33 MHz。这两种总线的异步运行方便了高低速设备的兼容。

(6) 可编程的局部总线配置，支持复用或非复用模式的 8、16 或 32 位的局部总线。

(7) 串行 EEPROM 提供 PCI 总线和局部总线的部分重要配置信息。

(8) 具有 4 个局部设备片选信号，各设备的基址和地址范围及其映射可由串行 EEP-ROM 或主机编程实现。

(9) 具有 5 个局部地址空间，基址和地址范围及其映射可由串行 EEPROM 或主机编程实现。

(10) 支持 Big/Little Endean 编码字节的转换。

(11) 局部总线等待状态，除了用于握手的等待信号外，PCI9052 还有一个内部等待产生器(包括地址到数据周期、数据到数据周期和数据到地址周期的等待)。

(12) 可编程实现读/写信号选通的延迟和写周期的保持。

（13）可对局部总线的预取计数器编程为 0（非预取）、4、8、16 或连续（预取计数器关闭）预取模式。

（14）支持 PCI2.1 规范的延迟读模式。

（15）具有一个可编程 PCI 读/写重试延迟计时器，可以为 PCI 总线产生一个重试信号。

（16）具有 PCI 锁定机制，PCI 主控设备可以通过锁定信号独占对 PCI9052 的访问。

2. PCI9052 的开发

PCI9052 的机理比较简单，它内部提供了两种配置寄存器。一种叫做 PCI configuration registers，这就是我们常说的 PCI 配置空间；另外一个叫做 local configuration registers，它提供了配置本地端的一些信息。这里提到了本地端，其实 PCI9052 就相当于一个桥，连接 PCI 卡本地端的芯片到 PCI 总线上，将 PCI 指令例如读/写某个寄存器、内存和 I/O 翻译到本地端。

PCI9052 在本地端提供了 26 根地址线、32 根数据线和 4 根 LBE，可以翻译成不同的地址线。如果用的本地端是 8 位数据，则在这种模式下 LBE_1 和 LBE_0 提供地址线[1：0]。PCI 配置寄存器提供了 6 个基地址寄存器，这些基地址都是在系统中的物理地址，其中 $BASE_1$ 和 $BASE_2$ 都是用来访问本地配置寄存器的基地址，$BASE_1$ 是映射到内存的基地址，$BASE_2$ 是映射到 I/O 的基地址。所以可以通过内存和 I/O 来访问本地配置寄存器。

$BASE_2 \sim BASE_5$ 共 4 个空间提供了访问本地端所接的 4 个芯片（当然可以少于 4 个），它们将本地端的芯片通过本地端地址（在本地配置寄存器中设置）翻译成 PCI 的地址，也就是将本地的芯片映射到系统的内存或 I/O 口。如果使用的是内存映射，本地端的芯片地址例如是 0x0cc000，将此地址放入本地配置寄存器的相应位置（由于有四个空间，可以选择任意一个空间来对应此芯片），如果用的是 space0，还要配置此空间的大小，这样在 PCI 总线端系统会根据这个大小分配相应的内存空间（或 I/O）供 PCI9052 使用来映射本地上接的芯片。而系统分配的内存空间的信息会写入 PCI 配置寄存器中，只要读出来就可以了。

PCI9052 工作时还需要一个配置芯片 EEPROM，PLX 公司推荐了 93cs46。EEPROM 会在 PCI 卡上电的时候配置 PCI9052，主要配置了 PCI 卡的 Vendor Identification 和 Device Identification，这是系统用来标识 PCI 卡的，还配置了本地端的 4 个 space 的本地基地址和大小，以及每个 space 的其他一些参数。

硬件配置本身很容易，只要将对应的管脚相连就可以了。注意本地芯片如果不申请总线控制，PCI9052 的 lhold 信号一定要接 GND，还有如果本地芯片没有提供 $\overline{IRDY}$ 信号，PCI9052 的对应管脚也必须接地，否则一读此芯片，系统就会死机，一直会等待 $\overline{IRDY}$ 信号有效后才能读取数据。

3. PCI9052 的中断操作

PCI9052 的中断操作主要是通过配置相关的寄存器实现的。PCI9052 芯片中与中断操作相关的寄存器有以下 3 个。

1）PCI Interrupt Line 寄存器（PCIILR）

该寄存器属于 PCI 配置寄存器，偏移地址为 3Ch（如图 8.10 所示），可读/写。PCI Interrupt Line 寄存器决定中断矢量指向的中断号，驱动程序和上层操作系统利用该寄存器的值获取中断优先级和中断矢量的指向。该寄存器的值与计算机的体系结构有关，对于 X86 体系的 PC 机，该寄存器的值等于 IRQ 号，具体配置与 8259 芯片一致，取值范围为 $0 \sim 15$，255 被定义为"无中断连接"，$15 \sim 255$ 之间的数据定义为保留。PCI Interrupt Line 寄存器的值由 PC 机的 BIOS 系统分配，设备安装时，BIOS 会自动为 PCI 运动控制器分配一个中断资源，其值即为中断号。虽然驱动程序不必配置该寄存器的值，但需要在安装的 *.INF 文件中指明可以分配的中断资源的范围，如"IRQ Config $= 3, 4, 5, 7, 9, 10, 11, 14, 15$"，表明该 PCI 扩展卡可以接受 3、4、5、7、9、10、11、14 和 15 号中断。

2）PCI Interrupt Pin 寄存器（PCIIPR）

该寄存器属于 PCI 配置寄存器，偏移地址为 3Dh。PCI Interrupt Pin 寄存器的值只能通过串行 EEPROM 进行配置，该寄存器的值决定了设备所用的中断引脚。对于 PCI9052 芯片，该寄存器只能配置为 01h，因为 PCI9052 只支持 $\overline{\text{INTA}}$ 中断。

3）PCI 中断控制寄存器（INTCSR）

该寄存器属于 PCI 局部寄存器，偏移地址为 4Ch，可通过 BAR_0 和 BAR_1 进行访问，相关的位可读/写。PCI 中断控制寄存器的值决定了中断使能和触发方式等重要信息，正确配置该寄存器是中断正确执行的关键。Windows 对运行在 hardware ring0 级的程序有严格的权限限制，不正确的中断操作会导致系统重启或死机。

如图 8.14 所示，PCI9052 允许两个外部中断输入 $INTi_1$ 和 $INTi_2$，二者中任何一个有效都会产生一个中断输 $\overline{\text{INTA}}$。$INTi_1$、$INTi_2$ 和 $\overline{\text{INTA}}$ 都可以通过设置中断控制寄存器 INTCSR 相应的位来控制使能状态。

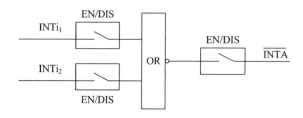

图 8.14　PCI9052 中断机制

PCI9052 的中断触发方式分为电平触发（Level Triggered）和边沿触发（Edge Triggered），这些触发方式都是对于外部中断源 $INTi_1$、$INTi_2$ 来说的，对于中断引脚 $\overline{\text{INTA}}$ 没有意义。不论在哪种方式下，中断源触发后中断引脚 $\overline{\text{INTA}}$ 都将维持低电平。$\overline{\text{INTA}}$ 一旦处于低电平状态，CPU 将不断响应中断，直至 $\overline{\text{INTA}}$ 电平被拉高。

在电平触发方式下，$\overline{\text{INTA}}$ 处于低电平即中断触发状态后，通过以下操作可以把 $\overline{\text{INTA}}$ 电平拉高。

（1）将外部中断源输入 $INTi_1$ 和 $INTi_2$ 置低。

（2）关闭 $\overline{\text{INTA}}$ 中断使能。

在边沿触发方式下，$\overline{\text{INTA}}$ 处于低电平即中断触发状态后，通过以下操作可以把 $\overline{\text{INTA}}$ 电平拉高。

（1）清空 INTCSR 寄存器 Edge Triggerable Clear 位。

（2）关闭 $\overline{\text{INTA}}$ 中断使能。

需要指出的是，在边沿触发方式下，$\overline{\text{INTA}}$处于中断触发状态后，无论外部中断源输入处于何种状态以及如何跳变都不会对 $\overline{\text{INTA}}$ 的电平信号有任何影响。在边沿触发方式下，如果选用方波作为外部中断源输入，程序设计为方波的每个周期触发一次中断，那么驱动程序必须在第一次执行中断服务程序后及时把 $\overline{\text{INTA}}$ 电平信号拉高；否则，中断引脚 $\overline{\text{INTA}}$ 将一直维持在低电平，持续触发中断。此时有可能造成中断服务程序独占 CPU 资源的情况，导致计算机"死机"。同时，驱动程序又必须保证在下个方波周期到来时能够正确地触发中断，响应中断服务程序。因此，驱动程序必须在首次中断服务程序中对 PCI9052 的 INTCSR 寄存器进行配置。

4. PCI9052 的配置

下面是一个具体的数据采集系统中的 PCI9052 的 EEPROM 配置文件。每个数字的具体含义请对照 PCI9052 说明书的有关寄存器配置部分，括号内是相应的寄存器地址。

```
0152(02)
B510(00)
8006(0a)
0100(08)
5090(2e)
B510(2c)
0000(3e)
FF01(中断引脚)(3c)
0000(02)
0000(00)
FFFF(06)
E1FF(32 字节空间译码)(04)
0000(0a)
0000(08)
0000(0e)
0000(0c)
0000(12)
0000(10)
0000(16)
0000(14)
0000(1a)
2101(32 字节空间译码)(18)
0000(1e)
0000(1c)
0000(22)
0000(20)
0000(26)
0000(24)
0000(2a)
0000(28)
```

0000(2e)

0200(8 位数据总线)(2c)

0000(32)

0000(30)

0000(36)

0000(34)

0000(3a)

0000(38)

0000(3e)

0000(3c)

0000(42)

3101(范围和基地址)(40)

0000(46)

0000(44)

0000(4a)

0000(48)

0000(4e)

4110(中断设置，ISA 模式)(4c)

0100(52)

291B(50)

8.4　USB 总线

8.4.1　USB 总线概述

USB(Universal Serial Bus) 就是通用串行总线，是由 Compaq、DEC、IBM、Inter、Microsoft、NEC 和 Northern Telecom 等公司为简化 PC 与外设之间的互连而共同研究开发的一种免费的标准化连接器，它支持各种 PC 与外设之间的连接，还可实现数字多媒体集成。

USB 接口的主要特点是：即插即用，可热插拔，具有自动配置能力，用户只要简单地将外设插入到 PC 以外的总线中，PC 就能自动识别和配置 USB 设备；带宽更大，增加外设时无需在 PC 内添加接口卡，多个 USB 集线器可相互传送数据，使 PC 可以用全新的方式控制外设。

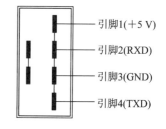

图 8.15　USB 的信号定义

USB 总线标准由 1.1 版升级到 2.0 版后，传输率由 12 Mb/s 增加到了 240 Mb/s。USB 总线结构简单，总线只有 4 根信号线：2 根电源线和 2 根信号线，如图 8.15 所示。

具体来说，USB 总线具有以下特点：

(1) 使用简单。所用 USB 系统的接口一致，连线简单。系统可对设备进行自动检测和配置，支持热插拔。新添加设备系统不需要重新启动。USB 设备能真正做到即插即用。

USB 的连接方式也十分灵活，既可以使用串行连接，也可以使用集线器(Hub)把多个设备连接在一起。USB 采用"级联"方式，即每个 USB 设备用一个 USB 插头连接到一个外设的 USB 插座上，而其本身又提供一个 USB 插座供给下一个 USB 外设连接用。通过这种类似菊花链式的连接，一个 USB 控制器可以连接多达 127 个外设，而每个外设间距离(线缆长度)可达 5 m(USB2.0 中更换介质后连接距离由原来的 5 m 增加到近百米)。USB 还能智能识别 USB 链上外围设备的接入或拆卸。

(2) 应用范围广。USB 系统数据报文附加信息少，带宽利用率高，可同时支持同步传输和异步传输两种传输方式。USB 设备的带宽可从几千比特每秒到几百兆比特每秒。一个 USB 系统可同时支持不同速率的设备，如低速的键盘、鼠标，全速的 ISDN、语音，高速的磁盘、图像等(仅 USB2.0 版本支持高速设备)。

(3) 较强的纠错能力。USB 系统可实时地管理设备插拔。USB 协议中包含了传输错误管理、错误恢复等功能，同时根据不同的传输类型来处理传输错误。

(4) 总线供电。USB 总线可为连接在其上的设备提供 5 V 电压和 100 mA 电流的供电，最大可提供 500 mA 的电流。因此，新的设备就不需要专门的交流电源了，从而降低了这些设备的成本，并提高了性价比。USB 设备也可采用自供电方式。

(5) 低成本。USB 接口电路简单，易于实现，特别是低速设备。USB 系统接口(电缆)也比较简单，成本比串口或并口低。

8.4.2 总线分析

1. USB 的拓扑结构

USB 的拓扑结构如图 8.16 所示。

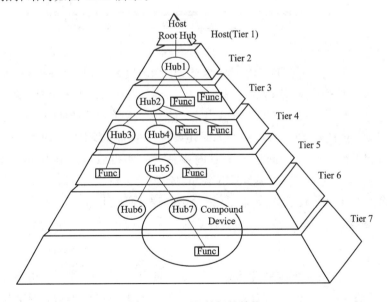

图 8.16 USB 的拓扑结构

在 USB 的网络协议中，每个 USB 的系统有且只有一个 Host，它负责管理整个 USB 系统，包括 USB Device 的连接与删除、Host 与 USB Device 的通信和总路线的控制等等。

Host 端有一个 Root Hub，可提供一个或多个 USB 下行端口，每个端口可以连接一个 USB Hub 或一个 USB Device。USB Hub 用于 USB 端口扩展，即 USB Hub 可以将一个 USB 端口扩展为多个端口。

图 8.16 中的每个 Func(Function)就是一个 USB Device，如 USB 键盘、USB 鼠标、USB MODEM 和 USB 硬盘等等。Compound Device 是指带一个 Hub 和一个或多个不可删除的 USB Device 的复合设备。一个 USB 系统可连接多达 127 个 Func。

一个 USB 系统有且只有一个 Host，而 PC 端的 USB 都是 Host，所以将两台 PC 的 USB 口通过 A - AUSB 电缆连接起来不能实现通信。如果能将两个 Host 连起来通信，一个 USB 系统就会有两个 Host，这与它的网络协议冲突。

2. USB 物理层

所有 USB 外设都有一个上行连接，上行连接采用 A 型接口，而下行连接采用 B 型接口，这两种接口不可简单地互换，这样就避免了集线器之间循环往复的非法连接。一般情况下，USB 集线器输出连接口为 A 型口，而外设及 Hub 的输入口均为 B 型口。所以 USB 电缆一般采用一端 A 口、一端 B 口的形式。USB 电缆中有四根导线：一对互相绞缠的标准规格线，用于传输差分信号 D＋和 D－，另有一对符合标准的电源线 VBus 和 GND，用于给设备提供＋5 V 电源。USB 连接线具有屏蔽层，以避免外界干扰。USB 电缆如图 8.17 所示。

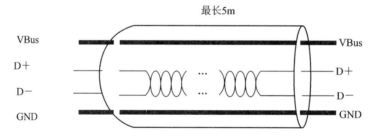

图 8.17　USB 电缆

两根双绞的数据线 D＋和 D－用于收发 USB 总线传输的数据差分信号。低速模式和全速模式可在用同一 USB 总线传输的情况下自动地动态切换。数据传输时，调制后的时钟与差分数据一起通过数据线 D＋和 D－传输出去，信号在传输时被转换成 NRZI 码(不归零反向码)。为保证转换的连续性，在编码的同时还要进行位插入操作，这些数据被打包成有固定时间间隔的数据包，每一数据包中附有同步信号，使得收方可还原出总线时钟信号。USB 对电缆长度有一定的要求，最长可为 5 m。终端设备位于电缆的尾部，在集线器的每个端口都可检测终端是否连接或分离，并区分出高速或低速设备。

3. 端点和管道

1）端点

每一个 USB 设备在主机看来就是一个端点的集合。主机只能通过端点与设备进行通信，以使用设备的功能。每个端点实际上就是一个一定大小的数据缓冲区，这些端点在设备出厂时就已定义好。

在 USB 系统中每一个端点都有唯一的地址，这是由设备地址和端点号给出的。每个端点都有一定的特性，其中包括传输方式、总线访问频率、带宽、端点号和数据包的最大容量等等。端点必须在设备配置后才能生效(端点 0 除外)。

端点 0 通常为控制端点，用于设备初始化参数等；端点 1 和端点 2 等一般用作数据端点，存放主机与设备间往来的数据。

2) 管道

一个 USB 管道是驱动程序的一个数据缓冲区与一个外设端点的连接。一旦设备被配置，管道就存在了。管道有两种类型：流管道(其中的数据没有 USB 定义的结构)和消息管道(其中的数据必须有 USB 定义的结构)。管道只是一个逻辑上的概念。

所有的设备必须支持端点 0 以作为设备的控制管道。通过控制管道可以获取完全描述 USB 设备的信息，包括设备类型、电源管理、配置和端点描述等等。只要设备连接到 USB 上并且上电，端点 0 就可以被访问，与之对应的控制管道就存在了。

4. USB 电源管理

USB 总线电源最大给设备提供 500 mA 的电流，基本上可以满足小型外设的电源需求。USB 主机可以对电源进行分配，即 USB 的设备可通过 USB 总线获得大小不同的电流。USB 总线通过电缆只能提供有限的能源，每个 USB 总线设备都可能有自己的电源。那些完全依靠电缆提供能源的设备称做"总线供电"设备。相反，那些可选择电源来源的设备称做"自供电"设备。而且，集线器也可由与之相连的 USB 总线提供电源。

USB 总线主机与 USB 总线系统具有相互独立的电源管理系统。USB 总线的系统软件可以与主机的电源管理系统共同处理各种电源事件，如挂起、唤醒。它的特色是，USB 总线设备应用特有的电源管理特性，可让系统软件控制电源管理。所有的设备都必须支持挂起状态，并可从任意电平状态进入挂起状态。当设备发现它们的上行总线上的空闲状态持续时间超过 3.0 ms 时，它们便进入挂起状态。处于挂起状态的设备，当它的上行端口接收到任一个非空闲信号时，将唤醒它的操作。

5. USB 的数据传输

USB 主机在 USB 系统中处于中心地位，并且对 USB 及其连接的设备有着特殊的责任。主机控制着所有对 USB 的访问，一个外设只有主机允许才有权力访问总线。主机同时也监测着 USB 的结构。

USB 主机包括三层：设备驱动程序、USB 系统软件和 USB 主控制器(主机的总线接口)。另外，还有两个软件接口：USB 驱动(USBD)接口和主机控制驱动(HCD)接口。

从逻辑上讲，USB 数据的传输是通过管道进行的。USB 系统软件通过缺省管道(与端点 0 相对应)管理设备，设备驱动程序通过其他的管道来管理设备的功能接口。实际的数据传输过程是：设备驱动程序通过对 USBD(USB Driver)接口的调用发出输入输出请求(I/O Request Packet，IRP)，USB 驱动程序接到请求后，调用 HCD(Host Controlled Driver)接口，将 IRP 转化为 USB 的传输(transfer)，一个 IRP 可以包含一个或多个 USB 传输，然后 HCD 将 USB 传输分解为总线操作(transaction)，由主控制器以包(packet)的形式发出。所有的数据传输都是由主机开始的，任何外设都无权开始一个传输。

IRP 是由操作系统定义的，而 USB 传输与总线操作是由 USB 规范定义的。

从物理结构上，USB系统是一个星形结构；但在逻辑结构上，每个USB逻辑设备都是直接与USB Host相连进行数据传输的。在USB总线上，数据传输速率为1帧/ms。每帧以一个SOF包为起始，每帧数据可由多个数据包的传输过程组成。USB设备可根据数据包中的地址信息来判断是否响应该进行数据传输。

为了满足不同外设和用户的要求，USB提供了四种传输方式：控制传输、同步传输、中断传输和批传输。它们在数据格式、传输方向、数据包容量限制和总线访问限制等方面有着各自不同的特征。

1）控制传输（control transfer）

控制传输发送设备请求信息，主要用于读取设备配置信息及设备状态、设置设备地址、设置设备属性、发送控制命令等功能。全速设备每次控制传输的最大有效负荷可为64个字节，而低速设备每次控制传输的最大有效负荷仅为8个字节。

2）同步传输（synchronous transfer）

同步传输又称为等时传输。同步传输仅适用于全速/高速设备。同步传输每毫秒进行一次传输，有较大的带宽，常用于语音设备。同步传输每次传输的最大有效负荷可为1023个字节。

同步传输无差错校验，故不能保证正确的数据传输，支持像计算机—电话集成系统（CTI）和音频系统与主机的数据传输。

3）中断传输（interrupt transfer）

中断传输用于支持数据量少的周期性传输需求。全速设备的中断传输周期可为1～255 ms，而低速设备的中断传输周期为10～255 ms。全速设备每次中断传输的最大有效负荷可为64个字节，而低速设备每次中断传输的最大有效负荷仅为8个字节。

中断传输支持像游戏手柄、鼠标和键盘等输入设备，这些设备与主机之间的数据传输量小，无周期性，但对响应时间敏感，要求马上响应。

4）块数据传输（bulk transfer）

块数据传输是非周期性的数据传输，仅全速/高速设备支持块数据传输，同时，当且仅当总线带宽有效时才进行块数据传输。块数据传输每次数据传输的最大有效负荷可为64个字节。

块数据传输支持打印机、扫描仪和数码相机等外设，这些外设与主机间传输的数据量大，USB在满足带宽的情况下才进行该类型的数据传输。

在USB中，每帧传输数据的时间长为1 ms，每一次传输由一个起始帧（SOF）开始。如果需要传输的数据为同步数据，主控制器首先传输同步数据。主控制器确保有足够的时间完成所有待传的同步数据，以及随后的中断传输和分块传输。其传输类型顺序如图8.18所示。

| SOF | 等时数据帧 | 中断数据帧 | 控制数据帧 | 分块数据帧 | EOF |

1 ms

图 8.18　USB 数据传输类型顺序

8.4.3　USB 总线传输协议

USB 总线属于轮询方式的总线，主机控制端口初始化所有的数据传输。

在每次传输开始时，主机控制器发送一个描述传输运作的种类、方向以及 USB 总线设备地址和终端号的标志包(Token Packet)。USB 总线设备从解码后的数据包中适当的位置取出属于自己的数据。数据传输只有两个方向，从主机到设备或是从设备到主机。在传输开始时，由标志包来规定数据的传输方向，然后发送端开始发送包含信息的数据包或表明没有数据传输。接收端要相应地发送一个握手的数据包，表明是否传输成功。

为了保证 USB 数据传输的正确性，在每个数据包中加入检测位来发现错误，并且提供多种硬件、软件设施和手段来保证数据的正确性。在数据传输时，使用差分的驱动、接收和防护，以保证信号的完整性。数据打包的时候，在数据和控制信息上加了循环冗余校验码(CRC)，协议中对每个包中的控制位和数据位都提供了循环冗余校验码。若出现了循环冗余校验码的错误，则认为是该数据包已被损坏。

为了保证同步信号和硬件缓冲管理的安全，对流数据进行控制；同时，建立数据和控制管道，使外设间相互不利的影响独立，消除了负作用。协议在硬件或软件上提供对错误的处理。硬件的错误处理包括汇报错误和重新传输。传输中若遇到错误，USB 主机控制器将重新传输，最多可再进行 3 次传输。若错误依然存在，则对客户端软件报告错误，客户端软件可用特定的方法进行处理。

1. 数据包域

USB 的数据包由以下几个域组成。

1）同步域(SYNC)

所有的包都起始于 SYNC 域。它被用于本地时钟与输入信号的同步，并且在长度上定义为 8 位。通过 8 位长的二进制串，输入电路通过同步域使本地时钟对齐输入数据。同步域里的最后 2 位是同步域结束的记号，并且标志了 PID 域(标识域)开始。在以后的叙述中同步域将被省去

2）标识域(PID)

对于每个包，PID(Packet Identifier)都是紧跟着 SYNC 的，PID 指明了包的类型及其格式。主机和所有的外设都必须对接收到的 PID 域，进行解码。如果出现错误或者解码为未定义的值，那么这个包就会被接收者忽略。如果外设接收到一个 PID，但它所指明的操作类型或者方向不被该外设所支持，则该外设将不做出响应。

包标识域由 4 位包类型域和 4 位校验域构成。包标识域定义了包的类型，并隐含了包的格式和包上所用错误检测的类型。包标识符的 4 位的校验域可以保证包标识域译码的可靠性。包标识符的校验域是通过对 4 位包类型域的二进制码分别求反得到的。如果 4 个 PID 检验位不是它们各自的包标识符位的反码，则说明存在 PID 错误，将不对余下的包中内容进行处理。

3）地址域(ADDR)

外设端点都是由地址域指明的。它包括两个子域：外设地址和外设端点。外设必须解读这两个域，其中若有任何一个不匹配则这个令牌包就会被忽略。

外设地址域(ADDR)指定了外设,它根据 PID 所说明的令牌类型指明了外设是数据包的发送者或接收者。ADDR 共 6 位,因此最多可以有 127 个地址。一旦外设被复位或上电外设的地址被缺省为 0,这时必须在主机枚举过程中被赋予一个唯一的地址,而 0 地址只能用于缺省值而不能分配作一般的地址。

端点域(ENDP)有 4 位,它使设备可以拥有几个子通道。所有的设备必须支持一个控制端点 0(endpoint 0)。对于低速(Low Speed)设备,每个外设最多提供三个通道:除端点 0 的控制通道外,再加上两个附加通道(或是两个控制通道,或是一个控制通道和一个中断端点,或是两个中断端点)。全速(Full Speed)外设则可支持多达 16 个的任何类型的端点。

4) 帧号域

帧号域(Frame Number Field)是一个 11 位的域,指明了目前帧的排号。每过一帧(1 ms)这个域的值加 1,到达最大值 7FFH 后返回 0。这个域只存在于每帧开始时的 SOF 令牌包中。

5) 数据域

数据域可以在 0~1023 字节之间变动,但必须是整数个字节。每个字节的数据位在移出时都是最低位(LSB)在前。数据包的大小与传输类型有关。

6) 循环冗余校验域(CRC)

循环冗余校验(Cyclic Redundancy Check,CRC)用于令牌包和数据包中,用来保护所有的非 PID 域。PID 域本身有校验域,所以不在 CRC 校验范围内。在位填充之前,发送器中所有的 CRC 都由它们各自的域产生。同样地,在填充位被去除之后,CRC 在接收器中被译码。

令牌和数据包的 CRC 可百分之百地判断一位错误和两位错误。错误的 CRC 表示被保护域中至少有一个域被损坏,接收器将忽略那些域,且在大部分情况下将忽略整个包。CRC 的生成和校检分别由两组移位寄存器实现。

2. 包的类型

1) 令牌包

令牌包的格式如图 8.19 所示。令牌包由 PID(包标识)域、ADDR(地址)域、ENDP(端点)域和 CRC(循环冗余校验)域构成。其中,PID 指定了包是输入、输出还是建立(Setup)类型。对于输出和建立类型,地址和端点域唯一地确定了接下来将收到数据包的端点。对于输入类型,这些域唯一地确定了哪个端点应该传输数据包。只有主机能发出令牌包。输入 PID 定义了从外设到主机的数据事务。输出和建立 PID 定义

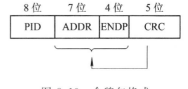

图 8.19　令牌包格式

了从主机到外设的数据事务。包中的最后一部分是校验前 11 位数据的一个 5 位 CRC。

2) 帧开始包(SOF)

主机以每 1.00 ms±0.0005 ms 一次的额定速率发出帧开始(SOF,Start Of Frame)包。其格式如图 8.20 所示,SOF 包由指示包类型的 PID、其后 11 位的帧号域和 CRC 域构成。

合法的令牌包和帧开始包的界定在于 3 个字节的包数据后面有包结束(End Of Packet,EOP)标志。如果数据包被译码为合法令牌或 SOF,但却没有在 3 个字节之后以 EOP 终止,则它被认为是无效的,将被接收端忽略。

SOF 包仅有标记，它在 SOF 开始后，以固定时间间隔发送 SOF 记号和计数的帧数，包括集线器在内的所有全速外设都可收到 SOF 包。外设不产生 SOF 标记返回包，因此，无法保证向任何给定的外设发送的 SOF 都能收到。SOF 包中包括两个时间信息。当外设探测到 SOF 的 PID 时，就知道发生了帧

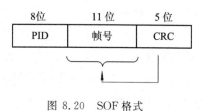

图 8.20　SOF 格式

开始。对帧时间间隔敏感但不需要记录帧数的外设，例如集线器，只对 SOF 的 PID 译码，可忽略帧数和其 CRC。如果外设需要记录帧数，它必须对 PID 和时间戳都进行译码。如果全速设备对总线时间信息没有特别要求的话，则可以忽略 SOF 包中的内容。

3）数据包

数据包的格式如图 8.21 所示，数据包由 PID、大于或等于 0 个字节数据的数据区和 CRC 构成。数据包有两种类型，其 PID 分别为 $DATA_0$ 和 $DATA_1$。这两种数据包 PID 是为了支持数据触发同步（Data Toggle Synchronization）而定义的，在数据传送时，这两种数据包将交替出现。数据必须以整数个字节数发出。数据 CRC 只计算包中的数据域，不包括 PID。

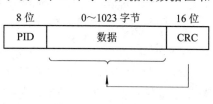

图 8.21　数据包格式

4）应答包（Handshake Packet）

应答包地格式如图 8.22 所示，它仅由 PID 构成。握手包用来报告数据传输的状态，能表示数据成功接收、命令的接收或拒绝、流控制和中止条件。只有支持流控制的传输类型才能返回应答包。

应答包总是在传输的握手阶段返回或在数据阶段代替数据返回。应答包是否有效由 1 个字节的包后的 EOP 界定。如果包被解读为合法的应答信号，但没有以 1 个字节后的 EOP 终止，则被认为是无效的，且被接收端忽略。

图 8.22　应答包格式

应答包共有如下三种类型：

（1）确认包 ACK：表明数据接收成功。

（2）无效包 NAK：指出设备暂时不能传送或接收数据，但无需主机介入，可以解释成设备忙。

（3）出错包 STALL：指出设备不能传送或接收数据，但需要主机介入才能恢复。

其中，无效包 NAK 和出错包 STALL 不能由主机发出。

5）特殊包（PRE）

特殊包用于主机从全速变为低速传输时送出的包。特殊包的 PID 名称是前同步（PRE）。主机发送的前同步域用于打开低速外设的下行总线通道。这个包比较少用到。

8.4.4　USB 总线接口芯片及其应用

1. USB 接口芯片分类

USB 接口芯片的类型可以按以下三种方法分类。

1）传输速度

按传输速度的高低：低速(1.5 Mb/s)、全速(12 Mb/s)和高速(480 Mb/s)。低速和全速可选 USB1.1 接口芯片，例如 Philips 公司的 PDIUSBD12 和 Cypress 公司的 EZ-USB2100系列；高速(480 Mb/s)可选 USB2.0 接口芯片，例如 Philips 公司的ISP1581 和 Cypress 公司的 CY7C68013。

2）是否带 MCU

有些 USB 接口芯片本身就带有是否带 MCU(微控制器)。一般 Philips 公司的都不带 MCU，Cypress 公司大多都带，例如 AN2131。

3）主控功能

有些 USB 接口芯片带有主控功能，它们不需要主机参与，主从设备间可进行数据传输，芯片有 Philips 公司的 ISP1301 和 Cypress 公司的 SL811HS 等。

下面介绍三种常用的接口芯片。

2．EZ-USB

EZ-USB 是 Cypress 公司带 MCU 的 USB 接口器件，具有全速度、全序列、易开发和软配置等特点，是设计 USB 设备的首选器件。

EZ-USB 的串行接口引擎能自动完成数据收发控制、位填充、数据编码、CRC 校验和 PID 包解码等 USB 协议处理。EZ-USB 在连接时自动进行枚举，建立默认的 EZ-USB 设备。首次枚举成功后，还可以通过软配置由 8051 内核重新枚举建立用户定制的设备。EZ-USB的串行接口引擎能自动完成主要 USB 协议处理，简化了设备固件(Fireware)设计。

1）EZ-USB 的性能

EZ-USB 内有一个智能 USB 引擎，可以代替 USB 外设开发者完成 USB 协议中规定的 $80\%\sim90\%$ 的通信工作，这使得开发者不需要深入了解 USB 的低级协议，即可顺利地开发出所需要的 USB 外设。EZ-USB 的性能如下：

- 微处理器。
- 一个 USB 收发模块。
- 一对 USB 口(D＋、D－)。
- 24 个 I/O 口。
- 16 位的地址线。
- 8 位的数据线。
- 一个 I^2C 口。
- 支持 USB1.0 规范(12 Mb/s)。

EZ-USB 内置的 8051 处理器，相对标准的 8051 处理器进行了改进。以 AN2131QC 为例，主要有以下改进方面：

(1) 独立的地址总线和数据总线，总线周期为 4 个时钟，平均运行速度提高了近 3 倍。

(2) 双数据指针和自动指针提高了数据交换效率。

(3) 扩展的中断系统支持 13 个中断源，并支持自动中断向量。

(4) 1 个 I^2C 接口以及 2 个 UART 接口，24 个可配置 I/O 端口。

（5）可变周期的 MOVX 指令，可以适合高低速存储器芯片的接口。

（6）3 个 16 位内置定时/计数器、256 字节内部寄存器 RAM。

芯片内部集成有 8 KB 外部 RAM，8051 内核要用 MOVX 指令访问此 RAM 区。

2）结　构

EZ – USB 的结构框图如图 8.23 所示。

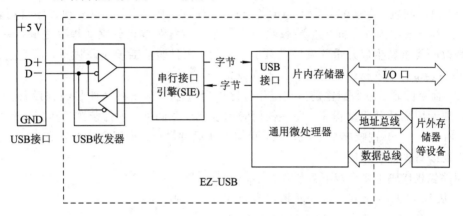

图 8.23　EZ – USB(AN2131Q)的结构图

EZ – USB(AN2131Q)的封装和引脚定义如图 8.24 所示。

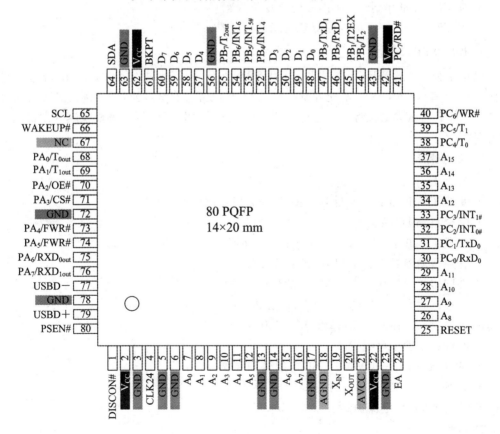

图 8.24　AN2131Q 的封装及其引脚定义

3）EZ – USB 的软配置

外设未通过 USB 接口接到 PC 机之前，外设上的固件存储在 PC 上，一旦外设接到 PC 机上，PC 先询问该外设是"谁"（即读设备的标识符），然后将该外设的固件下载到 EZ – USB 的 RAM 中，对 EZ – USB 实现软配置。

软配置可采用两种方式实现：自动配置和命令配置。

（1）自动配置。自动配置是指当设备连接时，固件由专门的装载驱动程序自动装载到设备。这种方式下固件要捆绑在装载驱动程序之中，固件与装载驱动程序之间一一对应，固件修改时要重新生成并重新安装装载驱动程序，固件装载后要重新枚举，以建立定制的 USB 设备，如果不重新枚举主机会找不到设备。

（2）命令配置。命令配置是指在应用程序中通过命令操作将固件装载到设备。这种方式不需要专用的装载驱动程序，可在任何时刻装载任意固件。固件装载后可以不用重枚举操作，由 EZ – USB 内核响应主机请求，可以简化固件设计。采用命令配置方式时，在应用程序中要编写固件装载代码。

固件装载代码主要完成下列操作：

- 从 Intel Hex 格式文件中提取出有效的固件代码。
- 向 EZ – USB 请求复位 8051 内核。
- 向 EZ – USB 请求固件下载，固件下传至 EZ – USB 的内部 RAM。
- 向 EZ – USB 请求 8051 内核脱离复位状态。
- 对 EZ – USB 外设接口和交替功能进行设置。

3. PDIUSBD12

Philips 公司的 USB 接口芯片 PDIUSBD12 是一个性能优化的 USB 器件。它的 SoftConnect和 GoodLink 技术使开发和调试 USB 设备时非常方便，在性能、速度方便性以及成本上都具有很大的优势，因此使用 Philips 公司的 PDIUSBD12 可以快速开发出高性能的 USB 设备。

1）主要特性

- 符合 USB1.1 协议规范。
- 集成了 SIE、FIFO 存储器、收发器和电压调整器。
- 完全自动 DMA 操作。
- 集成了 320 个字节的多配置 FIFO 存储器。
- 在块传输模式下有 1 Mb/s 的数据传输率。
- 在同步传输模式下有 1 Mb/s 的数据传输率。
- 在挂起时有可控制的 LazyClock 输出。
- 可通过软件控制 USB 总线连接 SoftConnect。
- 时钟频率输出可编程。
- 符合 ACPI OnNOW 和 USB 电源管理要求。
- 有 SO18 和 TSSOP28 封装。
- 片内 8 kV 静电保护。

2）结构

PDIUSBD12 的内部框图如图 8.25 所示。

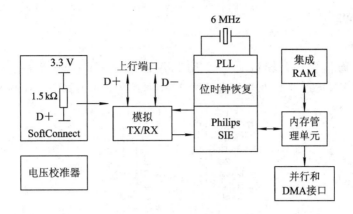

图 8.25　PDIUSBD12 内部结构

PDIUSBD12 的引脚定义如图 8.26 所示。

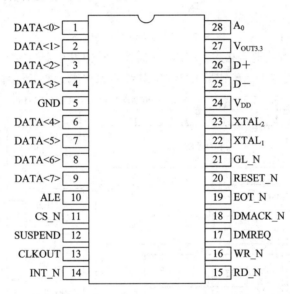

图 8.26　PDIUSBD12 的引脚定义

3）应用

图 8.27 为 PDIUSBD12 与 80C51 的典型连接电路。这个例子中 ALE 信号线始终接低电平，说明采用单独地址和数据总线配置。A_0 脚接 80C51 的任何 I/O 引脚，控制是命令还是数据输入到 PDIUSBD12。80C51 的 P_0 口直接与 PDIUSBD12 的数据总线相连接，CLKOUT 时钟输出为 80C51 提供时钟输入。

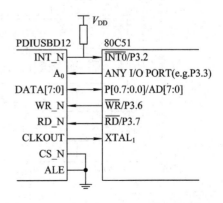

图 8.27　PDIUSBD12 与 80C51 的连接

4. USBN9602

1）芯片介绍

对于 USB 通信接口，较流行的专用芯片还有是 National Semiconductor 公司的 USBN9602。USBN9602 是标准双列直插式 28 引脚芯片，其引脚定义如图 8.28 所示。

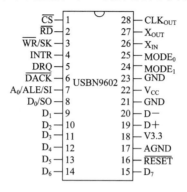

图 8.28　USBN9602 引脚定义

该芯片内部集成微处理器接口、FIFO 存储器、时钟发生器、串行接口引擎（SIE）、收发器、电压转换器，支持 DMA 和微波接口，其结构图如图 8.29 所示。

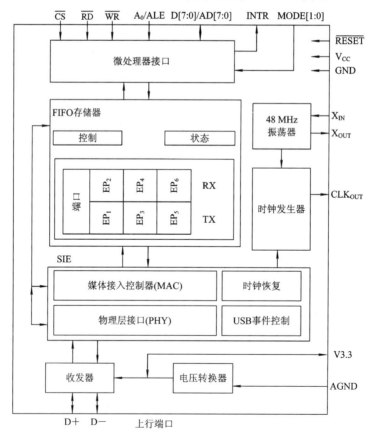

图 8.29　USBN9602 的结构

2）应用

USBN9602 作为 USB 接口的专用芯片，广泛用于数据采集系统和测控系统中。普通单片机与 USBN9602 接口很简洁。图 8.30 是 USBN9602 与 80C51 连接的参考图。

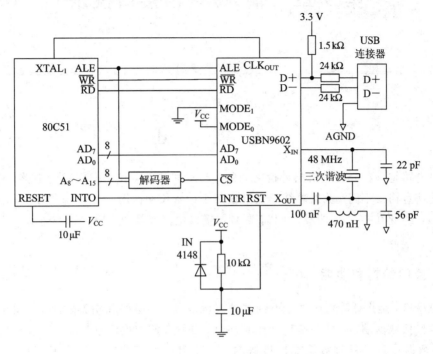

图 8.30　USBN9602 与 80C51 的接口实现

第 9 章 输入/输出接口技术

9.1 概 述

接口电路是一种介于主机与外设之间的，起缓冲、转换和匹配作用的电路。由于外设与主机的信息格式不同，数据总线不允许被某个设备长期占用，CPU 与外设之间速度不匹配等原因，因此在主机和外设之间需要加入接口电路负责协调 CPU 与外设之间的数据传送。

9.1.1 接口结构和功能

所谓接口，是指计算机中两个不同部件或设备之间的电路和相关软件。如图 9.1 所示，接口通常包括数据端口、状态端口和控制端口，分别存放数据信息、状态信息和控制信息。

（1）数据信息是通过数据端口传送的。按一次传送数据的位数不同可以把数据信息的传送方式分为并行传送和串行传送两种方式。

（2）状态信息是指表明外设的当前状态信息。CPU 只能读取这些信息，并不能改变这些信息，因为这些信息是由外设的当前状态所决定的。

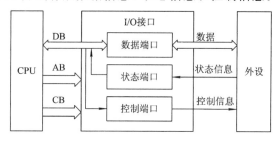

图 9.1 接口的一般结构

（3）控制信息是指 CPU 向外设发出的控制信号或 CPU 写到可编程外设接口电路芯片的控制字等。控制信息只能由 CPU 发出，不能由外设发出。

外设接口是为使 CPU 与外设相连接而专门设计的逻辑电路和相关软件（如初始化等），它是 CPU 与外设进行信息交换的桥梁。

外设接口通常具有如下功能：

（1）对输入/输出（Input/Output，I/O）信息进行传输形式的转换，如正负逻辑转换、串并行数据转换、A/D 转换、D/A 转换等。

（2）根据外设的具体情况，提供一种合适的数据交换"调度策略"，即合理的数据输入/输出方法，如程序查询、中断管理等。

（3）一个输入接口必须具有三态缓冲功能，一个输出接口应具有数据锁存功能，以供外设分时复用或协调 CPU 与外设数据处理速度上的差异。

（4）为数据传送提供缓冲、定时和控制等，以协调速度上的差异。

（5）提供输入/输出设备状态信息供 CPU 查询，或记忆 CPU 送给外设的命令，供外设查询。

（6）输入/输出电气特性匹配。计算机的输入/输出电平通常是 TTL 电平，而被控对象所要求的输入/输出电平规格较多，故需接口具备电平转换功能。

（7）负载匹配。为了使计算机能够控制大功率的被控对象，接口应具备驱动和功率放大的能力。

9.1.2 端口的编址

外设中可由 CPU 存取的寄存器称为端口。每个端口都需要相应的地址。输入/输出（I/O）端口的编址方法有两种，分别是存储器统一编址和 I/O 独立编址。

1. 统一编址方式

统一编址方式是指把 I/O 端口和存储单元统一编址，即把 I/O 端口看成是存储器的一部分进行编程。统一编址方式的优点是 CPU 访问存储单元的所有指令都可以用来访问 I/O 端口，CPU 访问存储单元的所有寻址方式也就是 CPU 访问 I/O 端口的寻址方式。统一编址方式的缺点是 I/O 端口占用了内存空间，并且访问存储器和访问 I/O 端口在程序中不能一目了然。

2. 独立编址方式

独立编址方式是指把 I/O 端口和存储单元各自独立编址，即使地址编号相同也无妨。独立编址方式的优点是 I/O 端口不占用内存空间，访问 I/O 端口的指令长度仅有两个字节，执行速度快，读程序时只要是 I/O 指令，即知是 CPU 访问 I/O 端口。独立编址方式的缺点是要求 CPU 有独立的 I/O 指令，CPU 访问 I/O 端口的寻址方式少。一般仅有端口直接寻址和 DX 寄存器间接寻址两种寻址方式。

9.1.3 数据传送方式

计算机(CPU)和外设之间输入/输出数据传送的方式通常有三种，分别是程序控制传送方式、中断传送方式和 DMA(直接存储器存取)方式。

1. 程序控制传送方式

在程序控制传送方式下，CPU 和外设之间的输入/输出数据传送完全由程序控制。程序控制传送方式又分为无条件传送和查询传送。

1）无条件传送方式

无条件传送方式又称同步传送方式。无条件传送方式假设外设已做好传送数据的准备，因而 CPU 直接与外设传送数据而不必预先查询外设的状态。

无条件传送方式适用于外部控制过程的各种动作时间是固定的且是已知的场合，特别适用于外设速度比较慢、情况比较简单的场合，如用发光二极管显示、对温度信号采样。无条件传输方式时的接口电路一般如图 9.2 所示。

由图 9.2 可以看出无条件传送是最简便的传送方式，它所需的硬件和软件都很少，且硬件接口电路简单。无条件传输方式的缺点是这种传送方式必须在场合已知并且确信外设已准备就绪的情况下才能使用，否则会出错。

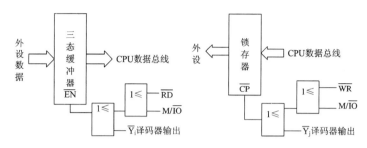

图 9.2　无条件传输方式

2）查询传送方式

查询传送方式又称异步传送方式。查询传输方式在进行数据传送前，程序首先检测外设状态端口的状态，只有在状态信息满足条件时，才能通过数据端口进行数据传送，否则程序只能循环等待或转入其他程序段。查询传输方式输入时的接口电路一般如图 9.3 所示。

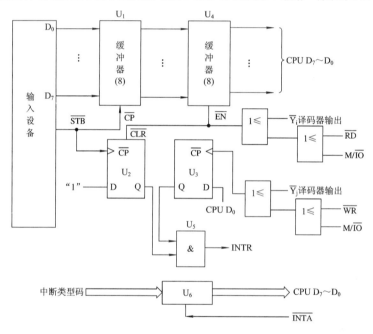

图 9.3　查询传输方式输入时的接口电路

图 9.3 所示的工作过程如下：当输入设备准备好数据时，就发出低电平有效的选通信号 $\overline{STB}$，$\overline{STB}$ 信号有两个作用。首先，它作为 8 位锁存器的控制信号，当 $\overline{STB}=0$ 时，输入设备的数据被送入锁存器；其次，它使 D 触发器的输出端 Q 端变成高电平，表示外设已准备好，接口电路已有外设送来的数据。

当 CPU 从外设输入数据时，先从状态端口读 READY 状态（在 CPU 数据总线的 D_0 上）。当 READY＝1 时，从数据端口读入数据，同时把 D 触发器清零（即 READY＝0），以准备接收下一个数据。

当 CPU 将数据输出到外部设备时，由于 CPU 传送数据速度很快，如果外设不及时将数据取走，CPU 就不能再向外设输出数据，否则，数据会丢失。因此，外设取走一个数据就要发一个状态信息，告诉 CPU 数据已被取走，可以输出下一个数据。

查询传输方式输出时的接口电路通常如图 9.4 所示。

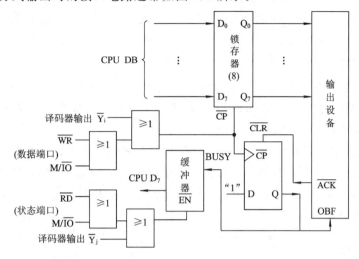

图 9.4 查询传输方式输出时的接口电路

查询传送方式时，CPU 要不断地查询外设，当外设没有准备好时，CPU 要等待，而许多外设的速度比 CPU 要慢得多，CPU 的利用率不高。而且，当外设较多时，CPU 不能及时发现某个外设已准备"就绪"，因而不具备实时性。

2. 中断传送方式

在中断方式下，当外设准备"就绪"时，主动向 CPU 发出传送数据请求，CPU 可暂时中断当前正在执行的程序，转去执行与外设传送数据有关的程序，数据传送完毕后，又恢复执行原被中断的程序继续执行。中断传送方式下的接口电路一般如图 9.5 所示。

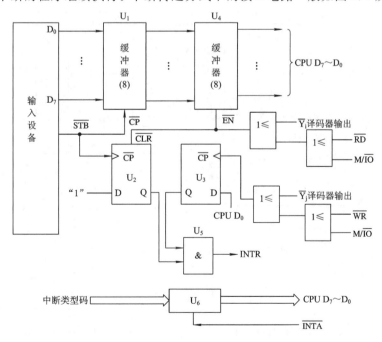

图 9.5 中断传送方式下的接口电路

中断方式要求接口电路能提供中断请求信号。在该方式下，CPU无需反复查询外设的状态，节省了许多时间。CPU也能及时发现准备"就绪"的外设。中断方式的缺点是接口电路比较复杂。

3．DMA方式

程序传送方式和中断传送方式在内存与外设之间传送数据时，传送过程都是在CPU控制下进行的，并且以CPU为中间媒介。每传送一个字节，都要CPU执行若干指令。这些因素影响了数据的传送速度。

DMA方式是在外设和内存之间以及内存与内存之间开辟直接的数据通道，内存和外设之间的数据传送在DMA控制器的管理下直接进行，而不经过CPU，整个传送过程由硬件来完成而不需要软件介入。这种方式控制电路复杂，但大大提高了传送数据的速率，适于大批量数据的传送。

在DMA方式传输中，对数据传送过程进行控制的硬件称为DMA控制器。DMA控制器必须具有以下功能：

（1）能接收外设的DMA请求DREQ，并能向外设发出DMA响应信号DACK。

（2）能向CPU发出总线请求信号HOLD，当CPU发出总线响应信号HLDA后，能接管对总线的控制，进入DMA方式。

（3）能发出地址信息，对存储器寻址并修改地址指针。

（4）能发出读/写等控制信号，包括存储器读/写信号和I/O读/写信号。

（5）能决定传送的字节数，并能判断DMA传送是否结束。

（6）能发出DMA结束信号，释放总线，使CPU恢复正常工作。

DMA方式传输数据的接口电路通常如图9.6所示。

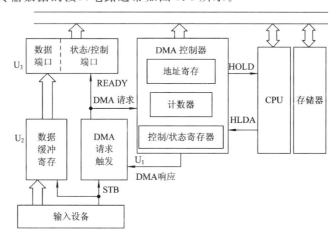

图 9.6 DMA方式传输时的接口电路

9.2 串 行 接 口

常见的接口电路有串行接口电路和并行接口电路两种。串行接口电路是把数据一位一位地读入CPU或从CPU发出（数据的各位逐次读/写）。串行传送适用于长距离通信系统及各类计算机网络。并行接口电路把数据多位同时地读入 CPU 或从 CPU 发出(数据的各位同时读/写)。

9.2.1　串行传输概念

1. 串行传输方式

由于信息在一个方向上传输只占用一根传输线,而这根线上既传送数据又传送联络信号,因此为了区分这根线传送的信息流中,哪一部分是联络信号,哪一部分是数据,就必须引出串行通信的一系列约定。在串行通信中有异步通信和同步通信两种基本串行通信方式。

1) 异步通信

异步通信又称为非同步通信或不同步通信,这是因为连接的每一个终端都提供自己的时钟信号。每个终端必须在时钟的频率上保持一致。串行异步通信时,以帧为基本单位发送和接受信息,一帧一般是指由起始位、字符、奇偶校验位、停止位等组成的一组信息流。

传送一个字符总是从传送一位起始位"0"开始,接着传输字符本身(5~8 位),传送字符从最低位开始,逐位传送,直至到传送最高位,接着传送奇偶校验位,最后传送 1 位或 1 个半位或 2 位的停止位"1"。从起始位开始到停止位结束,构成一帧信息。一帧信息传送完毕后,可传送不定长度的空闲位"1",作为帧与相邻帧之间的间隔,也可以没有空闲位间隔。

微型计算机上的 RS-232 接口就是使用异步格式和调制解调器以及其他设备进行通信的。虽然 RS-232 接口也能传输同步数据,但异步连接更加普遍。大多数 RS-485 连接也使用异步通信。

异步传输的格式很多,其中常用的有 $8 \times N-1$ 格式和 $7 \times N-1$ 格式。$8 \times N-1$ 格式不使用校验码,$7 \times N-1$ 格式使用校验码。$8 \times N-1$ 格式发送方以一个起始位开始,紧接着发送 8 个数据位(从最低位到最高位),并以一个停止位结束。

校验位可以是奇校验位或者偶校验位。对于偶校验位,校验位被置"1"或者"0",使得数据位加上校验位含有偶数的"1"值。对于奇校验位,校验位被置"1"或者"0",使得数据位加上校验位含有奇数的"1"值。$7 \times N-1$ 格式发送方发送一个起始位、7 个数据位、一个奇偶校验位和一个停止位。连接的两个终端必须认可这种格式。接收方检验接收到的数据,如果接收到的数据不符合校验的格式,就向发送方通知出错。

波特率是单位时间内传送二进制数据的位数,以位/秒(b/s)为单位。异步通信传送速度一般在 50~9600 b/s 范围内,用于传送信息量不大,传送速度要求较低场合。

图 9.7 所示为异步串行数据传输的数据格式。

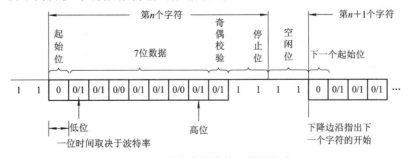

图 9.7　异步串行传输的数据格式

2) 同步通信

同步通信是指在一次同步传输中，所有的设备都使用一个通用的时钟，这个时钟可以是由这些设备中的一台产生的，也可以是外部的时钟信号源。这个时钟可以有固定的频率或者可以每隔一个不规则的周期进行切换。所有传输的位都和这个时钟信号同步。换言之，每一个传输位在时钟信号跳变(上升或者下降沿)之后的一个规定的时间内有效。接收方利用时钟跳变来决定什么时候读取每一个输入的位。协议的细节可能会变化。例如，接收者可以在时钟信号的上升或者下降沿锁存输入数据，或者在检测到一个逻辑高电平或者逻辑低电平的时候锁存数据。

同步格式用不同的方式来表示一次传输的开端和结束，包括起始位和停止位以及专门的片选信号。同步通信一般只有在 15 m 或更短的通信距离内有效。对于更长的连接，同步格式就不太实际了，因为需要传输时钟信号，这就需要一根额外的线并且容易受到噪声的干扰。同步通信时需要传送同步信号，因而设备比较复杂。串行同步通信的波特率在几万到几十万比特每秒之间。

同步通信中使用的数据格式根据所采用的控制协议(通信双方就如何交换信息所建立的一些规定和过程称为通信控制协议)又可分为面向字符型和面向位(比特)型两种。

面向字符型的数据格式又有单同步、双同步和外同步之分。三种同步方式均以 2 个字节的冗余检验码 CRC 作为一帧信息的结束。

(1) 单同步：发送方先传送 1 个同步字符，再传送数据块，接收方检测到同步字符后接收数据。

(2) 双同步：发送方先传送 2 个同步字符，再传送数据块，接收方检测到同步字符后接收数据。

(3) 外同步：用一条专用线来传送同步字符，以实现收发双方同步操作。

面向位型的控制协议有多种形式，其中 IBM 的同步数据链路控制规程 SDLC 的数据格式如图 9.8 所示。

开始标志　地址域控制域　数据域(0~n位) 16位CRC校验码 结束标志

图 9.8　SDLC 的数据格式

在同步串行传送中，接收和发送时钟对于收/发双方之间的数据传送达到同步是至关重要的。在发送方，一般都是在发送时钟的下降沿将数据串行移位输出；在接收方，一般都是在接收时钟的上升沿将数据串行移位输入的。

2. 串行传送方向

串行通信在两个站(或设备)A 和 B 之间传送数据的方向方式有三种：单工、半双工和全双工。

(1) 单工。单工方式仅能进行一个方向的传送，即 A 只能作为发送器，B 只能作为接收器。

(2) 半双工。半双工方式能交替地进行双向数据传送，但两个站之间只有一根传输线，因此两个方向的数据传送不能同时进行。

（3）全双工。全双工方式通信时 A、B 之间有两条传输线，能在两个方向上同时进行数据传送。

3．串行 I/O 实现

1）软件实现

串行数据转换成并行数据或者并行数据转换成串行数据，完全可由 CPU 通过软件来实现，外部只要增加简单的电平转换电路即可。

2）UART 硬件实现

UART 即通用异步接收/发送器。UART 既能发送，又能接收，接收和发送部分都是双缓冲结构。当输入时，由输入端（RXD）接收到的串行数据先进入移位寄存器，接收到一个字符后并行输入给输入数据缓冲器，转变为并行数据，由数据总线传输至 CPU。在发送时，由 CPU 发出的并行数据被输出数据缓冲器接收，然后送到输出移位寄存器，由输出端（TXD）从最低有效位开始直至最高有效位结束，一位接一位地串行输出。

UART 是用外部时钟来和接收的数据进行同步的，外部时钟的周期 T_c 和数据位的周期 T_d 有 $T_c = T_d/K$ 的关系，式中 $K = 16$ 或 64。若 $K = 16$，则在每一个时钟脉冲的上升沿采样 RXD，发现的第一个 0 即为起始位的开始，以后间隔 8 个接收时钟周期再采样 RXD，若仍为 0，则确定它为起始位（不是干扰信号），以后每隔 16 个时钟脉冲采样一次 RXD 线，作为输入数据。

为了检测出错，UART 设置了三个出错标志。

（1）奇偶出错标志：在接收时，若检测到奇偶出错，则置位该出错标志。

（2）帧出错标志：在接收时，若检测到字符格式不合规定，则置位该出错标志。

（3）溢出出错标志：在接收时，CPU 还没从接收数据缓冲器取走上一个字符，而接收数据移位寄存器又接收到下一个字符，则上一个字符会丢失，出现这种情况时，置位该出错标志。

9.2.2　RS-232 接口

微型计算机中的每一个 COM 口或 Comm（通信）口都是一个由 UART 控制的异步串行接口。COM 口可以是传统的 RS-232 接口、RS-485 接口或者是专门为了内置的 Modem 及其他设备而设置的接口。RS-232 及其类似的接口，由于价格便宜，编程容易，允许较长的电缆，并且能够轻松地与廉价的微控制器以及老式的计算机联用，因此它在计算机数据采集系统中得到普遍应用。

1）RS-232 引脚定义

RS-232 的引脚规定如下：

· 保护地：它与设备的外壳相连，需要时可以使它直接与大地相连。

· TXD：发送数据。

· RXD：接收数据。

· 信号地：信号的地线。

· RTS：请求发送。

- CTS：准许发送。
- DSR：数据通信设备准备就绪。
- DTR：数据终端准备就绪。
- RI：振铃检测。
- DCD：接收线路信号检测。

(1) RTS：请求发送，是数据终端设备(以下简称 DTE)向数据通信设备(以下简称 DCE)提出发送要求的请求线。

(2) CTS：准许发送，是 DCE 对 DTE 提出的发送请求所做出的响应信号。当 CTS 在接通状态时，就是通知 DTE 可以发送数据了。当 RTS 在断开状态时，CTS 也随之断开，以备下一次应答过程的正常进行；当 RTS 在接通状态时，只有当 DCE 进入发送态，即 DCE 已准备接收 DTE 送来的数据进行调制并且 DCE 与外部线路接通时，CTS 才处于接通状态。

(3) DSR：数据通信设备准备就绪。它反映了本数据通信设备当前的状态。当此线在接通状态时，表明 DCE 已经与信道连接且并没有处于通话状态或测试状态，通过此线，DCE 通知 DTE，DCE 准备就绪。DSR 也可以作为对 RTS 信号的响应，但 DSR 线优先于 CTS 线成为接通状态。

(4) DTR：数据终端准备就绪。如果该线处于接通状态，则 DTE 通知 DCE，DTE 已经做好了发送或接收数据的准备，DTE 准备发送时，本设备是主动的，可以在准备好时，将 DTR 线置为接通状态。如果 DTE 具有自动转入接收的功能，当 DTE 接到振铃指示信号 RI 后，就自动进入接收状态，同时将 DTR 线置为接通状态。

(5) RI：振铃检测。当 DCE 检测到线路上有振铃信号时，将 RI 线接通，传送给 DTE，在 DTE 中常常把这个信号作为处理机的中断请求信号，使 DTE 进入接收状态，当振铃停止时，RI 也变成断开状态。

(6) DCD：接收线路信号检测。这是 DCE 送给 DTE 的线路载波检测线。MODEM 在连续载波方式工作时，只要一进入工作状态，将连续不断地向对方发送一个载波信号。每一方的 MODEM 都可以通过对这一信号的检测判断线路是否通，对方是否在工作。

此外 RS-232 还有一些其他控制线，但是并不常用，这里不再赘述。

2) 电气性能规定

RS-232 接口对电气性能作了如下规定。

(1) 在 TXD 和 RXD 线上：

- MARK(即数字"1") = -3～-25 V
- SPACE(即数字"0") = +3～+25 V

(2) 在联络控制信号线上(如 RTS、CTS、DSR、DTR、RI、DCD 等)：

- ON(接通状态) = +3～+25 V
- OFF(断开状态) = -3～-25 V

可以看出，RS-232 电气性能规定的电平与 TTL 逻辑电平不一致，在实际的应用中，都要涉及到 RS-232 电平与 TTL 逻辑电平的互相转换。凡是有 RS-232 串行接口的计算机系统，都需要有两个转换电路。常用的转换芯片是 MC1488 和 MC1489。

- MC1488 芯片可实现 TTL 电平到 RS-232 逻辑电平的转换。

- MC1489 芯片可实现 RS-232 电平到 TTL 逻辑电平的转换。

3）RS-232 的典型应用

RS-232 总共定义了 20 根信号线，但在实际应用中，使用其中多少根信号线并无约束，也就是说，对于 RS-232 标准接口的使用是非常灵活的。下面给出一种典型的使用 RS-232的连接方式，见图 9.9。

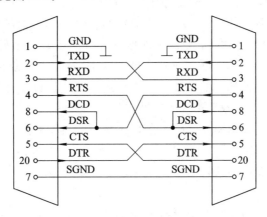

图 9.9　RS-232 接口的典型连接

图 9.9 所示是两个设备之间使用 RS-232 串行接口的典型连接，但这种信号线的连接方式不是唯一的。在这种连接方式下，信号传送的过程是：首先发送方将 RTS 置为接通，向对方请求发送，由于接收方的 DSR 和 DCD 均与发送方的 RTS 相连，故接收方的 DSR 和 DCD 也处于接通状态，分别表示发送方准备就绪和告知接收方请求发送数据。当接收方准备就绪，准备接收数据时，就将 DTR 置为接通状态，通知发送方，接收方准备就绪，由于发送方的 CTS 接至接收方的 DTR，故发送数据，接收方从 RXD（接至发送方 TXD）接收数据。如果接收方来不及处理数据，接收方可暂时断开 DTR 信号，迫使对方暂停发送。当发送方数据发送完毕时，便可断开 RTS 信号，接收方的 DSR 和 DCD 信号状态也就处于断开状态，通知接收方，一次数据传送结束。如果双方都始终在就绪状态下准备接收数据，那么连线可减至 3 根。

9.2.3　可编程串行接口芯片 8251A

1. 基本性能

可编程串行接口芯片 8251A 的基本性能如下：

（1）可用于同步和异步传送。同步传送时可设置 5～8 bit/字符，内同步或外同步，自动插入同步字符；异步传送时可设置 5～8 bit/字符，接收/发送时钟频率为通信波特率的 1、16 或 64 倍。

（2）可产生中止字符，可产生 1、1.5 或 2 位停止位。可检查假启动位，自动检测和处理中止字符。

（3）波特率：19.2 Kb/s（异步）；64 Kb/s（同步）。

（4）完全双工，双缓冲发送和接收器。

（5）具有奇偶、帧、溢出出错检测电路。

2. 内部结构

8251A 芯片接口电路由五大部分组成,它们分别是接收器、发送器、调制解调控制器、数据总线缓冲器和内部控制器。

1) 接收器

接收器接收 RXD 线上的串行数据并按规定的格式把它转换为并行数据,存放在接收数据缓冲器中。其接收数据的速率取决于从 $\overline{RXC}$ 端输入的接收时钟频率。

当 8251A 工作于异步方式时,如果允许接收并且准备好接收数据,接收器监视 RXD 线,在无字符传送时,RXD 线上为高电平,当发现 RXD 线上出现低电平时,即认为它是起始位,随即启动一个内部计数器,当计数器计到一个数据位宽度的一半(若时钟脉冲频率为波特率的 16 倍,则为计数到第 8 个脉冲)时,又重新采样 RXD 线,若其仍为低电平,则确认它为起始位,此后在 $\overline{RXC}$ 作用下(若 $\overline{RXC}$ 频率为波特率的 16 倍,则每隔 16 个 $\overline{RXC}$ 采样一次 RXD 线),把 RXD 线上的数据送至移位寄存器,经过移位,又经过奇偶校验和去掉停止位后,就得到了转换的并行数据,再传送给接收数据缓冲器,同时输出 RXRDY 有效信号,通知 CPU 取走字符。

在同步方式时,接收器监视 RXD 线,每出现一个接收时钟,采样一位数据到接收数据移位寄存器中,构成并行字节,并送到接收数据缓冲器中,再与含有同步字符(由程序设定)的寄存器相比较,看是否相等,若不等,重复上述过程。当找到同步字符后(若规定为两个同步字符,则出现在 RXD 线的两个相邻字符必须与规定的字符相同),置 SYNDET 信号,表示已找到同步字符。在找到同步字符后,每隔一个接收时钟采样一次 RXD 线上的数据位,送到接收数据移位寄存器中,经移位并按规定的位数转换成并行字节数据,再把它并行送至接收数据缓冲器中,同时输出 RXRDY 有效信号,通知 CPU 取走字符。

2) 发送器

要发送的数据(字符)由 CPU 送到发送数据缓冲器中,再由发送缓冲器并行传送到发送数据移位寄存器中。

在异步传送方式时,发送器先在串行数据字符前加上起始位,并根据约定的要求加上校验位和停止位,然后在 $\overline{TXC}$ 的作用下,由 TXD 线一位一位地串行发送出去。

在同步方式时,发送器在准备发送的数据前面先插入一个或两个同步字符(在初始化时,由程序设定),在数据块的每个字符后,插入奇偶校验位,然后在 $\overline{TXC}$ 作用下,将数据一位一位地由 TXD 线发送出去。

不论是同步还是异步,只有当操作命令字中的 TXEN(允许发送)为 1 且 $\overline{CTS}$(准许发送)引脚为低电平时,发送器才能发送数据。

3) 调制解调控制器

当两台设备进行远距离串行通信时,发送方要经过调制解调器(MODEM)把数字信号转变成模拟信号,然后发送。在接收方,先由 MODEM 把接收到的模拟信号转换成数字信号,再送给 CPU。调制解调控制器提供了 8251A 与 MODEM 之间的控制信号。

调制解调控制器包括调制解调控制寄存器 MCR 和调制解调状态寄存器 MSR。MCR 用来设置 8251A 与 MODEM 之间的联络信号。MSR 记录 8251A 与 MODEM 之间控制信号的状态。

4）数据总线缓冲器

数据总线缓冲器由状态缓冲器、发送数据/命令缓冲器和接收数据缓冲器组成，是三态双向 8 位缓冲器，用作 8251A 和微机系统数据总线之间的接口。其中状态缓冲器和接收数据缓冲器分别用来存放 CPU 从 8251A 读取的状态信息和数据，发送数据/命令缓冲器用来存放 CPU 写入 8251A 的数据/控制字。

5）内部控制器

内部控制器管理 8251A 内部的工作过程。内部控制器包括线路控制寄存器、线路状态寄存器、除数寄存器、中断识别寄存器和中断允许寄存器。其中，除数寄存器决定数据传送的波特率。

9.2.4 计算机中的串行接口

计算机中的每个串行接口都保留了一系列的接口资源，大多数还有一个指定的中断请求（IRQ）号或者中断请求级别。串行接口分别被命名为 COM1、COM2 等。

通过计算机的设备管理器可以查看或修改计算机的串口资源。在 Windows（笔者的操作系统是 Windows XP）下，打开控制面板，双击"系统"图标，打开系统对话框，选择"硬件"属性页，在"硬件"属性页中双击"设备管理器"按钮，打开"设备管理器"对话框，展开"通讯端口（COM1）"条目，就可以查看到计算机所拥有的串口资源，如图 9.10 所示。

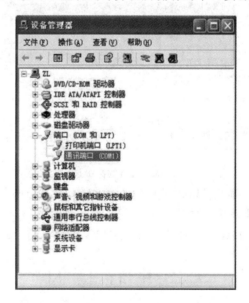

图 9.10 Windows 下的设备管理器

由图 9.10 可以看出，笔者所用的电脑只带有一个串口资源"COM1"，一般的计算机带有两个串口资源 COM1 和 COM2。双击"通讯端口（COM1）"可以打开 COM1 的属性对话框，如图 9.11 所示。

如图 9.11 所示，在端口设置属性页里可以查看并修改 COM1 口的设置，如波特率、数据位、奇偶校验位和停止位等。计算机的默认端口设置一般是波特率 9600，数据位 8 位，无奇偶校验位，停止位 1 位，无流控制。

图 9.11　COM1 的端口属性对话框

　　单击 COM1 属性端口设置里面的"高级"按钮，可以打开"COM1 的高级设置"对话框，其中包括缓冲区大小的设置和端口号的设置，如图 9.12 所示。默认的接收缓冲区大小为14 个字节，发送缓冲区大小为 16 个字节。

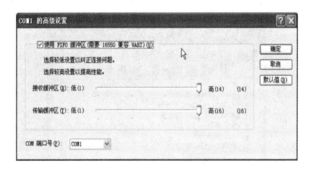

图 9.12　COM1 端口的高级设置对话框

　　计算机中串口的设置除了可以在 Windows 系统的设备管理器中进行查看和修改以外，还可以在开发的数据采集系统软件的应用程序中通过调用 Windows 的 API 函数来灵活地修改，这一方法比上述的在设备管理器中查看和修改更加实用，更加灵活。

9.3　并　行　接　口

　　并行接口常用的芯片是 8255A，8255A 是可编程的并行接口芯片。

9.3.1　8255A 简介

1. 内部结构

　　8255A 的内部结构框图如图 9.13 所示，它由数据总线缓冲器、并行 I/O 端口、控制电路和读/写控制逻辑四部分组成。

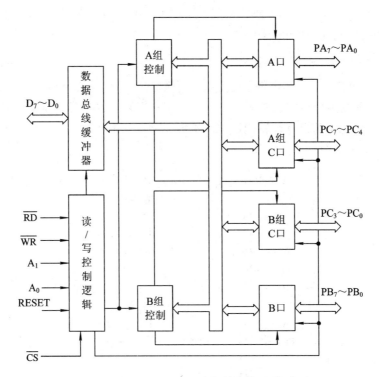

图 9.13　8255A 内部结构框图

1）数据总线缓冲器

数据总线缓冲器共有 8 位，为双向三态，它是 8255A 和 CPU 之间的数据接口。I/O 的数据、CPU 输出的控制字以及 CPU 输入的状态信息都是通过这个缓冲器传送的，数据总线缓冲器的 8 根数据线 $D_7 \sim D_0$ 一般与 8086CPU 的低 8 位数据线相连。

2）并行 I/O 端口

8255A 有 A 口、B 口和 C 口共三个并行 I/O 端口，其中除了 C 口输入没有锁存器外，其余 A 口、B 口输入/输出都有缓冲器和锁存器，C 口输出也都有缓冲器和锁存器，C 口输入只有缓冲器。

通常 A 口和 B 口作为独立工作的 I/O 数据端口，C 口作为控制或状态信息端口。根据方式控制字的设置，C 口可以分成两个 4 位的端口，每个端口包含一个 4 位锁存器，分别与 A 口和 B 口配合使用，作为与外设之间的联络信号和存放接口电路当前的状态信息。

3）控制电路

控制电路有 A 组和 B 组共两组控制电路。其中，A 组控制电路控制 A 口和 C 口上半部；B 组控制电路控制 B 口和 C 口下半部。

A 组控制和 B 组控制相结合，组成控制字寄存器，接收 CPU 写入的方式控制字和对 C 口进行按位的置位/复位控制字。

4）读/写控制逻辑

读/写控制逻辑控制 CPU 送来的控制字或输出数据送至相应端口，把外设的状态信息或输入数据通过相应的端口送至 CPU。当片选信号有效即 $\overline{CS}$ 为低电平时，$A_1 A_0 = 00$ 选择 A 口，$A_1 A_0 = 01$ 选择 B 口，$A_1 A_0 = 10$ 选择 C 口，$A_1 A_0 = 11$ 选择控制字寄存器。到底是输入还是输出取决于 $\overline{RD}$ 和 $\overline{WR}$ 信号，$\overline{RD}=0$ 表示 CPU 输入，$\overline{WR}=0$ 表示 CPU 输出。控制字寄存器的内容 CPU 只能写不能读。

2. 引脚介绍

8255A 是一个单一＋5 V 电源供电、40 个引脚的双列直插式元件，其外部引脚定义如图 9.14 所示。除上面介绍的引脚外，还有一个 RESET 复位信号，高电平有效。复位后，即 RESET 的下降沿，清除 8255A 控制字寄存器内容，并将端口 A、B 和 C 都置为输入方式。

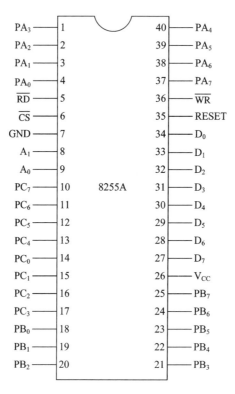

图 9.14　8255A 引脚线定义

9.3.2　工作方式

8255A 共有三种工作方式，即方式 0、方式 1 和方式 2。方式 0 为基本输入输出方式；方式 1 为选通输入/输出方式；方式 2 为双向方式。A 口可工作在方式 0、方式 1 或方式 2，而 B 口只能工作在方式 0 或方式 1。

1. 方式 0

方式 0 为基本输入/输出方式。若 A 口和 B 口都工作在方式 0，则此时 8255A 的 A 口和 B 口作为两个 8 位数据口，C 口的上半部和下半部作为两个 4 位数据口，都可以作为输入口和输出口。

方式 0 工作时，系统没有指定 C 口的某些线作为专门的信号联络线，但是用户可以自定义 C 口的某些线作为信号联络线。

方式 0 工作时，CPU 和 8255A 的 A 口或 B 口之间传送数据只能用程控方式（即无条件或查询方式），不能用中断方式。

2. 方式 1

方式 1 为选通输入/输出方式。A 口和 B 口都可以工作在方式 1 下作为数据输入口和输出口。当 A 口和 B 口工作在方式 1 输入时，8255A 的引脚定义如图 9.15 所示。

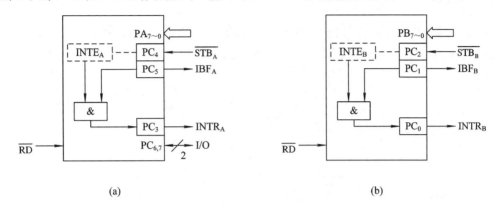

图 9.15 8255A 工作在方式 1 输入时的引脚定义

(a) 端口 A；(b) 端口 B

方式 1 工作时规定了 C 口的某些数据线作为信号联络线，C 口中没有被指定作为信号联络线的剩余数据线才可传送数据。方式 1 输入与输出时各线的含义不同。

1) 输入

方式 1 输入时，A 口占用 PC_3、PC_4 和 PC_5，B 口占用 PC_2、PC_1 和 PC_0 作为信号联络线，C 口仅剩 PC_6 和 PC_7 两根剩余数据线。信号联络线的定义如下：

$\overline{STB}$(A 口为 PC_4、B 口为 PC_2)：输入选通信号，低电平有效。当其有效时，将输入设备送来的数据通过 $PA_7 \sim PA_0$ 或 $PB_7 \sim PB_0$ 送入 A 口或 B 口。

IBF(A 口为 PC_5、B 口为 PC_3)：输入缓冲器满，高电平有效，是 8255A 提供给外设的状态信号。当输入设备查询到 IBF 不满即 IBF 为低电平时，输入设备才能送来新的数据，即输入设备发 $\overline{STB}$ 信号有效，当 $\overline{STB}$ 信号有效后，IBF 就被置为高电平，表示输入设备已将数据输入到 A 口或 B 口，直至 CPU 把数据读走后，$\overline{RD}$ 信号的上升沿使 IBF 变为低电平。

INTR(A 口为 PC_3、B 口为 PC_0)：中断请求信号，高电平有效，是 8255A 用来向 CPU 提出中断请求的输出信号，只有当 $\overline{STB}$、IBF 和 INTE 都为高电平时，INTR 信号才被置为高电平，而 $\overline{RD}$ 信号的下降沿使其复位。

INTE(A 口为 PC_4、B 口为 PC_2)：中断允许，用户通过给 8255A 的控制字寄存器送 PC_4 或 PC_2 的置位/复位字来实现允许中断/禁止中断。

以 A 口为例，方式 1 输入过程为：当输入设备准备好数据，将数据送至 $PA_7 \sim PA_0$，同时发 $\overline{STB}$，在 $\overline{STB}$ 下降沿控制下，8255A 将 $PA_7 \sim PA_0$ 上的数据输入到 A 口数据输入寄存器中，同时 8255A 向输入设备发 IBF 有效，告知输入设备暂缓送数。CPU 可以有两种方式取走数据：中断方式和查询方式。

第一种方式是用中断方式，在中断允许 INTE＝1，IBF 为高电平时，$\overline{STB}$ 的上升沿使 INTR 为高电平，8255A 通过可屏蔽中断控制逻辑 8259A 向 CPU 提出中断申请，在中断服务程序中 CPU 取走数据，一旦取走数据，输入缓冲器满 IBF 由高电平变为低电平。输入设备检测到 IBF 为低电平后，开始传送下一个数据，如此循环。

第二种方式是用软件查询，CPU 仅当查询到 IBF 为高电平时，才从 8255A 的 A 口取走数据。

2）输出

方式 1 输出时，A 口占用 PC_7、PC_6 和 PC_3，B 口占用 PC_2、PC_1 和 PC_0 作信号联络线，C 口仅剩余 PC_5 和 PC_4 两根 I/O 数据线。图 9.16 为方式 1 输出时 8255A 的引脚定义。

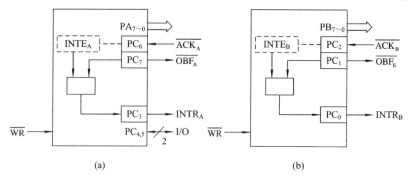

图 9.16　8255A 工作在方式 1 输出时的引脚定义

(a) 端口 A；(b) 端口 B

$\overline{OBF}$（A 口为 PC_7、B 口为 PC_1）：输出缓冲器满，低电平有效，是 8255A 输出给输出设备的状态信号。当 CPU 已把数据输出到 A 口或 B 口时，对应口的 $\overline{OBF}$ 有效，通知输出设备可以将数据取走。

$\overline{ACK}$（A 口为 PC_6、B 口为 PC_2）：输出设备应答，低电平有效，是输出设备传送给 8255A 的应答信号，$\overline{ACK}$ 信号的下降沿使 $\overline{OBF}$ 置为高电平，$\overline{ACK}$ 的上升沿表示输出设备已从 8255A 取走数据。

INTR（A 口为 PC_3、B 口为 PC_0）：中断申请。当外设已经取走 8255A 输出的数据后，INTR 有效，通过可屏蔽中断控制逻辑 8259A 向 CPU 发出中断请求。

INTE（A 口为 PC_6、B 口为 PC_2）：中断允许。

以 A 口为例，方式 1 输出过程为：当输出缓冲器满信号 $\overline{OBF}$ 为高电平时，CPU 执行输出指令，CPU 输出的数据送入 8255A 的 A 口，并使 INTR 复位，$\overline{OBF}$ 置为低电平，通知输出设备 CPU 已把数据输出到了 8255A 的 A 口，输出设备接到 $\overline{OBF}$ 信号有效后，发 $\overline{ACK}$ 有效，$\overline{ACK}$ 下降沿将 $\overline{OBF}$ 置为 1，$\overline{ACK}$ 上升沿表示输出设备已从 8255A 的 A 口取走数据，此时若 INTE＝1，则 INTR 被置为高电平，向 CPU 申请中断，CPU 可采用中断方式输出下一个数据。CPU 也可通过查询 $\overline{OBF}$ 信号，若 $\overline{OBF}$＝1，CPU 输出下一个数据给 8255A，即用查询方式传送数据。

3）方式 2

方式 2 为双向方式。8255A 只允许 A 口工作在方式 2，当 A 口工作在方式 2 时，B 口可工作在方式 0 或方式 1。

所谓双向，即 A 口可分时进行 I/O 操作。A 口工作在方式 2 时 8255A 的引脚定义如图 9.17 所示。

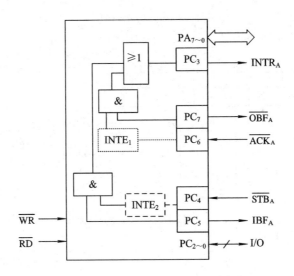

图 9.17 8255A 方式 2 工作时的引脚定义

$\overline{\text{ACK}_A}$(PC_6)，$\overline{\text{OBF}_A}$(PC_7)，$\overline{\text{STB}_A}$(PC_4)，IBF_A(PC_5)；A 口输出时的中断允许 INTE_1 (PC_6)，A 口输入时的中断允许 INTE_2(PC_4)，INTR_A(PC_3)：I/O 中断申请，高电平有效，这是 A 口分时输入/输出时公用的输入/输出中断申请。

方式 2 实质上是方式 0 的输入与输出方式的组合。需要注意的是，因为输入和输出公用端口 A，因此 8255A 输出缓冲器的数据仅当外设发生选通 $\overline{\text{ACK}}$ 信号为低时，才输出到端口数据线上送至外设，而在方式 0 输出时，输出缓冲器的数据总是出现在端口数据线上。此外由于方式 2 输入/输出的中断请求都使用 PC_3 当 CPU 响应中断后，如何来区分是输入请求还是输出请求，这只有在中断服务程序中查询口 $PC_7 \sim PC_3$ 的状态方能确定其服务对象。

A 口工作在方式 2 时，各信号联络线的物理意义基本同方式 1，在此不作赘述。

9.3.3 编程

8255A 是一种可编程的 I/O 的接口芯片，使用时首先要由 CPU 对 8522A 写入控制字。8255A 共有两种控制字：方式控制字和 C 口按位的置位/复位控制字。8255A 的各种工作方式都要由控制字来设定，这个设置过程称为"初始化"。由于这两个控制字都是送到 8255A 控制字寄存器中，为了让 8255A 能识别是哪个控制字，采用特征位的方法，若写入的控制字最高位 $D_7 = 1$ 则是方式控制字；若写入的控制字 $D_7 = 0$ 则是 C 口的按位置位/复位控制字。

1. 方式控制字

方式控制字的各个标志位的含义说明如图 9.18 所示。

- D_7：为 1，是方式控制字标志位。
- $D_6 D_5$：A 口工作方式选择。00：方式 0；01：方式 1；1×：方式 2。
- D_4：A 口 I/O 选择。0：输出；1：输入；若 $D_6 D_5 = 1×$，则 D_4 无意义。
- D_3：C 口上半部剩余数据线 I/O 选择。0：输出；1：输入。
- D_2：B 口工作方式选择。0：方式 0；1：方式 1。

- D_1：B口 I/O 选择。0：输出；1：输入。
- D_0：C口下半部剩余数据线 I/O 选择。0：输出；1：输入。

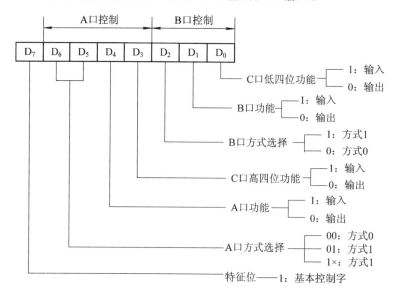

图 9.18　方式控制字各位含义

2. C 口按位的置位/复位控制字

C口按位的置位/复位控制字各位含义如图 9.19 所示。其中，D_7 为 0，C口按位置位/复位字标志；$D_6D_5D_4$ 无意义，可写成 000；$D_3D_2D_1$ 合起来表示被选中要置位/复位的位；D_0 为 0 表示复位，为 1 则表示置位。

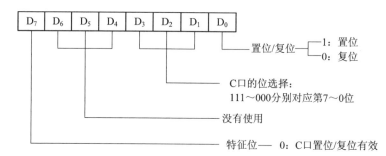

图 9.19　C口置位/复位控制字含义

例如：若 $D_0=0$，$D_3D_2D_1=101$，则 C 口的第 5 位 PC_5 复位；若 $D_0=1$，$D_3D_2D_1=010$，则 C 口的第 2 位 PC_2 置 1。

利用 C 口的按位置位/复位功能，也可以通过 C 口的某一位输出一脉冲或电平，作为外设的选通、门控、复位等控制信号。在选通方式工作时，利用 C 口的按位置位/复位功能可以控制 8255A 能否提出中断请求。方式 0 输入时 PC_4 和 PC_2 的置位/复位操作分别用于控制 A 口和 B 口的 INTE 中断允许触发器，这完全是 8255A 的内部操作，这一操作对 PC_4 和 PC_2 引脚(这时用于 A 口和 B 口的数据选通 $\overline{OBF}$ 输入)的逻辑状态完全没有影响。同样在方式 1 输出和方式 2 输出时，对中断允许触发器的操作不会影响相应引脚的逻辑状态。

例如：假设在某个系统中，要求 8255A 的 A 口工作于方式 1 输入，禁止中断，B 口为方式 0 输出，C 口的剩余数据线全部为输出，设控制口地址为 50H。其初始化程序如下：

```
MOV   AL，10110000B    ;方式选择控制字
OUT   50H，AL          ;控制字送控制字寄存器
MOV   AL，8            ;PC4 置"0"控制字
OUT   50H，AL          ;使 INTEA＝0 禁止 A 口中断
```

3. 8255A 的状态字

8255A 的状态字可供 CPU 读取的状态位组成有：输出信号联络线 $\overline{OBF}$、输入缓冲器满 IBF、中断允许 INTE、中断申请 INTR。如图 9.20 所示为端口 C 的状态字各位的含义。其中，图 9.20(a)为 A 口工作在方式 2 并且 B 口工作在方式 0；图 9.20(b)为 A 口工作在方式 2 并且 B 口工作在方式 1。

$\overline{OBF_A}$	$INTE_1$	IBF_A	$INTE_2$	$INTR_A$	I/O	I/O	I/O

(a)

$\overline{OBF_A}$	$INTE_1$	IBF_A	$INTE_2$	$INTR_A$	$INTE_B$	IBF_B	$INTR_B$

(b)

图 9.20　状态字的含义

(a) 方式 2＋方式 0 时的状态字；(b) 方式 2＋方式 1 时的状态字

由图 9.20 可以看出，输入信号联络线 $\overline{OBF}$ 是不能作为状态位供 CPU 读取的。

状态位的读取是 CPU 对 C 口执行输入操作。当 8255A 工作在方式 1 或方式 2 时，C 口就根据不同的情况产生或接收联络信号，对 C 口执行读操作就可得到一个状态字。

当 8255A 工作在方式 1 或方式 2 时，根据 8255A 状态字的 IBF 和 $\overline{OBF}$ 标志位，可实现数据的查询传送。由于 8255A 不能直接提供中断类型码，因此当 8255A 采用中断方式时，CPU 也要通过读状态字来确定中断源，实现查询中断。当 8255A 的 A 口工作在方式 2，并且使用中断方式传送数据时，输入和输出共同使用一个中断请求信号线 PC_3。CPU 响应中断后，要检查状态字的 $D_7(\overline{OBF})$ 和 $D_5(IBF)$ 以便确定是双向的输出引起的中断，还是双向的输入引起的中断。

不能将读 C 口所得到的状态字同 C 口输入引脚的状态混淆起来，这两者是有区别的。例如，方式 1 输入时，PC_4 和 PC_2 是外设发出的 $\overline{OBF}$ 输入联络信号引脚，状态字的 D_4 和 D_2 位却是中断允许触发器的状态，这个区别在方式 1 输出时也表现在 PC_6 和 PC_2 引脚与状态字 D_6 和 D_2 位的不同上。方式 2 时也有同样的区别。

凡是 8255A 输出给外设的联络信号的状态是可读的，所有外设发给 8255A 的联络信号的状态都无法读到。

9.3.4　应用举例

当用 8255A 驱动打印机时，一种连接方法如图 9.21 所示，打印机采用查询方式工作。

图中用 8255A 的 A 口作为输出打印数据口，工作在方式 0。PC$_7$ 引脚作为打印机的数据选通信号 $\overline{STB}$，由它产生一个负脉冲，将数据线 D$_7$～D$_0$ 上的数据送入打印机。另外分配 PC$_2$ 引脚来接收打印机的忙状态信号，打印机在打印某字符时，忙状态信号 BUSY＝1，此时，CPU 不能向 8255A 输出数据，一定要等待 BUSY 信号为低电平无效时，CPU 才能再次输出数据到 8255A。

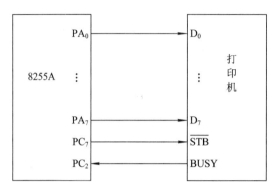

图 9.21　8255A 连接打印机

设 8255A 的控制字地址是 50H，A 口地址为 51H，C 口地址为 52H，打印字符存于缓冲区 BUFF 中，BUFF 的起始地址是 1000H，共有 200H 个字符，利用查询 BUSY 信号完成 CPU 与打印机之间数据交换的源程序如下：

```
        MOV    DX, 50H          ; 8255A 的控制字地址
        MOV    AL, 81H          ; 8255A 方式选择控制字
        OUT    DX, AL           ; A 口方式 0 输出, PC₇ 输出, PC₂ 输入
        MOV    AL, 0FH          ; 8255A 的 C 口的按位置位/复位按制字
        OUT    DX, AL           ; PC₇ 置 1
        MOV    CX, 200H         ; 打印字符个数
        MOV    SI, 1000H        ; BUFF 起始地址
POLL：  MOV DX, 51H             ; C 口地址
        IN     AL, DX
        TEST   AL, 04H          ; 查 BUSY 是否为 0
        JNZ    POLL             ; 不为 0, 打印机忙, 则等待
        MOV    DX, 51H          ; 否则, 向 A 口送数
        MOV    AL, [SI]
        OUT    DX, AL
        MOV    DX, 50H          ; 8255A 控制口口地址
        MOV    AL, 0EH          ; PC₇ 置 0
        OUT    DX, AL           ; 产生一个负脉冲
        NOP
        MOV    AL, 0FH          ; PC₇ 置 1
        OUT    DX, AL
        INC    SI
        LOOP   POLL             ; 未打印完, 继续
        HLT
```

9.4　I²C 接口

9.4.1　I²C 总线概述

I²C(Inter-Integrated Circuit)总线是一种由 Philips 公司开发的两线式串行总线,用于连接微控制器及其外围设备,如图 9.22 所示。I²C 总线是一种串行数据总线,除电源线外,只有两根信号线,一根是双向的数据线(Serial Data Line,SDA),用于串行数据线;另一根是双向的时钟线(Serial Clock Line,SCL),用于同步传输数据时,均为双向传输线。在 SCL 为低电平期间允许主控器件改变 SDA 的电平状态,当 SCL 为高电平状态时 SDA 的电平须保持稳定。I²C 总线最主要的优点是其简单性和有效性。由于接口直接在组件之上,因此 I²C 总线占用的空间非常小,减少了电路板的空间和芯片管脚的数量,降低了互联成本。

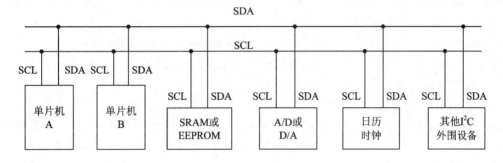

图 9.22　I²C 总线示意图

I²C 总线通过上拉电阻接正电源,如图 9.23 所示。I²C 总线端口输出为开漏结构,总线上必须外接上拉电阻 R_p,其阻值通常可选 5～10 kΩ。当总线空闲时,两根线均为高电平。连到总线上的任一器件输出的低电平,都将使总线的信号变低,即各器件的 SDA 及 SCL 都是"与"的关系。

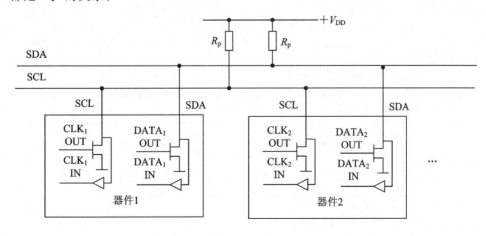

图 9.23　I²C 总线的电源连接

I²C 总线的长度可高达 7.62 m(25 英尺),并且能够以 10 Kb/s 的最大传输速率支持 40 个组件。I²C 总线的另一个优点是支持多主控,其中任何能够进行发送和接收的设备都可以成为主总线。一个主控能够控制信号的传输和时钟频率,当然,在任何时间点上只能有一个主控。

所谓多主总线是指可以连接多个主设备,也就是说 I²C 总线允许有多个设备作为主设备。主设备和从设备都可以是数据发送器,也都可以是数据接受器。每个接到 I²C 总线上的器件都有唯一的地址。主机与其他器件间的数据传送可以由主机发送数据到其他器件,这时主机即为发送器。从总线上接收数据的器件则称为接收器。

当几台主设备同时要启动总线传送数据时,就需要仲裁(Arbitration)。仲裁是靠连接到总线上的各个器件的"线与"关系实现的,称之为总线仲裁。

I²C 总线上的仲裁分两部分:SCL 线的同步和 SDA 线的仲裁。SCL 同步是由于总线具有"线与"的逻辑功能,即只要有一个节点发送低电平时,总线上就表现为低电平。当所有的节点都发送高电平时,总线才能表现为高电平。正是由于"线与"逻辑功能的原理,当多个节点同时发送时钟信号时,在总线上表现的是统一的时钟信号。这就是 SCL 的同步原理。

SDA 线的仲裁也是建立在总线具有"线与"逻辑功能的原理上的。SDA 线的仲裁可以保证 I²C 总线系统在多个主节点同时企图控制总线时通信正常进行并且数据不丢失。总线系统通过仲裁只允许一个主节点可以继续占据总线。

图 9.24 以两个节点为例给出了两个节点在总线上的仲裁过程。DATA₁ 和 DATA₂ 分别是主节点向总线所发送的数据信号,SDA 为总线上所呈现的数据信号,SCL 是总线上所呈现的时钟信号。当主节点 1、2 同时发送起始信号时,两个主节点都发送了高电平信号。这时总线上呈现的信号为高电平,两个主节点都检测到总线上的信号与自己发送的信号相同,继续发送数据。第 2 个时钟周期,两个主节点都发送低电平信号,在总线上呈现的信号为低电平,仍继续发送数据。在第 3 个时钟周期,主节点 1 发送高电平信号,而主节点 2 发送低电平信号。根据总线的"线与"逻辑功能,总线上的信号为低电平,这时主节点 1 检测到总线上的数据和自己所发送的数据不一样,就断开数据的输出级,转为从机接收状

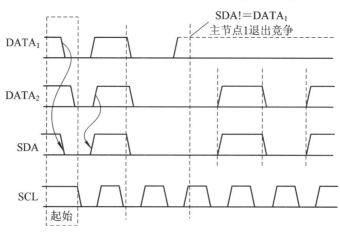

图 9.24 I²C 总线仲裁过程

态。这样主节点 2 就赢得了总线，而且数据没有丢失，即总线的数据与主节点 2 所发送的数据一样，而主节点 1 在转为从节点后继续接收数据，同样也没有丢掉 SDA 线上的数据。因此在仲裁过程中数据没有丢失。

9.4.2 I²C 总线数据传输协议简介

1. 数据位的有效性规定

I²C 总线进行数据传送时，时钟信号为高电平期间，数据线上的数据必须保持稳定，只有在时钟线上的信号为低电平期间，数据线上的高电平或低电平状态才允许变化，如图 9.25 所示。

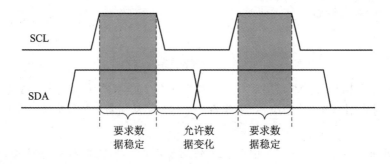

图 9.25 I²C 总线数据有效性

2. 起始和终止信号

SCL 线为高电平期间，SDA 线由高电平向低电平的变化表示起始信号 S；SCL 线为高电平期间，SDA 线由低电平向高电平的变化表示终止信号 P，如图 9.26 所示。

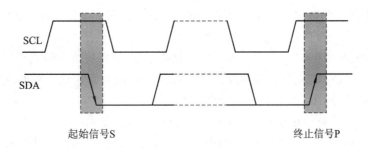

图 9.26 I²C 起始和终止信号

起始和终止信号都是由主机发出的，在起始信号 S 产生后，总线就处于被占用的状态；在终止信号 P 产生后，总线就处于空闲状态。连接到 I²C 总线上的器件，若具有 I²C 总线的硬件接口，则很容易检测到起始和终止信号。对于不具备 I²C 总线硬件接口的有些单片机来说，为了检测起始和终止信号，必须保证在每个时钟周期内对数据线 SDA 采样两次。

接收器件收到一个完整的数据字节后，有可能需要完成一些其他工作，如处理内部中断服务等，可能无法立刻接收下一个字节，这时接收器件可以将 SCL 线拉成低电平，即不开启新的起始信号，从而使主机处于等待状态。直到接收器件准备好接收下一个字节时，再释放 SCL 线使之为高电平，从而使数据传送可以继续进行。

3. 数据传送格式

1）字节传送与应答

每一个字节必须保证是 8 位长度。数据传送时，先传送最高位（MSB），每一个被传送的字节后面都必须跟随一位应答位（即一帧共有 9 位），如图 9.27 所示。

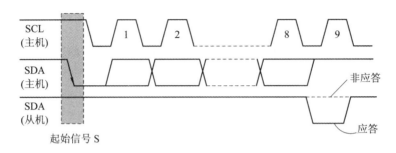

图 9.27　I^2C 字节传送与应答

当主机接收数据时，它收到最后一个数据字节后，必须向从机发出一个结束传送的信号。这个信号是由对从机的"非应答"来实现的。然后，从机释放 SDA 线，以允许主机产生终止信号。

如果从机对主机进行了应答，但在数据传送一段时间后无法继续接收更多的数据时，从机可以通过对无法接收的第一个数据字节的"非应答"通知主机，主机则应发出终止信号以结束数据的继续传送。由于某种原因从机不对主机寻址信号应答时（如从机正在进行实时性的处理工作而无法接收总线上的数据），它必须将数据线置于高电平，而由主机产生一个终止信号以结束总线的数据传送。

2）数据帧格式

I^2C 总线上传送的数据信号是广义的，既包括地址信号，又包括真正的数据信号。

在起始信号后必须传送一个从机的地址（7 位），第 8 位是数据的传送方向位（R/T），用"0"表示主机发送数据（T），"1"表示主机接收数据（R）。每次数据传送总是由主机产生的终止信号结束。但是，若主机希望继续占用总线进行新的数据传送，则可以不产生终止信号，马上再次发出起始信号对另一从机进行寻址。

在总线的一次数据传送过程中，可以有以下几种组合方式，如图 9.28 所示，其中有阴影部分表示数据由主机向从机传送，无阴影部分则表示数据由从机向主机传送。A 表示应答，$\overline{A}$ 表示非应答（高电平）。S 表示起始信号，P 表示终止信号。

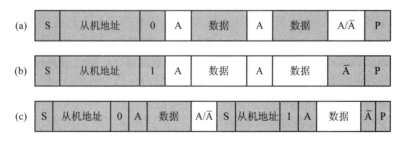

图 9.28　I^2C 数据帧格式

（1）主机向从机发送数据，数据传送方向在整个传送过程中不变，如图 9.28(a)所示。

（2）主机在发出第一个地址字节后，由从机读数据，如图 9.28(b)所示。

（3）在传送过程中，当需要改变传送方向时，起始信号和从机地址都被重复产生一次，但两次读/写方向位正好反相，如图 9.28(c)所示。

3）总线的寻址

开始信号后的第一个字节为设备的地址，确定主设备要寻址的从设备。该字节的定义是：高 7 位为从设备的地址，最低位确定信息的传送方向，即是 R/W 位，该位为 0，表示主设备把信息写到从设备，为 1 表示主设备将从从设备读信息。当 7 位地址为 1111111 时，表示地址扩展，后面将跟随有第 2 个地址字节。寻址的过程是开始信号发送后，系统中的各设备都拿自己的地址与主设备送到总线上的地址进行比较，如果某个设备的地址正好与总线上的地址相同，则认为被主设备选中。

设备的地址由固定和可编程两个字段组成。固定字段用来区分在 I^2C 总线上的不同设备，其编码由厂家提供。可编程字段用来区别连接在 I^2C 总线上的同一种设备，对应于从设备的地址码，由硬件设置给定。典型用法是，地址的高 4 位为固定字段，其中 1111 作为扩展用，0000 定义为特殊组合，可允许连接 14 种设备；低 3 位为可编程字段。显然，在 I^2C 总线上可连接 8 个相同设备，这样，7 位地址码可连接 8×14＝112 个设备。

9.4.3　80C51 单片机与 I^2C 总线器件接口

如果选择不带 I^2C 总线接口的 80C51、AT89C2051 等单片机作为主机，如图 9.29 所示，则可以利用单片机的并行端口通过软件编程的方式实现 I^2C 总线的数据传送。

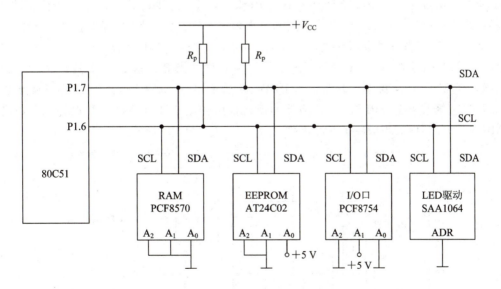

图 9.29　80C51 与 I^2C 总线的连接

对于软件实现的 I^2C 通信，为了保证数据传送的可靠性，需要按照标准的 I^2C 总线数据传送时序要求进行编程。图 9.30 给出了 I^2C 总线的起始信号、终止信号、发送"0"及发送"1"的模拟时序。

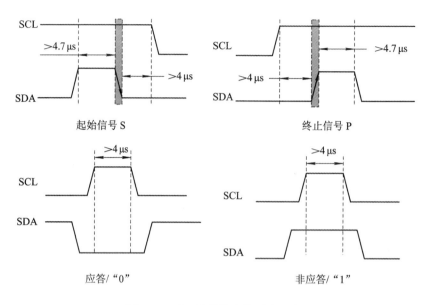

图 9.30　I^2C 总线的连接时序要求

9.5　SPI 接口

9.5.1　SPI 总线简介

串行外围设备接口(Serial Peripheral Interface，SPI)总线技术是 Motorola 公司推出的一种同步串行接口，Motorola 公司生产的绝大多数 MCU(微控制器)都配有 SPI 硬件接口。SPI 用于 CPU 与各种外围器件进行全双工、同步串行通信。SPI 可以同时发出和接收串行数据。SPI 需四条线就实现 MCU 与各种外围器件的通信。这四条线是：串行时钟线(CSK)、主机输入/从机输出数据线(MISO)、主机输出/从机输入数据线(MOSI)、低电平有效从机选择线 CS。SPI 与 CPU 连接的系统框图如图 9.31 所示。SPI 波特率可以高达 5 Mb/s，具体速度大小取决于 SPI 硬件。

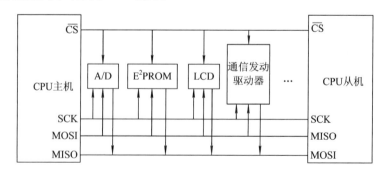

图 9.31　SPI CPU 连接的系统框图

SPI 接口器件可以是简单的 TTL 移位寄存器、LCD 显示驱动器、A/D、D/A 芯片或其他的 MCU。当 SPI 工作时，在移位寄存器中的数据逐位从输出引脚(MOSI)输出(高位在前），同时从输入引脚（MISO）接收的数据逐位移到移位寄存器（高位在前）。发送一个字节后，从另一个外围器件接收的字节数据进入移位寄存器中。主 SPI 的时钟信号（SCK）用于同步传输。

普通的串行通信一次连续传送至少 8 位数据，而 SPI 与普通的串行通信不同，允许数据一位一位地传送，甚至允许暂停，因为 SCK 时钟线由主控设备控制，当没有时钟跳变时，从设备不采集或传送数据。也就是说，主设备通过对 SCK 时钟线的控制可以完成对通信的控制。

SPI 的主要特点可概括为以下几点：
- 可以同时发出和接收串行数据。
- 可以当作主机或从机工作。
- 提供频率可编程时钟。
- 发送结束中断标志。
- 写冲突保护。
- 总线竞争保护。

9.5.2　SPI 数据收发时序

SPI 时序其实很简单，主要是在 SCK 的控制下，由两个双向移位寄存器进行数据交换。时序规则可以概括为：① 上升沿发送、下降沿接收、高位先发送；② 上升沿到来的时候，MOSI 上的电平将被发送到从设备的寄存器中；③ 下降沿到来的时候，MISO 上的电平将被接收到主设备的寄存器中。下面举例说明。

假设主机和从机初始化就绪，并且主机要发送的数据为 0xAA（10101010），从机要发送的数据为 0x55（01010101），下面将分步对 SPI 的 8 个时钟周期的数据情况进行演示。

脉冲		主机数据	从机数据	MOSI	MISO
0	0——0	10101010	01010101	0	0
1	0——1	0101010x	10101011	0	1
1	1——0	01010100	10101011	0	1
2	0——1	1010100x	01010110	1	0
2	1——0	10101001	01010110	1	0
3	0——1	0101001x	10101101	0	1
3	1——0	01010010	10101101	0	1
4	0——1	1010010x	01011010	1	0
4	1——0	10100101	01011010	1	0
5	0——1	0100101x	10110101	0	1

5	1——0	01001010	10110101	0	1
6	0——1	1001010x	01101010	1	0
6	1——0	10010101	01101010	1	0
7	0——1	0010101x	11010101	0	1
7	1——0	00101010	11010101	0	1
8	0——1	0101010x	10101010	1	0
8	1——0	01010101	10101010	1	0

SPI 模块为了和外设进行数据交换,根据外设工作要求,其输出串行同步时钟极性和相位可以进行配置,时钟极性(CPOL)对传输协议没有大的影响。如果 CPOL=0,串行同步时钟的空闲状态为低电平;如果 CPOL=1,串行同步时钟的空闲状态为高电平。时钟相位(CPHA)能够配置用于选择两种不同的传输协议之一进行数据传输。如果 CPHA=0,则在串行同步时钟的第一个跳变沿(上升或下降)数据被采样;如果 CPHA=1,则在串行同步时钟的第二个跳变沿(上升或下降)数据被采样。SPI 总线接口时序如图 9.32 所示。

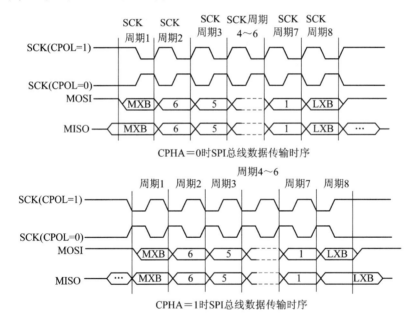

图 9.32 SPI 总线接口时序

SPI 主模块和与之通信的外设的时钟相位及极性应该一致。主设备 SPI 时钟的极性和相位配置应该由外设来决定。

9.6 中　断

中断是指 CPU 在正常运行程序时,由于内部或外部事件引起 CPU 暂时停止执行现行程序,转去执行请求 CPU 为其服务的那个外设或事件的服务程序,待该服务程序执行完后又返回到被中止的程序这样一个过程。

9.6.1　基本概念

中断不仅能解决快速主机和中慢速外设速度不匹配的矛盾，大大提高了主机的工作效率。采用中断技术，CPU 不仅可以实现实时操作，还可以实现并行操作和分时操作。并行操作是指 CPU 可以和多个外设并行连接；分时操作是指 CPU 可分时执行多个用户程序和多道作业。而且，由于采用了中断技术，可以使故障得到及时的处理，也使某些服务程序通过软件中断在需要时立即得到调用。例如，在 PC 机中，通过软件中断可实现 DOS 功能调用和基本 BIOS 调用。

1. 中断源

中断源是指能发出中断申请的外设或引起中断的原因。中断源的种类有很多：I/O 设备、实时时钟、故障源和软件中断，其中前三种又称硬件中断源。

1）硬件中断

硬件中断也称为外部中断，它可分为两种：一种是由中断电路发生的中断请求信号在 CPU 的 INTR 输入端引起的中断，也称可屏蔽中断；另一种是 CPU 的 NMI 端引起的中断，也称不可屏蔽中断。凡是微处理器内部能够屏蔽（IF＝0）的中断称为可屏蔽中断，微处理器内部不能够屏蔽（不受 IF 状态影响）的中断称为不可屏蔽中断。

2）软件中断

软件中断也称内部中断，是指程序中由于标志寄存器的某个标志位或指令 INT 引起的中断。例如，除数为零将引起类型为 0 的内部中断，溢出将引起类型为 4 的内部中断。

2. 中断系统

中断系统是指实现中断而设置的各种硬件与软件，包括中断控制逻辑及相应管理中断的指令。中断系统应具有以下功能：

- 能实现中断请求的检测、中断响应、中断服务与返回。
- 能实现中断优先级排队。
- 能实现中断嵌套。

3. 中断处理过程

中断处理过程大致可分为中断请求、中断判断、中断响应、中断处理和中断返回五个步骤。

1）中断请求

CPU 外部必须设置一个中断请求触发器锁存中断请求信号，以便 CPU 在现行指令周期结束时采样，还可设置中断屏蔽触发器。

2）中断判断

当多个中断请求信号同时产生时，就涉及到中断优先级别的判断，一般由判优电路判定或软件设定判断哪一个中断请求具有最高优先权，若有中断正在被服务，则还需对当前中断服务的优先级进行比较，以决定到底先响应哪个中断。

3）中断响应

CPU 响应中断要自动完成下列几步操作：

（1）发中断响应信号 $\overline{\text{INTA}}$，同时内部关中断，以禁止其他可屏蔽中断请求。

（2）把 F 以及程序断点处的 CS、IP 内容压栈，以便中断处理完后能正确地返回主程序。

（3）中断服务程序入口地址段地址→CS，偏移地址→IP。

4）中断处理

在中断处理程序中，需要做以下几点：① 保护现场；② 开中断(IF←1)；③ 中断服务；④ 恢复现场；⑤ 返回。

5）中断返回

中断返回指令使得 CPU 自动地将堆栈中保存的 IF 和程序断点处的 CS、IP 值弹出到 F、CS、IP 中，使 CPU 返回主程序断点处继续执行主程序，同时中断返回指令使得 IF 自动恢复响应中断前的开中断状态。

4. 矢量中断与中断矢量

矢量中断是根据 CPU 响应中断时取得中断处理子程序入口地址的方式而得名的，它提供一个矢量，指向中断处理子程序的起始地址。中断矢量就是中断处理子程序的起始地址。全部矢量放在内存的某一区域中，就形成了一个中断矢量表。

8086CPU 中每个中断矢量（入口地址）占 4 个字节，高地址的 2 个字节单元存放中断处理程序的段地址，低地址的 2 个字节单元存放中断处理程序的段内偏移地址。

00080H	00H
00081H	10H
00082H	00H
00083H	FFH

图 9.33　一个中断矢量的例子

设某中断源的类型码为 20H，该中断源的中断服务程序的入口地址为 FF00H：1000H，则中断矢量表如图 9.33 所示。其中中断矢量入口地址为 $20\text{H} \times 4 = 80\text{H}$。

9.6.2　计算机中的中断系统

8086CPU 总共允许有 256 级中断，中段源按产生的原因分类的总结见图 9.34。

外部中断 {
可屏蔽中断INTR(为一个区域)
不可屏蔽中断NMI(中断类型号为2)
}

内部中断 {
除法错中断(类型号为0)
溢出中断(类型号为4)
软件中断
单步中断(类型号为1)
断点中断(类型号为3)
}

图 9.34　8086CPU 的中断源分类

1. 可屏蔽中断 INTR

可屏蔽中断 INTR 是电平触发，高电平有效，该信号若为高电平，表示 I/O 设备向

CPU 发出中断申请，若 IF＝1，CPU 允许中断，就会在结束当前指令后响应该外设的中断请求，进入可屏蔽中断的处理程序。

2. 不可屏蔽中断 NMI

边沿触发，上升沿有效，此类中断不受中断允许标志位的限制，也不能用软件进行屏蔽。当 NMI 端有一个上升沿触发信号时，CPU 就会在结束当前指令后，自动从中断向量表中找到类型 2 中断服务程序的入口地址，并转去执行。NMI 是一种比 INTR 优先级高的中断请求。

3. 内部中断

内部中断是通过软件指令或软件陷阱而调用的非屏蔽中断（指不受 IF 状态影响），这是程序运行的状态和指令代码执行后由程序启动而不是由外界中断请求来调用的。

内部中断按其性质又可分为软件陷阱和软件中断。软件陷阱是指在某些指令执行期间 FR 的标志位符合设定的条件或 CPU 的状态符合某种情况从而触发 CPU 内部逻辑去启动所需要的中断服务子程序，如除法出错中断和单步中断。软件中断是指通过指令来调用中断服务子程序。

8086CPU 的内部中断有溢出中断、除法错中断、断点中断、软件中断及单步中断。

1）除法溢出中断

除法溢出中断是指当除数为 0 或除法结果商超出规定存放范围时，此时将自动产生类型号为 0 的内部中断。

2）溢出中断

溢出中断是通过 INTO 中断指令实现的。该指令跟在有符号数的算术运算指令以后，当在程序执行过程中，遇到 INTO 指令，且此时溢出标志 OF＝1 时，则产生一个中断类型为 4 的中断，并转入溢出中断处理。

3）软件中断

软件中断是系统以软件中断指令 INTn 方式实现的，n 为中断类型号，5≤n≤255。0～4 中断类型号作为专用中断的类型号，不允许用户修改。5～3FH 为系统备用中断，一般不允许用户改作其他用途，并且其中许多中断已被系统开发使用，如 10H～1FH 为 ROMBIOS，21H 为 DOS 功能调用，40H～FFH 为用户可用的中断，用户可用 INTn 指令调用该中断，也可将其作为可屏蔽中断的类型号。

4）单步中断

为了方便用户调试上机，当 TF＝1 时，在每执行一条指令后，可以产生一个类型号为 1 的中断。在中断处理程序的控制下，可以给出有关寄存器的内容或状态标志位的状态，以便了解程序的执行情况。

5）断点中断

断点中断也是提供给用户的一种程序调试手段。在相应的程序语句后设置断点，就可以分段落调试程序，从而避免单步调试的冗长和繁琐。

设置断点，实际上就是在用户程序的指定点（即对应的某一个存储单元，该单元一定是某条指令的第一个字节存储单元）用单字节的中断指令 INT3 来代替程序中原有指令的

第一个字节代码(操作码),同时把原有指令第一个字节操作码保存起来。当执行到断点位置时,就会执行中断指令 INT3,进入类型码为 3 的中断服务子程序,显示一系列寄存器值和一些重要信息,供用户判断。断点中断返回前,中断服务程序还负责恢复设置断点时原程序中被 INT3 指令所替换的原来指令的第一个字节的操作码。然后修改断点地址,返回主程序再从被恢复的那条指令继续执行。

9.6.3 中断控制器 8259A

在 IBM - PC/XT 系统中,使用 8259A 芯片作为中断控制机构。8259A 是一种可编程的中断管理芯片,每片 8259A 可管理 8 级中断申请。

8259A 的主要功能如下:

- 具有 8 级中断优先级控制,通过级连可扩展至 64 级中断优先级控制。
- 每一级中断都可以屏蔽或允许。
- 在中断响应总线周期,8259A 可提供相应的中断类型码。
- 有多种中断管理方式,可通过编程选择。

1. 8259A 的内部结构

8259A 的内部结构如图 9.35 所示,8259A 的内部结构由中断请求寄存器(IRR)、中断服务寄存器(ISR)、优先权判决电路(PR)、中断屏蔽寄存器(IMR)、控制逻辑、数据总线缓冲器、读/写控制逻辑和级联缓冲器/比较器共 8 部分组成。

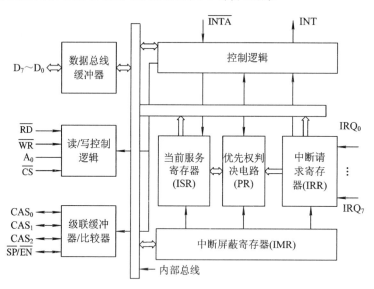

图 9.35 8259A 的内部结构框图

1) 中断请求寄存器(IRR)

中断请求寄存器(IRR)共有 8 位,每一位对应一个 I/O 设备,用来记录发生中断请求的外设。当某一外设(I/O 设备)发出中断请求信号(IRQ)时,对应位被置"1"。简言之,IRR 用来存放要请求服务的所有中断请求信号。

2）中断服务寄存器（ISR）

中断服务寄存器（ISR）共有 8 位，用来存放正在被服务，包括尚未服务完毕而中途被别的中断打断了的所有中断。

3）优先权判决电路（PR）

优先权判决电路（PR）用来识别各中断请求信号的优先级别。当多个中断请求信号同时产生时，由判优电路判定哪一个中断请求具有最高优先权，若有中断正在被服务，则还需与 ISR 的当前中断服务优先级相比较，以决定是否将 8259A 的中断申请线 INT 上升为高电平。

4）中断屏蔽寄存器（IMR）

中断屏蔽寄存器（IMR）共有 8 位，对 IRR 起屏蔽作用，屏蔽位仅对对应的中断请求起作用。

5）控制逻辑

控制逻辑用于向 8259A 内部其他部件发控制信号，外部向 CPU 发 INT 信号，接收 CPU 发来的 $\overline{\text{INTA}}$ 信号，控制 8259A 进入中断服务状态。

控制逻辑是 8259A 全部功能的核心，包括一组方式控制字寄存器和一组操作命令字寄存器，以及相关的控制电路。

6）数据总线缓冲器

数据总线缓冲器共有 8 位，双向三态缓冲器，是 8259A 与 CPU 之间数据接口。当 CPU 对 8259A 进行读操作时，数据总线缓冲器用来传输从 8259A 内部读至 CPU 的数据、状态信息和中断类型码，写操作时由 CPU 向 8259A 内部写入控制命令字。

7）读/写控制逻辑

该逻辑用于控制对 8259A 的读/写操作。控制信号有 $\overline{\text{RD}}$、$\overline{\text{WR}}$、$\overline{\text{CS}}$ 和 A_0。它们共同进行控制，完成规定的操作。

8259A 芯片内可写的寄存器有各种命令寄存器，可读的寄存器有 IRR、ISR、IMR 等状态寄存器。

8）级联缓冲器

多片 8259A 可级联使用，最多可以组成 64 级中断优先级控制，此时一片 8259A 作主片，另外 1～8 片作从片，主从片的 CAS_0～CAS_2 并接在一起，作为级联总线。

在中断响应过程中，主片的 CAS_0～CAS_2 为输出线，从片的 CAS_0～CAS_2 为输入线。在第一个 $\overline{\text{INTA}}$ 负脉冲结束时，主片把被响应的中断请求的从片编码送入 CAS_0～CAS_2 级联总线。从片接收后，将主片送来的编码与自己的编码相比较，若相同，表明从片被选中，则在第二个中断响应总线周期把中断类型码送至 D_7～D_0，供 CPU 读取。

2. 8259A 的芯片引脚

8259A 的芯片引脚见图 9.36。

$\overline{\text{CS}}$：片选信号，输入，低电平有效，当 $\overline{\text{CS}}$＝0 时，8259A 被选中。

$\overline{\text{RD}}$ 和 $\overline{\text{WR}}$：读/写命令信号，输入。

D_7～D_0：8 位双向三态数据总线，传送命令控制字、状态字和中断类型码和数据。

$IR_7 \sim IR_0$：8 根中断请求输入线。

INT：中断请求输出线。

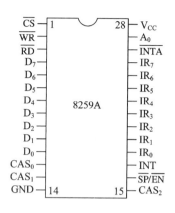

图 9.36　8259A 的引脚

$\overline{INTA}$：CPU 发给 8259A 的中断响应信号，输入，低电平有效。

A_0：片内地址选择输入线，8259A 有两个 I/O 端口地址。

$CAS_0 \sim CAS_2$：级联线，8259A 单片使用时无效。

$\overline{SP/EN}$：级联/允许缓冲信号，双向，低电平有效。

在缓冲方式中，该引脚为输出线，控制数据总线缓冲器的接收或发送，作 $\overline{EN}$ 用，级联时主从片由 ICW_4 的 M/S 位确定；当 8259A 工作于非缓冲方式时，该引脚为输入线 $\overline{SP}$，当 $\overline{SP}=1$ 时是主片，$\overline{SP}=0$ 时是从片。

INT：中断请求信号，输出，高电平有效。

$IR_0 \sim IR_7$：外设中断请求输入端，高电平有效。从 $IR_0 \sim IR_7$ 上输入的中断请求信号被命名为 $IRQ_0 \sim IRQ_7$。

V_{CC} 和 GND：+5 V 电源和地线。

3. 8259A 的中断响应过程

8259A 的中断响应过程如下：

（1）当中断请求线（$IR_0 \sim IR_7$）上有一条或若干条变为高电平时，IRR 的相应位置"1"。

（2）当 IRR 的某一位或若干位被置 1 后，若 IMR 中相应的位为"1"，则屏蔽该中断请求；若 IMR 中相应位为 0，则中断请求发送 PR。

（3）PR 把接到的中断请求的最高优先级与 ISR 中正在服务的中断级进行比较，若前者级别高于后者，则 INT 为高电平，否则 INT 为低电平。

（4）CPU 采样到 INT 为高后，响应中断进入连续的两个可屏蔽中断响应周期。

（5）8259A 接到第一个 $\overline{INTA}$ 负脉冲后，将对应的 ISR 位置位，而相应的 IRR 被复位。

（6）8259A 接到第二个 $\overline{INTA}$ 负脉冲后（第二个中断响应周期），在该脉冲期间，8259A 向 CPU 发出中断类型码。

（7）若 8259A 处于自动中断结束（AEOI）方式，则当第二个 $\overline{INTA}$ 负脉冲结束时，相应的 ISR 位被复位；否则（非自动中断结束方式）要等到 CPU 向 8259A 发送内含中断结束（EOI）命令的 OCW_2 后，相应的 ISR 位才被复位。

至此，CPU 根据中断类型码，从中断矢量表中获取对应的中断服务程序入口地址进入中断服务。

4. 8259A 的编程

在 8259A 开始正常工作之前，必须用初始化命令字建立起 8259A 操作的初始状态。8259A 的初始化是通过 CPU 对 8259A 发送 4 个方式控制字 ICW_1、ICW_2、ICW_3 和 ICW_4 以及 3 个操作命令字 OCW_1、OCW_2 和 OCW_3 来完成的。

由于 8259A 只占用两个 I/O 端口地址，但要写入 4 个方式控制字和 3 个操作命令字，因而其各寄存器的读/写是 I/O 地址和特征位按顺序配合完成的。写入方式控制字必须按照 $ICW_1 \sim ICW_4$ 的顺序进行。

1）初始化命令字

初始化命令字有 $ICW_1 \sim ICW_4$ 共 4 个。初始化编程的流程如图 9.37 所示。ICW_1 和 ICW_2 是必不可少的。多片级联（SNGL＝0）时，才需 ICW_3。ICW_1 的 D4 位置"1"时，才需 ICW_4。

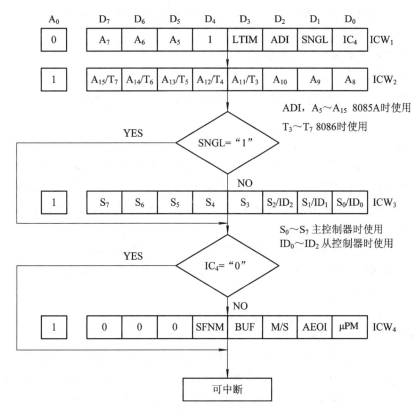

图 9.37　8259A 初始化流程

（1）ICW_1。

写入条件：$\overline{CS}=0$、$A_0=0$ 且特征位 $D_4=1$。

各位作用：

$D_0(IC_4)$：1 表示要写 ICW_4；0 表示不需要写 ICW_4，对于 8086CPU，需要写 ICW_4。

$D_1(SNGL)$：1 表示单片方式；0 表示级联方式。

$D_3(LTIM)$：1 表示中断请求输入线 $IR_0 \sim IR_7$ 为高电平有效的电平触发方式；0 表示中断请求输入线 $IR_0 \sim IR_7$ 为上升沿有效的边沿触发方式。

D_2 和 $D_5 \sim D_7$：对于 8086CPU 系统无意义，可全写"0"。

（2）ICW_2。

写入条件：跟在 ICW_1 之后，$\overline{CS}=0$ 且 $A_0=1$。

各位作用：

$D_7 \sim D_3$：规定中断类型码的高 5 位（$T_7 \sim T_3$）。

$D_2 \sim D_0$：无意义，可全写 0。

注意：中断类型码的低 3 位由 $IR_0 \sim IR_7$ 的下标编码确定。

（3）ICW_3。

写入条件：在 ICW_2 之后，$\overline{CS} = 0$、$A_0 = 1$ 且 ICW_1 的 $D_1 = 0$，用于级联方式。

主 8259A 的 ICW_3 各位作用：若某个 IR 上接有 8259A，则对应的位写"1"，否则写"0"。

从 8259A 的 ICW_3 各位作用：$D_2 D_1 D_0$ 表示接入主 8259A 的 IR 端的编码；$D_7 \sim D_3$ 无意义。

注意：主片和从片的 ICW_3 必须不同。

（4）ICW_4。

写入条件：在 ICW_2 之后（若无 ICW_3）或在 ICW_3 之后（若有 ICW_3），特征位 $D_7 \sim D_5$ 均为 0，$\overline{CS} = 0$、$A_0 = 1$ 且 ICW_1 的 $D_0 = 1$。

各位作用：

D_4（SFNM）：1 表示特殊完全嵌套方式，一般作为级联时主片的方式，工作在该方式时与工作在一般完全嵌套方式仅一点不同，即在中断处理过程中，对优先级相等的同级中断也给予响应，能实现同级中断嵌套；0 表示一般完全嵌套方式，一般作为级联时从片的方式或单片使用时的方式。

D_3（BUF）：1 表示缓冲方式，是指 8259A 和 DB 之间需加一缓冲器（提高 DB 的带负载能力），此时 $\overline{SP}/\overline{EN}$ 作为输出线，$\overline{EN}$ 用以锁存或开启缓冲器；0 表示非缓冲方式，$\overline{SP}/\overline{EN}$ 作为主、从片选择 $\overline{SP}$。

D_2（M/S）：在 $D_3 = 0$ 时，D_2 无意义。1 表示在 $D_3 = 1$ 时（缓冲方式），选择主片；0 表示在 $D_3 = 1$ 时（缓冲方式），选择从片。

D_1（EOI）：1 表示自动中断结束方式（AEOI）；0 表示非自动中断结束方式。

D_0：1 表示 8259A 用于 80X86CPU 系统；0 表示 8259A 用于非 80X86CPU 系统。

$ICW_1 \sim ICW_4$ 写入 8259A 后，$IR_0 \sim IR_7$ 优先级固定不变，优先级由高到低的顺序依次是：IR_0、IR_1、IR_2、…、IR_7。清零 ISR、IMR，系统将处于普通屏蔽方式，对 $A_0 = 0$ 的端口地址执行读操作时，读取的是 IRR 的状态。

2）操作命令字

操作命令字有 OCW_1、OCW_2 和 OCW_3 共三个，可随时动态写入，没有顺序，需写什么就写什么。

（1）OCW_1（$A_0 = 1$）。OCW_1 用于实现中断屏蔽，也称屏蔽操作字，各位分别对应于 $IR_0 \sim IR_7$，被写入 8259A 中断屏蔽寄存器 IMR 中。

各位作用：1 表示屏蔽对应的中断请求；0 表示不屏蔽对应的中断请求。

（2）OCW_2（$A_0 = 0$）。OCW_2 用于控制中断结束、优先权循环等。

写入条件：$A_0 = 0$ 并且特征位 $D_4 D_3 = 00$。

各位作用：

D_7：1 表示中断优先顺序是循环轮换的，工作在循环优先级；0 表示中断优先顺序是固定不变的，工作在固定优先级。

D_6：1 表示 $D_2 \sim D_0$ 位将指明一个中断级；0 表示 $D_2 \sim D_0$ 位无意义。

D_5：1 表示执行中断结束操作（用于非自动中断结束方式），用作中断结束命令 EOI，8259A 接到中断结束命令后，将 ISR 中对应的或指定的置"1"位清 0；0 表示不执行中断结束操作。

$D_2 \sim D_0$：只有在 D_6＝1 时才有意义，指明结束哪一位的中断或设置哪一位优先级为最低。

OCW_2 有 8 种组合方式，各有不同作用，如表 9.1 所示。

表 9.1　OCW_2 组合控制功能表

D_7 (R)	D_6 (SL)	D_5 (EOI)	功　能
0	0	1	不指定 EOI 命令（将正在服务的 ISR 位复位）
0	1	1	指定 EOI 命令（将 $L_2 \sim L_0$ 指定的 ISR 位复位）
1	0	1	自动循环的不指定 EOI 命令（执行不指定 EOI 命令，且该位优先级轮为最低）
1	0	0	设置循环优先级，此后每遇一次中断结束操作，优先级就循环轮换一次
0	0	0	优先级固定，IR_0 最高，IR_7 最低
1	1	1	优先级循环的指定 EOI 命令（执行指定 EOI 命令，且将 $L_2 \sim L_0$ 指定的中断优先级轮为最低）
1	1	0	设置优先权级别命令（$L_2 \sim L_0$ 指定的中断优先级轮为最低）
0	1	0	无操作

（3）OCW_3。OCW_3 用来控制 8259A 的中断屏蔽和读取寄存器的状态。

写入条件：A_0＝0 并且特征位 $D_4 D_3$＝01，D_7＝0。

各位作用：

$D_4 D_3$：为 01，是 OCW_3 的标志位。

$D_2 D_1 D_0$：名称分别是 P、RR 和 RIS，组合功能如表 9.2 所示。

表 9.2　OCW_3 组合控制功能表 1

D_2	D_1	D_0	操　作	作　用
0	0	×	无操作	
0	1	0	下一个读指令读取 IRR 内容	读 IRR 可知是否还有未被响应的中断源
0	1	1	下一个读指令读取 ISR 内容	读 ISR 可知是否处在中断嵌套
1	×	×	下一个读指令读取中断状态	查询命令

D_6D_5：名称分别是 ESMW、SMM，组合功能如表 9.3 所示。

表 9.3 OCW₃ 组合控制功能表 2

D_6	D_5	操　作
0	×	无操作
1	0	普通屏蔽方式
1	1	特殊屏蔽方式

3）8259A 编程的补充

（1）对 8259A，$A_0=1$ 的端口地址执行读操作，可读取 IMR 状态（随机可读）；对 8259A，$A_0=0$ 的端口地址执行读操作，可读取 IRR 状态或 ISR 状态（先写 ICW_3，后读）。

（2）在读 IRR 状态或 ISR 状态前，必须输出对应的 OCW_3，但只要读操作状态操作与前一次相符，则不必在读 IRR 或读 ISR 状态前输出 OCW_3。

（3）8259A 完成了初始化以后，自动处于读 IRR 状态。

（4）8259A 为查询中断提供了查询命令（OCW_3 中的 $D_2=1$ 时，下一个 CPU 读指令为查询命令），使用查询命令前，CPU 首先必须关闭中断。一旦 CPU 发出查询命令，8259A 把 IN 指令的 $\overline{RD}$ 脉冲当作响应信号，如有中断请求，就使 ISR 相应位置 1，并将下列查询字送至 DB，供 CPU 从 $A_0=0$ 的端口读取。

查询字的各位内容如下：

D_7：$D_7=1$ 表示 8259A 有中断请求，$D_7=0$ 则表示无中断请求。

$D_2D_1D_0$：请求中断服务的最高优先级的 IRQ 编码（在 $D_7=1$ 时才有意义）。

$D_6 \sim D_3$：无意义。

（5）所谓特殊屏蔽方式，就是除了被 IMR 屏蔽的中断源外，8259A 对任何级别的中断请求都能响应，即使对某些比正在处理的中断级别低的中断请求也能响应。

5. 8259A 应用例子

如图 9.38 所示为 8259A 与系统总线的连接，图中 $IR_0 \sim IR_7$ 与 8 个中断源相连接，单片使用。地址总线的 A_2 和 A_0 没有用上，故为部分译码法，地址为 00C0H～00C7H（有重区），仅取 00C0H 和 00C2H 作编程用。

图 9.38 中连接的 8259A 的初始化程序如下：

```
START: MOV  AL,13H    ；ICW₁ 为 13H
       OUT  C0H,AL    ；A₀＝0
       MOV  AL,48H    ；ICW₂ 为 48H，中断类型码
       OUT  C2H,AL    ；A₀＝1
       MOV  AL,03H    ；ICW₄，非缓冲方式，自动 EOI，一般完全嵌套
       OUT  C2H,AL
       MOV  AL,0E0H   ；OCW₁，屏蔽 IR₅、IR₆、IR₇
       OUT  C2H,AL
```

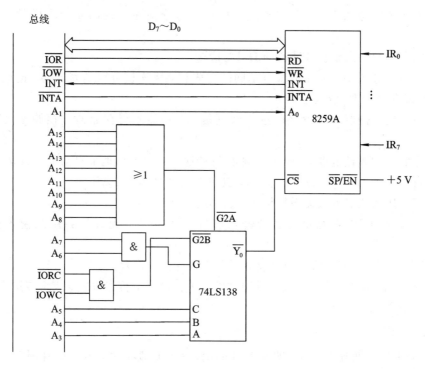

图 9.38　8259A 与系统连接的例子

9.7　DMA

在 DMA 方式下，存储器和外部设备之间的数据传送在 DMA 控制器的管理下直接进行，而不经过 CPU。在 DMA 操作中，CPU 放弃了对系统总线的管理，由 DMA 控制器接管了数据总线、地址总线以及控制总线。DMA 数据传送结束后，DMA 控制器又把系统总线的控制权交回 CPU。这种方式适用于传输大量数据。

DMA 数据传送的一般过程如下：

（1）当外设需要 DMA 数据传送时，外设向 DMA 控制器发出 DMA 请求。

（2）DMA 控制器接到外设的 DMA 请求后，向 CPU 发出总线请求信号。

（3）CPU 如果允许总线请求，就发出总线响应信号，同时放弃对总线的控制，由 DMA 控制器接管总线。

（4）DMA 控制器接管总线后，向地址总线发出地址和向控制总线发出命令，实现外设与内存或内存与内存的数据传送。

（5）DMA 操作结束后，DMA 控制器撤销总线请求信号，将总线控制权交还给 CPU。

常用的 DMA 控制器是 8237 芯片，本节重点介绍 8237 的结构和用法。

9.7.1　DMA 控制器 8237 简介

1. 技术性能

DMA 控制器 8237 具有如下的技术性能：

（1）有 4 个完全独立的 DMA 通道，它们可以分别编程控制 4 个不同的 DMA 操作对象。

（2）能分别允许或禁止各通道的 DMA 请求。

（3）每一个通道的 DMA 请求有不同的优先权，优先权可以是固定的，也可以是旋转的（由命令寄存器的 D_4 位设定）。

（4）可以在存储器与外设之间进行数据传送，也能进行存储器到存储器之间的数据传输。

（5）存储器的寻址范围为 64 KB，能在每传送一个字节后地址自动加 1 或减 1。

（6）对于时钟为 5 MHz 的 8237 - 5，其传输速率高达 1.6 Mb/s。

（7）可以用级联的方法无限地扩展 DMA 通道数。

（8）具有控制 DMA 结束传送的输入信号 $\overline{\text{EOP}}$ 引脚，允许外界用此输入信号结束 DMA 传送。

（9）DREQ 和 DACK 信号的有效性可以用软件分别设置。

（10）8237 的 DMA 传送方式可以用软件设置为单字节传送方式、成组传送方式、请求成组传送方式和级联方式。

2. 工作周期

8237 的工作周期分为空闲周期和有效周期，每个周期又由若干个时钟周期组成。

1）空闲周期

当 8237 的四个通道中任一个通道无 DMA 请求时，8237 就进入空闲周期。在空闲周期，8237 始终执行 SI 状态，并且在每一个时钟周期都采样通道的请求输入线 DREQ，若无请求就始终停留在 SI 状态。

在空闲周期，8237 作为 CPU 的一个外设。在 SI 状态，可由 CPU 对 8237 编程，或从 8237 读取状态，只要 $\overline{\text{CS}}$ 信号有效并且 HRQ 无效，则 CPU 可对 8237 进行读/写操作。

2）有效周期

如果 8237 在 SI 状态采样到外设有请求，就脱离 SI 而进入 S0 状态。S0 状态是 DMA 服务的第一个状态，在这个状态下，8237 已接收了外设的请求，并向 CPU 发出了 DMA 请求信号 HRQ，但尚未收到 CPU 的 DMA 响应信号 HLDA。当 8237 接收到 HLDA 时，使 8237 进入工作状态，开始 DMA 传送，此时，8237 就作为系统总线的主控设备。

9.7.2　8237 的引脚定义

8237 采用双列直插式封装，共有 40 个引脚，各引脚定义如图 9.39 所示。

1. 与 DMA 有效周期有关的引脚

（1）CLK：时钟输入信号。

（2）READY：就绪输入信号，这是外设输入给 8237 的高电平有效的信号，也是为慢速的存储器或外设准备的信号。

（3）$\text{DREQ}_0 \sim \text{DREQ}_3$，$\text{DACK}_0 \sim \text{DACK}_3$：DMA 请求及响应信号。DREQ 请求信号是由外设输入的信号，它要求进行一次 DMA 传送。其有效极性是可编程的，在芯片复位后，它以高电平为有效。DACK 信号则是 8237 控制器对外设 DMA 请求的响应信号，其有效极

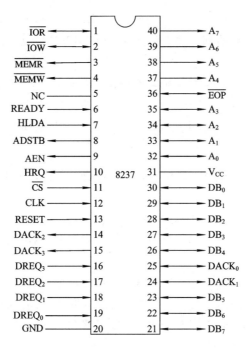

图 9.39　8237 的引脚定义

性也是可编程的，在芯片复位后，它以低电平为有效。这是一对应答信号，DREQ 必须保持到 DACK 有效值出现后才能撤除。四个通道的 DRQ 请求可以通过编程安排不同的优先级，在固定方式下，$DREQ_0$ 具有最高优先级。

（4）HRQ 和 HLDA：保持请求和响应信号。这是 8237 与 CPU 联系的一对应答信号。当 8237 接到外设的 DREQ 信号后，如果芯片没有对它屏蔽，就会向 CPU 发出 HRQ 信号，CPU 采样到该信号有效后，CPU 发送 HLDA 应答信号。当 HLDA 有效时，表明 CPU 已经让出了总线。

（5）$A_0 \sim A_7$：低位地址，三态，从 8237 输出，在 DMA 有效周期中，由它输出要访问的存储单元的低 8 位地址。在有效周期，$A_0 \sim A_7$ 是输出引脚；在空闲周期，$A_0 \sim A_3$ 是输入引脚。

（6）$DB_0 \sim DB_7$：数据总线在 DMA 有效周期中作为高 8 位地址与数据的复用线。

（7）ADSTB：地址选通信号，高电平有效，只是在当 $DB_0 \sim DB_7$ 上出现地址时的那段时间内（S_1）有效，在这个信号作用下，将 $DB_0 \sim DB_7$ 输出的存储单元高 8 位地址信号 $A_8 \sim A_{15}$ 锁存到外部地址锁存器中。

（8）AEN：地址使能信号，高电平有效，其有效时间应保持到足够一个 DMA 周期，这段时间中使 8237 输出的内存单元 16 位地址都能有效地送到地址总线上。

（9）$\overline{IOW}$：输入/输出写，在 DMA 有效周期，这是一条输出控制信号，与 $\overline{MEMR}$ 相配合，控制数据从存储器传送到外设（DMA 读传送）。

（10）$\overline{IOR}$：输入/输出读，在 DMA 有效周期，这是一条输出控制信号，与 $\overline{MEMW}$ 相配合，控制数据从外设传送到存储器（DMA 写传送）。

（11）$\overline{MEMR}$：在 DMA 读传送时，它与 $\overline{IOW}$ 配合，把数据从存储器传送到外设，当从存储器到存储器传送时，$\overline{MEMR}$ 信号也有效，控制从源单元读出数据。

（12）$\overline{\text{MEMW}}$：只用于 DMA 有效周期，在 DMA 写传送时，与 $\overline{\text{IOR}}$ 信号配合，把数据从外设写入存储器；在存储器到存储器传送时，$\overline{\text{MEMW}}$ 信号也有效，控制把数据写入目的单元。

（13）$\overline{\text{EOP}}$：过程结束信号，是低电平有效的双向信号，8237 允许用一个外部信号来终止 DMA 传送，也可以由内部通道现行字节数寄存器计数到 0，DMA 传送完成时，8237 将从 $\overline{\text{EOP}}$ 端输出一个负脉冲信号。不管是外部还是内部产生的 $\overline{\text{EOP}}$，都将终止 DMA 传送。

2. 与空闲周期有关的引脚

（1）RESET：复位信号输入。复位后，置位屏蔽寄存器，其余都为 0，复位后，8237 处于空闲周期。

（2）$\overline{\text{CS}}$：片选信号，允许 CPU 对 8237 进行读/写。

（3）$A_0 \sim A_3$：地址线输入，用来选择 8237 内部有关寄存器的地址，片内寻址范围是 16 个。

（4）$DB_0 \sim DB_7$：8 条双向三态数据总线，与系统数据总线相连。

在空闲周期，CPU 可用 IN 指令，从数据总线读取 8237 的现行地址寄存器、现行字数寄存器、状态寄存器和临时寄存器的内容，以了解 8237 的工作情况；CPU 可用 OUT 指令通过这些线对各个寄存器编程。

（5）$\overline{\text{IOR}}$：在空闲周期是一个输入控制信号，CPU 利用这个信号读取 8237 内部寄存器的状态。

（6）$\overline{\text{IOW}}$：在空闲周期是一个输入控制信号，CPU 利用这个信号对 8237 内部寄存器编程。

9.7.3　8237 的工作模式

8237 有四种 DMA 传送模式：单字节传送模式、块传送模式、请求传送方式和级联模式。

1. 单字节传送模式

单字节传送模式只传送一个字节。数据传送后现行字节数寄存器减量，地址要做相应修改（增量或减量由编程决定），然后 HRQ 变为无效，8237 释放系统总线。

若传送使字节数减为 0，$\overline{\text{EOP}}$ 端输出负脉冲或者从 $\overline{\text{EOP}}$ 输入低电平终结 DMA 传送，可重新初始化。

在单字节传送模式下，DREQ 信号必须保持有效，直至 DACK 信号变为有效。

2. 块传送模式

在块传送模式下，8237 由 DREQ 启动就连续地传送数据，直至现行字节数计数器减到零或者由外部输入有效的 $\overline{\text{EOP}}$ 信号来终结 DMA 传送。在数据块传送完毕或是终结操作后，可重新开始初始化。

在块传送模式下，DREQ 信号只需维持到 DACK 有效。

3. 请求传送模式

在请求传送模式下，8237 可以进行连续的数据传送，当出现以下三种情况之一时停止传送：

(1) 字节数计数器减到 0。

(2) 由外界送来一个有效的 $\overline{\text{EOP}}$ 信号。

(3) 外界的 DREQ 信号变为无效(外设的数据已传送完毕)。

在上面的第三种情况下,8237 释放总线,CPU 可以继续操作,而 8237 的现行地址寄存器和现行字节数寄存器的中间值可以保持不变。只要外设准备好要传送的新数据,DREQ 再次有效就可以使传送继续下去。

4. 级联模式

级联模式只用于几个 8237 级联使用,以增加 DMA 通道的数目。通常最多可使用五片 8237,其中有一片是主片,其余四片是从片,这样可使 DMA 通道增加到 16 个。

级联的方法是把从片的 HDQ 端与主片的 DREQ_i 端相连,将从片的 HLDA 端与主片的 DACKi 端相连。

需要注意的是,当存储器到存储器传送时,必须设置请求寄存器为 0 通道。这时就要用到两个通道,通道 0 的地址寄存器编程为源区地址,通道 1 的地址寄存器编程为目的区地址,字节数寄存器编程为传送的字节数。由软件设置通道 0 的 DREQ 启动传送,8237 按正常方式向 CPU 发出 DMA 请求信号 HRQ,待 CPU 用 HLDA 信号响应后就可以开始传送,每传送一个字节要用 8 个时钟周期,4 个时钟周期以通道 0 为地址从源区读数据送入 8237 的临时寄存器;另 4 个时钟周期以通道 1 为地址把临时寄存器中的数据写入目的区。每传送一个字节,源地址和目的地址都要修改(可增量也可以减量修改),字节数减量。传送一直进行到通道 1 的现行字节数寄存器减到零,在 $\overline{\text{EOP}}$ 端输出一个脉冲,从而结束 DMA 传送。

9.7.4　8237 的编程

1. 寄存器

8237 的主要寄存器有 10 种,如表 9.4 所示。

表 9.4　8237 的内部寄存器

寄存器名称	容量/bit	数量
基址寄存器	16	4
现行地址寄存器	16	4
字节寄存器	16	4
现行字节寄存器	16	4
命令寄存器	8	1
状态寄存器	8	1
模式寄存器	8	1
屏蔽寄存器	4	1
请求寄存器	4	1
高/低触发寄存器	1	1

8237 的编程就是向各寄存器按一定格式写入命令或数值。若片选信号 $\overline{CS}$ 为低电平，8237 就被选中。8237 的各内部寄存器由片内地址 $A_3 \sim A_0$ 来选择。8237 各通道寄存器的片内地址如表 9.5 所示。基地址寄存器和现行地址寄存器是同一个地址，现行地址寄存器既可写入又可读出，基地址寄存器只能写入、不能读出。同样，基字节寄存器和现行字节寄存器也是同一个地址，现行字节寄存器既可写入又可读出，基字节寄存器只能写入、不能读出。

表 9.5 8237 地址

寄存器（或操作）		A_3	A_2	A_1	A_0	$\overline{IOW}$	$\overline{IOR}$	$\overline{CS}$
通道 0	地址寄存器	0	0	0	0			0
	字节寄存器	0	0	0	1			0
通道 1	地址寄存器	0	0	1	0			0
	字节寄存器	0	0	1	1			0
通道 2	地址寄存器	0	1	0	0			0
	字节寄存器	0	1	0	1			0
通道 3	地址寄存器	0	1	1	0			0
	字节寄存器	0	1	1	1			0
读状态寄存器		1	0	0	0	1	0	0
写状态寄存器		1	0	0	0	0	1	0
写请求寄存器		1	0	0	1	0	1	0
写屏蔽寄存器		1	0	1	0	0	1	0
写模式寄存器		1	0	1	1	0	1	0
清除高/低位触发器		1	1	0	0	0	1	0
读临时寄存器		1	1	0	1	1	0	0
发复位命令		1	1	0	1	0	1	0
写综合屏蔽命令		1	1	1	1	0	1	0

1）地址寄存器

地址寄存器有基地址寄存器和现行地址寄存器两种。基地址寄存器用于存放 DMA 传送数据块的首址。现行地址寄存器用于存放所传送数据块的当前地址。初始化编程时，这两个寄存器被写入相同的初值。DMA 传送时，现行地址寄存器的值要发生相应的变化，而基地址寄存器的值保持不变。每个 DMA 通道均有一个基地址寄存器和现行地址寄存器。8237 内部有四个基地址寄存器和四个现行地址寄存器。

2）字节寄存器

字节寄存器有基字节寄存器和现行字节寄存器两种。基字节寄存器保存 DMA 数据传送的总字节数。现行字节寄存器保存 DMA 数据传送的剩余字节数。初始化编程时，这两个寄存器被写入相同的初值。DMA 传送时，现行字节寄存器的值要发生相应的变化，而基字节寄存器的值保持不变。每个 DMA 通道均有一个基字节寄存器和现行字节寄存器。
8237 内部有四个基字节寄存器和四个现行字节寄存器。

3）命令寄存器

命令寄存器规定了 8237 的工作模式，其宽度为 8 位，各位的功能如下：

D_0：0 表示禁止存储器到存储器的传送；1 表示允许存储器到存储器的传送。

D_1：0 表示存储器到存储器的传送时，数据源地址保持不变；1 表示存储器到存储器的传送时，数据源地址变化。

D_2：0 表示启动 8237；1 表示停止 8237。

D_3：0 表示普通时序；1 表示压缩时序，取消 S_3 状态。

D_4：0 表示固定优先权，各通道的优先权是固定的，通道 0 优先权最高，通道 3 优先权最低；1 表示旋转优先权，使刚刚结束 DMA 操作的通道优先权最低，而把最高优先权赋给原比它优先权低一级的通道。

D_5：0 表示扩展写信号；1 表示不扩展写信号。

D_6：0 表示 DREQ 高电平有效；1 表示 DREQ 低电平有效。

D_7：0 表示 DACK 低电平有效；1 表示 DACK 高电平有效。

4）状态寄存器

状态寄存器用于记录 8237 的工作状态。它有 8 位，各位功能如下：

D_0：1 表示通道 0 已到达 TC(计数结束状态)。

D_1：1 表示通道 1 已到达 TC。

D_2：1 表示通道 2 已到达 TC。

D_3：1 表示通道 3 已到达 TC。

D_4：1 表示通道 0 有 DMA 请求。

D_5：1 表示通道 1 有 DMA 请求。

D_6：1 表示通道 2 有 DMA 请求。

D_7：1 表示通道 3 有 DMA 请求。

5）模式寄存器

每个通道都有一个 6 位模式寄存器，它指定每个通道的工作模式。模式寄存器的编程格式如下：

$D_1 D_0$：通道选择。00 表示选择通道 0；01 表示选择通道 1；10 表示选择通道 2；11 表示选择通道 3。

$D_3 D_2$：规定数据传送方向。01 表示写传送，即从外设到存储器的传送；10 表示读传送，即从存储器到外设的传送；11 表示不用。

D_4：0 表示禁止自动预置；1 表示允许自动预置，一旦信号有效，8237 就自动把基地址寄存器的内容装入现行地址寄存器，把基字节寄存器的内容装入现行字节寄存器。

D_5：0 表示地址加 1，每传送一个字节，使现行地址寄存器加 1；1 表示地址减 1，每传送一个字节，使现行地址寄存器减 1。

$D_7 D_6$：选择数据传送方式。00 表示请求方式；01 表示单字节方式；10 表示块方式；11 表示级联方式。

6）屏蔽寄存器

屏蔽寄存器宽度为 4 位，每位对应一个通道。值为"1"时，表示对应通道的 DMA 请求被屏蔽，8237 对它不响应。屏蔽寄存器的编程格式如下：

$D_1 D_0$：选择通道。00 表示通道 0；01 表示通道 1；10 表示通道 2；11 表示通道 3。

D_2：0 表示清除屏蔽；1 表示设置屏蔽。

$D_7 \sim D_3$：不用。

还有一种综合屏蔽命令，它可同时对各通道设置屏蔽，其格式如下：

D_0：1 表示对通道 0 设置屏蔽。

D_1：1 表示对通道 1 设置屏蔽。

D_2：1 表示对通道 2 设置屏蔽。

D_3：1 表示对通道 3 设置屏蔽。

$D_4 \sim D_7$：不用。

7）请求寄存器

请求寄存器用于记录各通道的 DMA 请求情况。它的宽度为 4 位，每通道占用 1 位。每个通道的 DMA 请求线 DREQ 可使请求寄存器的相应位置位。8237 还允许用软件使请求寄存器置位，发出 DMA 请求。请求寄存器的编程格式如下：

$D_1 D_0$：选择通道。00 表示通道 0；01 表示通道 1；10 表示通道 2；11 表示通道 3。

D_2：0 表示清除请求；1 表示设置请求。

8）高/低位触发器

8237 的数据线是 8 位，但其内部有 16 位内部寄存器。高/低位寄存器指明目前数据线上传送的是低 8 位还是高 8 位数据。"0"表示低 8 位，"1"表示高 8 位。

2. 8237 的编程步骤

8237 的编程步骤一般如下：

（1）发复位命令。复位命令与引脚信号 RESET 的作用一样，复位命令是向地址 1101B 送一个任意值。

（2）写入基地址。向各通道的基地址寄存器和现行地址寄存器写入数据块的首地址。

（3）写入基字节。向各通道的基字节寄存器和现行字节寄存器写入数据块的数据数目。

（4）写入各通道模式。

（5）写屏蔽方式可用一般格式从地址 1010B 写入，也可用综台屏蔽命令方式从地址 1111B 写入。

（6）写命令格式。

（7）写请求寄存器。

第 10 章　数据分析与处理

本章将介绍数据分析与处理方面的理论基础知识。

10.1　卷 积 定 理

卷积积分及卷积定理在数据分析与处理理论中应用很普遍，本小节将介绍有关卷积的基本概念和性质。

1. 卷积积分

设有两个函数 $x_1(t)$ 和 $x_2(t)$，则卷积积分的定义为

$$y(t) \equiv x_1(t) * x_2(t) = \int_{-\infty}^{\infty} x_1(\tau)x_2(t-\tau)\mathrm{d}\tau \tag{10.1}$$

由卷积积分的定义可知，任意函数 $x(t)$ 与脉冲函数 $\delta(t)$ 卷积的结果是函数 $x(t)$ 本身。进一步可以证明，任意函数 $x(t)$ 与脉冲函数 $\delta(t-t_0)$ 卷积的结果，相当于把函数本身延迟 t_0。

图 10.1 所示为矩形函数 $x(t)$ 与脉冲函数 $\delta(t-1)$ 的卷积结果。

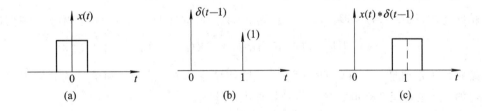

图 10.1　卷积积分示例

2. 时域卷积定理

时域卷积定理：若对于两个函数 $x_1(t)$ 和 $x_2(t)$，已知

$$F[x_1(t)] = X_1(f)$$
$$F[x_2(t)] = X_2(f)$$

则有

$$F[x_1(t) * x_2(t)] = X_1(f) \cdot X_2(f) \tag{10.2}$$

证明：

$$F[x_1(t) * x_2(t)] = \int_{-\infty}^{\infty} \left[\int_{-\infty}^{\infty} x_1(\tau) x_2(t-\tau) \mathrm{d}\tau \right] \mathrm{e}^{-\mathrm{j}2\pi ft} \mathrm{d}t$$

$$= \int_{-\infty}^{\infty} x_1(\tau) \left[\int_{-\infty}^{\infty} x_2(t-\tau) \mathrm{e}^{-\mathrm{j}2\pi ft} \mathrm{d}t \right] \mathrm{d}\tau$$

$$= \int_{-\infty}^{\infty} x_1(\tau) X_2(f) \mathrm{e}^{-\mathrm{j}2\pi f\tau} \mathrm{d}\tau = X_2(f) \int_{-\infty}^{\infty} x_1(\tau) \mathrm{e}^{-\mathrm{j}2\pi f\tau} \mathrm{d}\tau$$

$$= X_1(f) \cdot X_2(f)$$

时域卷积定理说明，两个函数在时域中卷积，卷积信号的频谱等于频域中各自的频谱直接相乘。

3. 频域卷积定理

频域卷积定理：若对于两个函数 $x_1(t)$ 和 $x_2(t)$，已知

$$F[x_1(t)] = X_1(f), \quad F[x_2(t)] = X_2(f)$$

则有

$$F[x_1(t) \cdot x_2(t)] = X_1(f) * X_2(f) \tag{10.3}$$

证明：

$$F^{-1}[X_1(f) * X_2(f)] = \int_{-\infty}^{\infty} \left[\int_{-\infty}^{\infty} X_1(u) X_2(f-u) \mathrm{d}u \right] \mathrm{e}^{\mathrm{j}2\pi fu} \mathrm{d}f$$

$$= \int_{-\infty}^{\infty} X_1(u) \left[\int_{-\infty}^{\infty} X_2(f-u) \mathrm{e}^{\mathrm{j}2\pi fu} \mathrm{d}f \right] \mathrm{d}u$$

$$= \int_{-\infty}^{\infty} X_1(u) x_2(t) \mathrm{e}^{\mathrm{j}2\pi ut} \mathrm{d}u = x_2(t) \int_{-\infty}^{\infty} X_1(u) \mathrm{e}^{\mathrm{j}2\pi ut} \mathrm{d}u$$

$$= x_1(t) \cdot x_2(t)$$

频域卷积定理说明，两个函数在时域上直接相乘，相乘信号的频谱等于频域上各自频谱的卷积。

4. 帕塞瓦尔(Parseval)定理

帕塞瓦尔(Parseval)定理：如果 $x(t)$ 和 $X(\omega)$ 为傅立叶变换对，则帕塞瓦尔定理描述为

$$\int |x(t)|^2 \mathrm{d}t = \frac{1}{2\pi} \int |X(\omega)|^2 \mathrm{d}\omega \tag{10.4}$$

帕塞瓦尔定理是一个重要的定理，它说明信号在时域中的能量和信号的频域中的能量是相等的。这也是能量守恒定律在信号处理中的体现。

帕塞瓦尔定理可以用卷积定理证明。证明如下：

考虑时域卷积定理式(10.2)的傅立叶反变换为

$$\int x_1(\tau) x_2(t-\tau) \mathrm{d}\tau = \frac{1}{2\pi} \int X_1(\omega) X_2(\omega) \mathrm{e}^{\mathrm{j}\omega \cdot t} \mathrm{d}\omega \tag{10.5}$$

取 $t=0$ 时，有

$$\int x_1(\tau) x_2(-\tau) \mathrm{d}\tau = \frac{1}{2\pi} \int X_1(\omega) X_2(\omega) \mathrm{d}\omega$$

取 $x_2(t) = x_1^*(-t)$，此时 $X_2(\omega) = X_1^*(\omega)$，有

$$\int x_1(\tau) x_1^*(\tau) \mathrm{d}\tau = \frac{1}{2\pi} \int X_1(\omega) X_1^*(\omega) \mathrm{d}\omega$$

省去下标 1 就得到帕塞瓦尔公式：

$$\int \mid x(t) \mid^2 \mathrm{d}t = \frac{1}{2\pi} \int \mid X(\omega) \mid^2 \mathrm{d}\omega$$

10.2　离散傅立叶变换(DFT)

1. DFT 定义

可以由傅立叶级数(FS)(参考第 3 章)的定义导出 DFT 的表达式。对连续周期信号 $x(t)$ 采样后得到离散信号 $x(nT_s)$，则

$$X(kf_1) = \frac{1}{T_1} \int_0^{T_1} x(nT_s) \mathrm{e}^{-\mathrm{j}2\pi kf_1 nT_s} \Delta t = \frac{1}{T_1} \sum_{n=0}^{N-1} x(nT_s) \mathrm{e}^{-\mathrm{j}2\pi kf_1 nT_s} T_s$$

$$= \frac{T_s}{T_1} \sum_{n=0}^{N-1} x(nT_s) \mathrm{e}^{-\mathrm{j}2\pi nk\frac{f_1}{f_s}} \tag{10.6}$$

式中，信号基频 $f_1 = 1/T_1$，f_1 为谱线间隔；采样频率 $f_s = 1/T_s$，T_s 为采样间隔，通常记作 Δ。且有

$$f_1 T_1 = f_s T_s, \qquad \frac{T_1}{T_s} = \frac{f_s}{f_1} = N \tag{10.7}$$

这里，T_1/T_s 称为时域采样点数，f_s/f_1 称为频域采样点数，可见此时时域和频域的离散点数相等，均为 N，从而得到

$$X(kf_1) = \frac{1}{N} \sum_{n=0}^{N-1} x(nT_s) \mathrm{e}^{-\mathrm{j}2\pi nk\frac{1}{N}}$$

$$x(nT_s) = \sum_{k=0}^{N-1} X(kf_1) \mathrm{e}^{\mathrm{j}2\pi nk\frac{1}{N}} \tag{10.8}$$

综上所述，离散傅立叶变换(DFT)的定义为

$$X[k] = \frac{1}{N} \sum_{n=0}^{N-1} x[n] \mathrm{e}^{-\mathrm{j}\left(\frac{2\pi}{N}\right)nk}$$

$$x[n] = \sum_{k=0}^{N-1} X[k] \mathrm{e}^{\mathrm{j}\left(\frac{2\pi}{N}\right)nk} \tag{10.9}$$

式中，$0 \leqslant n \leqslant N-1$，$0 \leqslant k \leqslant N-1$，$x[n]$、$X[k]$ 分别为 $x(nT_s)$ 和 $X(kf_1)$ 的简写形式。

从上述分析可知，不论函数原来是否有周期性，经时频域双边离散化以后，函数在时域和频域都将具有周期性。并且，时域的周期与频域的离散谱线的间隔互为倒数；而频域的周期与时域的离散间隔(或采样间隔)互为倒数。式(10.9)计算的是一个周期内的值。因为对于无限长的周期序列来说，只要知道一个周期中的内容就足够了。

对于非周期的有限长序列，DFT 将其视为对一无限长周期序列的一个周期进行处理；而对于无限长的非周期序列来说，由于计算机的内存以及运算速度有限，通常是截取有限长度的序列值，然后进行 DFT。换句话说，不论原始过程是否具有周期性，一旦做 DFT，则它们一律被当作具有周期性的无限长序列进行处理，该序列的周期即为 DFT 的计算长度 $T_1 = NT_s$。同时，计算长度又确定了离散谱的频率间隔 $\Delta f = f_1 = 1/T_1$，Δf 又称为频率分辨率。

2. DFT 的图解

从原理上讲，DFT 包括时域采样、时域加窗和频域采样三个步骤。下面以余弦函数为例，作出其 DFT 的分步图解，如图 10.2 所示。

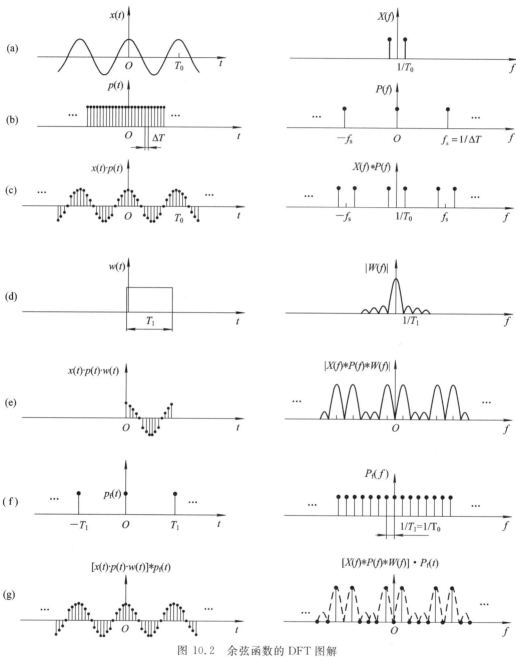

图 10.2　余弦函数的 DFT 图解

(a)～(c)为时域采样过程，连续函数经采样后频谱产生周期性延拓；

(d)和(e)为加窗过程，窗长 T_1 与函数的周期 T_0 相等；

(f)和(g)为频域采样，频域采样间隔 $\Delta f = \dfrac{1}{T_1}$

3. 快速傅立叶变换(FFT)

虽然 DFT 为离散信号的频谱分析提供了变换工具，但是 DFT 方法计算量太大，限制了应用。由 DFT 的计算公式(10.9)可以看出，计算 N 点的一次傅立叶变换至少要计算 N^2 次复数乘法和 $N(N-1)$ 次复数加法。

直到 1965 年，美国的 Cooly 和 Turkey 提出了一种快速计算 DFT 的算法，即快速傅立叶变换(Faster Fourier Transform，FFT)，才使信号分析技术得到充分的应用。例如：当 $N=1024$ 时，DFT 的复数乘法次数约为 105 万次，Cooly 和 Turkey 的复数乘法次数 5120 次，仅为 DFT 的 $\frac{1}{200}$。一般算法中，规定 N 取 2 的整数次幂，因此也称基 2 型 FFT。

目前实现 FFT 主要有软件和硬件两种方法。FFT 是功率谱、互谱、频率响应函数、相干函数等经典频域分析和许多相关分析方法的基础。

FFT 算法的基本思想是利用 W^{nk} ($W^{nk}=\mathrm{e}^{\mathrm{j}\left(\frac{2\pi}{N}\right)nk}$) 的周期性和对称性来减少计算量。

(1) 周期性。

$$W^{nk}=W^{n(k+N)}=W^{k(n+N)} \tag{10.10}$$

例如：当 $N=4$ 时，有 $W^2=W^6$，$W^1=W^5=W^9$ 等。

(2) 对称性。

$$W^{\left(nk+\frac{N}{2}\right)}=-W^{nk} \tag{10.11}$$

例如：当 $N=4$ 时，有 $W^3=-W^1$，$W^2=-W^0$ 等。

4. 泄露

如图 10.2 中(d)和(e)所示，数据分析过程中要对采集信号进行截断，图 10.2(d)中就是用一个矩形窗函数对采集信号进行截断。加窗实际上是将采集信号和窗函数信号进行相乘。如果在时域加窗，则根据频谱卷积定理可知采集信号加窗之后的频谱会发生改变。图 10.2(e)中，矩形窗信号的频谱和采集信号的频谱进行了卷积，使采集信号的频谱发生了泄露，使能量不再集中在原来的频率点上，而是向两边的频率分量有所泄露。

应该说，泄漏是加窗的必然结果，是不可避免的，除非加一无限宽度的矩形窗，它的频谱是一个脉冲信号，才能保证结果没有频谱泄露，但加一无限宽度的矩形窗在实际中是不可能的，也是无意义的。

5. 常用窗函数

矩形窗的频谱为 Sinc 函数，其引起的频谱泄露比较严重。评价一个窗函数的指标有三个：

(1) 主瓣宽度，主瓣宽度越小越好，主瓣越小说明能量越集中。

(2) 旁瓣幅值衰减程度，即旁瓣相对于主瓣的幅值大小，旁瓣幅值衰减越大越好。

(3) 能量泄漏因子(leakage factor)，它表明能量分散在主瓣以外的程度。

为了减少加窗引起的泄露，选择窗函数是一个关键方法。常用的窗函数除了矩形窗外，还有三角窗、高斯窗、汉宁窗、汉明窗等。下面就列出各个窗函数的时域波形和频谱波形以供参考(见图 10.3)。

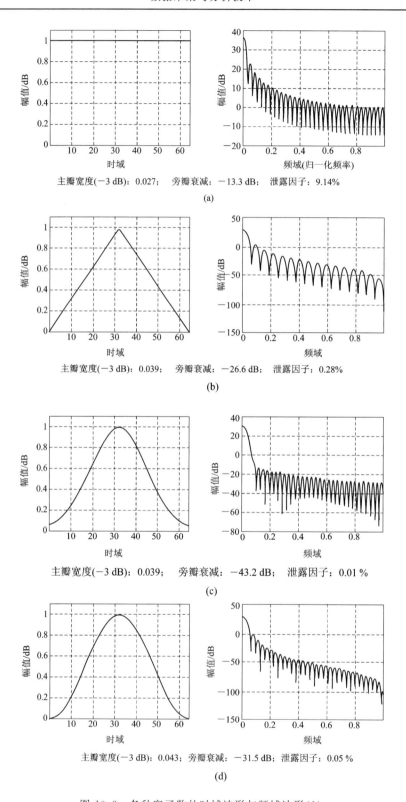

图 10.3　各种窗函数的时域波形与频域波形（1）

（a）矩形窗；（b）三角窗；（c）高斯窗；（d）汉宁窗

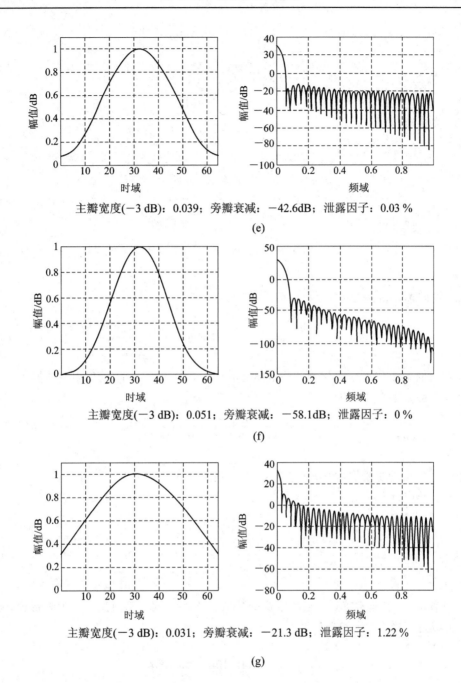

主瓣宽度(−3 dB)：0.039；旁瓣衰减：−42.6dB；泄露因子：0.03 %

(e)

主瓣宽度(−3 dB)：0.051；旁瓣衰减：−58.1dB；泄露因子：0 %

(f)

主瓣宽度(−3 dB)：0.031；旁瓣衰减：−21.3 dB；泄露因子：1.22 %

(g)

图 10.3　各种窗函数的时域波形与频域波形(2)

(e) 汉明窗；(f) 布莱克曼窗；(g) 凯撒窗

(1) 矩形窗(Rectangular)。

$$w(n) = \begin{cases} 1 & 0 \leqslant n \leqslant M \\ 0 & \text{其他} \end{cases} \tag{10.12}$$

矩形窗有最小的主瓣宽度，但旁瓣比较大。

(2) 三角窗(Triangle)/Bartlett 窗。

$$w(n) = \begin{cases} \dfrac{2n}{M} & 0 \leqslant n \leqslant \dfrac{M}{2} \\[2mm] 2 - \dfrac{2n}{M} & \dfrac{M}{2} < n < M \\[2mm] 0 & \text{其他} \end{cases} \tag{10.13}$$

（3）高斯窗（Gauss）。

$$w(n) = \begin{cases} \mathrm{e}^{-\frac{1}{2}\left(\frac{n-\frac{M}{2}}{\alpha \frac{M}{2}}\right)} & 0 \leqslant n \leqslant M \\[2mm] 0 & \text{其他} \end{cases} \tag{10.14}$$

（4）汉宁窗（Hanning）。

$$w(n) = \begin{cases} 0.5 - 0.5 \cos\left(\dfrac{1}{2\pi} \dfrac{n}{m}\right) & 0 \leqslant n \leqslant M \\[2mm] 0 & \text{其他} \end{cases} \tag{10.15}$$

（5）汉明窗（Hamming）。

$$w(n) = \begin{cases} 0.54 - 0.46 \cos\left(\dfrac{1}{2\pi} \dfrac{n}{m}\right) & 0 \leqslant n \leqslant M \\[2mm] 0 & \text{其他} \end{cases} \tag{10.16}$$

汉明窗的宽度与汉宁窗相同，是矩形窗的 2 倍，99.96% 的能量集中在主瓣里。

（6）布莱克曼窗（Blackman）。

$$w(n) = \begin{cases} 0.42 - 0.5 \cos\left(\dfrac{1}{2\pi} \dfrac{n}{m}\right) + 0.08 \cos\left(\dfrac{4\pi n}{m}\right) & 0 \leqslant n \leqslant M \\[2mm] 0 & \text{其他} \end{cases} \tag{10.17}$$

布莱克曼窗的主瓣宽度是矩形窗的 3 倍，主瓣能量更集中。

（7）凯撒窗（Kaiser）。

$$w(n) = \begin{cases} \dfrac{I_0\left[\beta\left(1 - \left[\left(n - \dfrac{M}{2}\right)\bigg/ \dfrac{M}{2}\right]^2\right)^{\frac{1}{2}}\right]}{I_0(\beta)} & 0 \leqslant n \leqslant M \\[2mm] 0 & \text{其他} \end{cases} \tag{10.18}$$

在凯撒窗中，β 非常重要，它决定窗的参数。当 $\beta=0$ 时，凯撒窗演变为矩形窗；当 β 增大时，主瓣宽度增大，旁瓣幅值减小。

10.3　其他变换

10.3.1　拉普拉斯变换

1. 定义

一般傅立叶变换存在的条件是要求信号必须满足绝对可积条件，在引入脉冲函数后，对于功率集中于特定频率上的周期函数，可以避开绝对可积条件的要求，因此使得傅立叶变换的应用范围得以推广。然而，尽管如此，却仍有许多重要的函数没有包括在内。例如斜坡函数、正指数函数等仍不能做傅立叶变换。为了处理这样的函数，引入了拉普拉斯变换。

拉普拉斯变换（Laplace Transform，LT）和反变换（Inverse Laplace Transform，ILT）的定义如下：

$$\begin{cases} X(s) = \displaystyle\int_{-\infty}^{\infty} x(t)\mathrm{e}^{-st}\,\mathrm{d}t \\ x(t) = \dfrac{1}{2\pi\mathrm{j}} \displaystyle\int_{\sigma-\mathrm{j}\infty}^{\sigma+\mathrm{j}\infty} X(s)\mathrm{e}^{st}\,\mathrm{d}s \end{cases} \tag{10.19}$$

式中，s 为拉普拉斯变量，它是一个复数，$s = \sigma + \mathrm{j}\omega$。拉普拉斯反变换积分比较复杂，实际中很少用到，工程上有拉普拉斯变换表，通过查表就可以很快由 $X(s)$ 计算出 $x(t)$。

2. 性质

实微分定理：设函数 $x(t)$ 的拉普拉斯变换为 $X(s)$，即 $L[x(t)] = X(s)$，则函数 $x(t)$ 的微分的拉普拉斯变换为

$$L\left[\frac{\mathrm{d}}{\mathrm{d}t}x(t)\right] = sX(s) - x(0) \tag{10.20}$$

该定理可以用分部积分法证明，证明如下：

因为

$$\int_{0}^{\infty} x(t)\mathrm{e}^{-st}\,\mathrm{d}t = x(t)\frac{\mathrm{e}^{-st}}{-s}\Bigg|_{0}^{\infty} - \int_{0}^{\infty}\left[\frac{\mathrm{d}}{\mathrm{d}t}x(t)\right]\frac{\mathrm{e}^{-st}}{-s}\,\mathrm{d}t$$

因此

$$X(s) = \frac{x(0)}{s} + \frac{1}{s}L\left[\frac{\mathrm{d}}{\mathrm{d}t}x(t)\right]$$

由此得到

$$L\left[\frac{\mathrm{d}}{\mathrm{d}t}x(t)\right] = sX(s) - x(0)$$

应用实微分定理可以将微分方程转化成代数方程进行求解，从而简化运算过程。可以看出拉普拉斯变换是一种强有力的数学工具。

10.3.2　Z 变换

在离散时间系统中，Z 变换（简称 ZT）作为一种数学工具，可以把离散系统的数学模型——差分方程转化为简单的代数方程，使求解过程得以简化。故 Z 变换在离散系统中的地位类似于连续系统中的拉普拉斯变换。

Z 变换的定义如下：

$$X(z) = \sum_{n=0}^{\infty} x(nT_s)z^{-n} \tag{10.21}$$

如果简记 $x(nT_s)$ 为 $x[n]$，则 Z 变换为

$$X(z) = \sum_{n=0}^{\infty} x[n]z^{-n} = x[0] + \frac{x[1]}{z} + \frac{x[2]}{x^2} + \cdots \tag{10.22}$$

滞后定理：设 $t<0$ 时，$x(t)=0$，则 Z 变换的滞后定理表示为

$$Z[x(t-kT_s)] = Z^{-k}X(z) \tag{10.23}$$

由 Z 变换的定义即可证明如下：

$$
\begin{aligned}
Z[x(t-kT_s)] &= \sum_{n=0}^{\infty} x(nT_s - kT_s)z^{-n} \\
&= x(-kT_s) + x(T_s - kT_s)z^{-1} + \cdots + x(0)z^{-k} + x(T_s)z^{-(k+1)} + \cdots \\
&\quad + x(nT_s)z^{-(k+n)} + \cdots \\
&= x(0)z^{-k} + x(T_s)z^{-(k+1)} + \cdots + x(nT_s)z^{-(k+n)} + \cdots \\
&= z^{-k}[x(0) + x(T_s)z^{-1} + \cdots + x(nT_s)z^{-n} + \cdots] \\
&= z^{-k}x(z)
\end{aligned}
$$

滞后定理说明，原函数在时域中延迟 k 个采样周期，相当于 Z 变换乘以 z^{-k}。算子 z^{-k} 代表滞后环节，它的物理意义是把采样信号延迟 k 个采样周期。

10.3.3　各种变换的关系

1. Z 变换与拉普拉斯变换的关系

理想采样序列 $x(nT_s)$ 的拉普拉斯变换是 $X_s(s)$，理想采样序列 $x(nT_s)$ 的 Z 变换是 $X(z)$。$X(s)$ 和 $X(z)$ 的关系如何呢？

当 $z = e^{st}$ 或 $s = \dfrac{1}{T} \ln z$ 时，两者等价，即

$$X_s(s) \overset{z=e^{sT}}{=\!=\!=} X(z) \tag{10.24}$$

因为

$$
\begin{aligned}
X_s(s) &= \int_0^{\infty} x(nT) e^{-st} \, dt = \int_0^{\infty} \left[\sum_{n=0}^{\infty} x(nT)\delta(t-nT) \right] e^{-st} \, dt \\
&= \sum_{n=0}^{\infty} \int_0^{\infty} x(nT)\delta(t-nT) e^{-st} \, dt \\
&= \sum_{n=0}^{\infty} x(nT) e^{-nTs} \\
&= \sum_{n=0}^{\infty} x(nT) z^{-n} = X(z)
\end{aligned}
$$

2. 拉普拉斯变换与傅立叶变换的关系

傅立叶变换是拉普拉斯变换在 s 平面虚轴上的特例，即 $s = j\omega$ 时，有

$$X(\omega) = X(s) \big|_{s=j\omega} \tag{10.25}$$

因为

$$X(s) \big|_{s=j\omega} = \int_{-\infty}^{\infty} x(t) e^{-j\omega t} \, dt = X(\omega)$$

采样系列的各种域的频谱表示如图 10.4 所示。

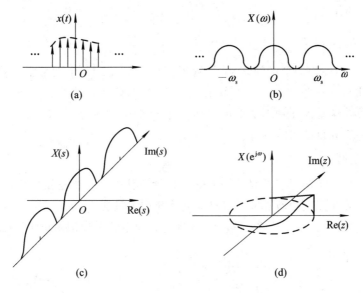

图 10.4　采样系列的各种域的频谱表示

（a）采样系列；（b）采样系列的频谱

（c）采样系列频谱的 s 域表示；（d）采样系列频谱的 z 域表示

3. Z 变换与傅立叶变换的关系

傅立叶变换是拉普拉斯变换在 s 平面虚轴上的特例，而理想采样序列的傅立叶变换 $（X_s(\omega)）$是连续函数傅立叶变换$（X(\omega)）$沿虚轴的周期延拓。由于 s 平面虚轴映射到 z 平面上是单位圆 $z=e^{j\omega T}$，因此，采样序列在单位圆上的 Z 变换就等于理想采样函数的傅立叶变换（频谱）；而采样序列频谱的周期性延拓，表现在 z 域中即为单位圆上的重复循环，如图 10.4 所示。

10.4　数　字　处　理

数据采集过程是把连续信号进行采样，并把采样所得的值量化为二进制编码保存下来给数据分析与处理模块。数据分析与处理的一项重要内容就是对数据采集所得的数字值进行处理，俗称数字处理。在数字处理中，经常需要计算的有：均值、概率密度函数、自相关函数、单边功率谱密度函数、联合概率密度函数、互相关函数、互谱密度函数、频率响应函数和相干函数等内容。下面将对上述内容进行简要的讨论。

1. 均值

过程的均值计算，通过离散采样后，可由下式确定：

$$m_x = \frac{1}{N} \sum_{k=1}^{N} x_k \tag{10.26}$$

式中，N 是数据的采样点数，x_k 是数据值。

2. 概率密度函数

设 $\{x_k\}(k=1,2,\cdots,N)$ 是从均值为零的记录 $x(t)$ 得到的 N 个数据，则 $x(t)$ 的概率密

度函数可由下式估计：

$$p(x) = \frac{N_x}{N \Delta x} \tag{10.27}$$

式中，Δx 是以 x 为中心的窄区间，N_x 是数据落在 $x \pm 0.5 \Delta x$ 中的数据个数。因此，把 x 的整个变化范围分成适当的等宽度区间 Δx，列出数据落在各分组区间的个数，再除以宽度区间 Δx 和采样容量 N 的乘积，即可得到估计 $p(x)$ 的数字化值。注意，$p(x)$ 的估计不是唯一的，它取决于分组区间的选择。

3. 自相关函数

自相关函数的估计有两种方法，一种是直接计算法，另一种是用傅立叶变换计算功率谱密度函数，然后计算它的傅立叶逆变换。下面介绍直接法。

设 N 个数据值 $\{x_k\}(k=1, 2, \cdots, N)$ 来自均值为零的平稳记录 $x(t)$，则时间位移 $m\Delta t$ 处的自相关函数可由下式估计：

$$R_x(m) = \frac{1}{N-m} \sum_{k=1}^{N-m} x_k \cdot x_{k+m} \qquad m = 0, 1, 2, \cdots, M \tag{10.28}$$

式中，m 是滞后数，M 是最大滞后数，对应的最大时间位移 τ_{max} 是 $M\Delta t$。

当 N 很大时，时间位移 $m\Delta t$ 处的自相关函数也可由下式估计：

$$R_x(m) = \frac{1}{N} \sum_{k=1}^{N-m} x_k \cdot x_{k+m} \qquad m = 0, 1, 2, \cdots, M \tag{10.29}$$

由此式可以得到自相关函数的有偏估计。但因 m 相对于 N 来说是很小的数，所以有偏估计与无偏估计的差别很小。

4. 单边功率谱密度函数

设子样数据来自零均值的平稳记录 $x(t)$。对 $0 \leqslant f \leqslant f_c$ 范围内的任意频率 f，单边功率谱密度函数 $G_x(f)$ 可用下式估计：

$$G_x(n) \triangleq G_x(f) = \frac{2}{T} |X(n)|^2 = \frac{2\Delta t}{N} |X(n)|^2 \qquad T = N\Delta t \tag{10.30}$$

式中，$X(n)(n=1, 2, \cdots, N)$ 是 $x(t)$ 的 FFT 变换。

5. 联合概率密度函数

与式(10.27)类似，可以从已数字化数据估计两个平稳记录 $x(t)$ 和 $y(t)$ 的联合概率密度函数：

$$p(x, y) = \frac{N_{xy}}{N \Delta x \Delta y} \tag{10.31}$$

式中，Δx 和 Δy 是中心分别为 x 和 y 的两个窄区间，N_{xy} 是数据值 x 和 y 同时落在这两个窄区间的数目。因此，把 x 和 y 的整个变化范围分成适当的等宽度分组区间，列出数据落在每个矩形单元的个数，再除以采样容量 N 和单元面积 $\Delta x \Delta y$ 的乘积，就可以得到估计 $p(x, y)$ 的数字化值。

6. 互相关函数

如同自相关函数的估计一样，互相关函数也有两种估计方法，即直接法和间接的 FFT 方法。互相关函数在滞后数 $m=0, 1, 2, \cdots, M$ 处的直接无偏估计定义为

$$\begin{cases} R_{xy}(m) = \dfrac{1}{N-m}\sum_{k=1}^{N-m} x_k \cdot y_{k+m} \\[3mm] R_{yx}(m) = \dfrac{1}{N-m}\sum_{k=1}^{N-m} y_k \cdot x_{k+m} \end{cases} \tag{10.32}$$

另外，还可以计算归一化的互相关函数函数：

$$\rho_{xy}(m) = \frac{R_{xy}(m)}{\sqrt{R_x(0)R_y(0)}} \qquad -1 \leqslant \rho_{xy} \leqslant 1 \tag{10.33}$$

假定 $x(t)$ 和 $y(t)$ 的初始采样容量为 $N=2^p$，用 FFT 方法计算互相关函数时可采用如下步骤：先通过 FFT 计算互谱密度函数，再计算互谱的逆傅立叶变换。

7. 互谱密度函数

互谱密度函数是复函数，它可表示为

$$G_{xy}(f) = C_{xy}(f) - jQ_{xy}(f) \tag{10.34}$$

式中，$C_{xy}(f)$ 称为共谱密度函数，$Q_{xy}(f)$ 称为方谱密度函数。$G_{xy}(f)$ 还可表示为

$$G_{xy}(f) = |G_{xy}(f)| \exp[-j\theta_{xy}(f)] \tag{10.35}$$

$G_{xy}(f)$ 的幅值和相位角分别为

$$|G_{xy}(f)| = [C_{xy}^2(f) + Q_{xy}^2(f)]^{1/2}$$

$$\theta_{xy}(f) = \arctan\left(\frac{Q_{xy}(f)}{C_{xy}(f)}\right)$$

互谱密度函数同样可以通过互相关函数和 FFT 变换的功率谱这两种方法而获得。下面介绍 FFT 变换估计，即求出 $x(t)$ 和 $y(t)$ 的 FFT 变换 $X(n)$ 和 $Y(n)$，然后利用公式估计互谱密度函数。

$$\begin{aligned} G_{xy}(n) &\stackrel{\Delta}{=} G_{xy}(f) = \frac{2\Delta t}{N}|X(n) * Y(n)| \\[2mm] &= \frac{2\Delta t}{N}[C_x(n) - jQ_x(n)][C_y(n) + jQ_y(n)] \\[2mm] &= \frac{2\Delta t}{N}[C_x C_y(n) + Q_x Q_y(n)] + j[C_x Q_y(n) - C_y Q_x(n)] \end{aligned} \tag{10.36}$$

式中，C 和 Q 分别是傅立叶变换系数的实部和虚部；再求 $G_{xy}(f)$ 的逆傅立叶变换，就可得到互相关函数。

8. 频率响应函数

频率响应函数可取极坐标形式，即

$$H(f) = |H(f)| \exp[-j\theta(f)] \tag{10.37}$$

式中，$|H(f)|$ 表示频率响应函数的幅频特性(或增益因子)，$\theta(f)$ 表示相频特性。如果一个系统在平稳输入信号 $x(t)$ 作用下，产生输出 $y(t)$，则系统的增益因子用功率谱表示时可用下式估计：

$$|H(f)| = \left|\frac{G_y(f)}{G_x(f)}\right|^{\frac{1}{2}} \tag{10.38}$$

因此，在离散频率 $f=f_m=mf_c/M(m=0,1,2,\cdots,M)$ 处的增益因子可作如下估计：

$$| H(m) | = \left| H\left(\frac{mf_c}{M}\right) \right| = \left| \frac{G_y(m)}{G_x(m)} \right|^{\frac{1}{2}} \qquad (10.39)$$

对于频率响应函数(包括增益因子和相位因子)的估计,则建议采用下式:

$$H(f) = \frac{G_{xy}(f)}{G_x(f)} \qquad (10.40)$$

或者,写成极坐标形式:

$$| H(f) | = \frac{| G_{xy}(f) |}{G_x(f)}, \qquad \theta(f) = \theta_{xy}(f) \qquad (10.41)$$

此时,在离散频率 $f = f_m = mf_c/M (m = 0, 1, 2, \cdots, M)$ 处的增益因子和相位因子的数字化估计为

$$\begin{cases} | H(m) | = \dfrac{\left[C_{xy}^2(m) + Q_{xy}^2(m) \right]^{1/2}}{G_x(m)} \\[3mm] \theta(m) = \arctan \dfrac{Q_{xy}(m)}{C_{xy}(m)} \end{cases} \qquad (10.42)$$

注意,上述的频率值不应与通常的 FFT 离散频率值的配置

$$f \overset{\Delta}{=} f_n = \frac{n}{N\Delta t}, \qquad n = 0, 1, 2, \cdots, N-1$$

相混淆。由于 $f_c = 1/(2\Delta t)$,因此,只有 $N = 2M$ 时,这些 FFT 离散频率才与前面相同 m 值的离散频率相匹配。用 FFT 计算谱估计 $G_x(f_n)$ 和 $G_{xy}(f_n)$ 时,由式(10.41)可得

$$\begin{cases} | H(n) | = \left| H\left(\dfrac{n}{N\Delta t}\right) \right| \\[3mm] \theta(n) = \theta\left(\dfrac{n}{N\Delta t}\right) \end{cases} \qquad n = 0, 1, 2, \cdots, N-1 \qquad (10.43)$$

9. 相干函数

用数字方法计算时,离散频率值 $f_m = mf_c/M, (m = 0, 1, 2, \cdots, M)$ 处的相干函数可由下式估计:

$$\gamma^2(m) = \frac{C_{xy}^2(m) + Q_{xy}^2(m)}{G_x(m)G_y(m)} \qquad (10.44)$$

采用 FFT 方法计算离散频率 $f_n = \dfrac{n}{N\Delta t} (n = 0, 1, 2, \cdots, N-1)$ 处的相干函数可由下式估计:

$$\gamma^2(f_n) = \frac{| G_{xy}(f_n) |^2}{G_x(f_n)G_y(f_n)} \qquad (10.45)$$

10.5 数字滤波技术

数字滤波技术是相对于模拟滤波技术而言的。所谓数字滤波就是用软件的方法实现模拟滤波的功能。一般是对信号进行算法处理,提取信号的有用成分、频率等信息,或剔除和减少各种干扰和噪声,以保证信号的可靠性。

10.5.1　数字滤波的特点

1. 成本低

使用数字滤波器不需要增加任何硬件设备，只需要在信号的输入/输出程序里加入数字滤波程序即可。

2. 可靠性好

数字滤波器不存在模拟滤波器的阻抗匹配问题，也没有硬件所带来的一系列可靠性的问题，所以数字滤波器要比模拟滤波器可靠性好。

3. 适用性广

模拟滤波器由于受电容电量的影响，频率不能太低。数字滤波器不存在这样的问题，数字滤波器可以对频率很低的信号进行滤波。只要模拟滤波器适用的场合，数字滤波器都适用。

4. 柔性好

由于数字滤波器是用程序实现的，修改滤波器结构和参数都很容易，不像模拟滤波器那么复杂，因此数字滤波器使用方便灵活。

5. 性能高

随着各类处理器性能的提高，数字滤波器可以在提高计算量的条件下，通过增加滤波器阶数、提高运算精度等手段，设计较高的性能指标，达到传统模拟滤波器不能达到的性能指标。

正因为数字滤波器具有以上优点，所以数字滤波器在数据采集系统中得到了越来越广泛的应用。

10.5.2　线性滤波器

线性滤波器用于时变输入信号的线性运算（linear operator）。线性滤波器在电子学和数字信号处理中应用非常普遍。

线性滤波器经常用于剔除输入信号中不需要的频率或者从许多频率中选择一个频率。滤波器技术内容非常广泛，这里只给出一个总体的介绍。

线性滤波器可以分为两类：无限脉冲响应（IIR）和有限脉冲响应（FIR）滤波器。IIR 和 FIR 分别指将滤波器看做一个线性系统时，系统对有限能量脉冲的不同响应特征。IIR 的响应随时间衰减但不会衰减为 0，FIR 滤波器则反之。数字线性滤波器传递函数模型的 Z 变换形式为

$$G(z) = \frac{\sum\limits_{i=0}^{M} d_i z^{-i}}{1 + \sum\limits_{j=1}^{N} a_j z^{-j}} \tag{10.46}$$

对于 IIR 滤波器，式（10.46）中 a_i 不为 0，也就是说 IIR 滤波器带有反馈结构且含有极点；对于 FIR 滤波器，式（10.46）中 a_i 为 0，也就是说 FIR 滤波器没有反馈结构，且不含有

极点。式(10.46)写成如下数字域形式,此形式可用于程序计算:

$$y(n) + \sum_{j=1}^{N} a_j y(n-j) = \sum_{i=0}^{M} d_i x(n-i) \tag{10.47}$$

值得注意的是,FIR 滤波器通过一定的设计可以实现线性相位,即不同频率成分的延时相同。根据滤波功能,线性滤波器可分为:① 允许低频率通过的低通滤波器;② 允许高频率通过的高通滤波器;③ 允许一定范围频率通过的带通滤波器;④ 阻止一定范围频率通过并且允许其他频率通过的带阻滤波器;⑤ 允许所有频率通过、仅仅改变相位关系的全通滤波器;⑥ 阻止一个狭窄频率范围通过的特殊带阻滤波器陷波滤波器。

有些滤波器不是为了阻止任何频率的通过,而是为了在不同频率稍微调整幅度响应,预加重滤波器、均衡器或者音调控制等等都是这些滤波器的例子。实际中常用的算术平均滤波器和加权平均滤波器就属于 FIR 滤波器,分别如下:

算术平均滤波器:

$$y_n = \frac{1}{n} \sum_{i=1}^{n} x_i \tag{10.48}$$

加权平均滤波器:

$$y_n = \frac{1}{n} \sum_{i=1}^{n} c_i x_i \tag{10.49}$$

式中,权重因子 c_i 应该满足约束 $\sum_{i=1}^{n} c_i = 1$。

10.5.3　非线性滤波器

非线性滤波器的范围和方法很宽泛,没有像线性滤波器那样的统一模型,但非线性滤波器算法灵活,可针对具体问题设计。实际中常用的非线性滤波器有去极值平均滤波器、中值滤波器、程序判断滤波器等,下面分别予以介绍。

1. 去极值平均滤波器

由于线性滤波对采集到的突发数据也当成正常数据一样考虑,使得线性滤波器的适用范围减少。为了解决这个问题,可以采用去极值平均滤波器。

该方法的思想就是在作算术平均之前从数据中去除极值(极值是突发数据的可能性很大),再把剩下的数据进行线性滤波。此时,要修改相应的 n 值,比如,如果去除了两个极值,则 n 的值要相应地减小 2。如果去除了两个极值后滤波效果还不好,可以再去除剩下数据中的极值。

2. 中值滤波器

中值滤波方法是对目标信号进行连续采样多次,然后将这些采样值进行排序,选取中间位置的采样值为有效值。

中值滤波器对脉冲干扰、突发数据的滤出效果很好。该方法的缺点就是数据排序需要花费不少时间。常用的排序方法有冒泡法和沉底法。

3. 程序判断滤波器

很多信号都对应实际的物理量,它们都有一定的变化规律。比如在转台测控系统里,转台的角度采样值不会超过 360°；转台加速度不会突变，且加速度最大值受到限值，不会超过电机驱动系统能提供的最大加速度；转台的速度不会突变，且速度最大值不能超过转台运行的最大速度。

根据幅值、幅值变化速度、幅值变化加速度的限制条件，可以将程序判断滤波分为三种。下面分别介绍。

1）限幅滤波

所谓限幅滤波，就是判断当前的采样值 x_i 是否超过最大幅值限制 x_{max}，如果超过，即 $|x_i| > x_{max}$，则丢掉本次的采样值，而以上次的采样值作为此次的采样值，即

$$x_i = x_{i-1} \tag{10.50}$$

比如，在转台测控系统里如果转台角度的采样值大于 360°，则丢弃本次采样值，而用上次采样的角度值作为此次的角度采样值。

2）限速滤波

首先定义采样信号的瞬时速度 v_i 如下：

$$v_i = x_i - x_{i-1} \tag{10.51}$$

所谓限速滤波，就是判断当前的瞬时速度 v_i 是否超过最大速度限制 v_{max}，如果 $|v_i| > v_{max}$，则丢掉此次的瞬时速度，而以上次的瞬时速度代替，即 $v_i = v_{i-1}$。相应地，此次的采样值应该按下式计算：

$$x_i = x_{i-1} + v_{i-1} \tag{10.52}$$

3）限加速度滤波

首先定义采样信号的瞬时加速度 a_i 为

$$a_i = v_i - v_{i-1} = x_i - 2x_{i-1} + x_{i-2} \tag{10.53}$$

所谓限加速度滤波，就是判断当前的瞬时加速度 a_i 是否超过最大加速度限制 a_{max}，如果 $|a_i| > a_{max}$，则丢掉此次的瞬时加速度，而以上次的瞬时加速度代替，即 $a_i = a_{i-1}$。相应地，此次的瞬时速度和采样值应该按下式计算：

$$\begin{cases} v_i = v_{i-1} + a_{i-1} \\ x_i = x_{i-1} + v_i = x_{i-1} + v_{i-1} + a_{i-1} = 3x_{i-1} - 3x_{i-2} + x_{i-3} \end{cases} \tag{10.54}$$

除了这三种程序判断滤波方法以外，还有限加加速度滤波，其思想和原理和上述三种方法都一样，这里就不再赘述。

各种数字滤波器都有它的优缺点，实际应用中，根据干扰的性质和系统的性能要求具体选择使用，也可以把几种滤波器综合起来使用。

10.5.4　使用 Matlab 设计数字滤波器

Matlab 提供了专门设计滤波器的工具箱（Filter Design & Analysis Tool，FDA Tool），可以实现滤波器设计、性能仿真评估以及结果输出等功能，极大地方便了工程应用。下面通过几个设计实例演示低通、带通和高通线性滤波器的设计。

1）低通滤波器

假设采样频率为 1000 Hz，设计通带为 100 Hz、阻带为 200 Hz 的 FIR 线性相位低通滤波器，阻带衰减 80 dB。设计滤波器采用最小阶数设计法，即在满足设计要求的条件下实

现最小的滤波器阶数。FDA Tool 的设计结果如图 10.5 所示，从中可以看出滤波器的幅频和相频特征以及滤波器设计阶数和类型。

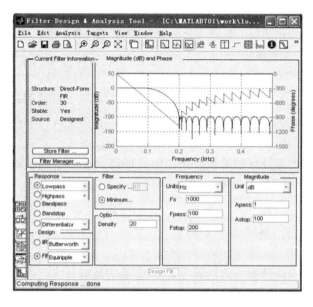

图 10.5　低通滤波器设计结果

设计好的滤波器可以通过各种方式输出到工作间或通过 Targets 菜单下的生成 C 头文件菜单得到 C 语言格式的滤波器数，如下所示，其中 LB 为滤波器阶数，B 为滤波器数组。

```
const int BL = 31;
const real64_T B[31] = {
    0.0002421842954389, 0.001380231566269, 0.004385671501045, 0.009756647835077,
    0.0162049539291, 0.01987640534774, 0.01548929105821, -5.862735119587e-005,
   -0.02323444157396, -0.04193625273504, -0.03913953478526, -0.001868888696111,
    0.06902168202584, 0.1549281678985, 0.2255348449388, 0.2528507231661,
    0.2255348449388, 0.1549281678985, 0.06902168202584, -0.001868888696111,
   -0.03913953478526, -0.04193625273504, -0.02323444157396, -5.862735119587e-005,
    0.01548929105821, 0.01987640534774, 0.0162049539291, 0.009756647835077,
    0.004385671501045, 0.001380231566269, 0.0002421842954389 };
```

上述滤波器为双精度浮点型的滤波器。通过选择滤波器数据类型，还可以生成定点型的滤波器，如下所示。将滤波器转为定点型可以减小运算量，但要损失一些滤波效果。

```
const int16_T B[31] = {
        8, 45, 144, 320, 531, 651, 508, -2, -761,
    -1374, -1283, -61, 2262, 5077, 7390, 8285, 7390, 5077,
    2262, -61, -1283, -1374, -761, -2, 508, 651, 531,
    320, 144, 45, 8 };
```

2）带通滤波器

假设采样频率为 1000 Hz，设计 FIR 线性相位滤波器，通带为 100～200 Hz，50 Hz 以下和 250 Hz 以上阻带衰减 80 dB。设计滤波器采用最小阶数设计法。设计结果如图 10.6 所示。从图 10.6 中可以看出 FIR 带通滤波器在通带内保持了线性相位特征。

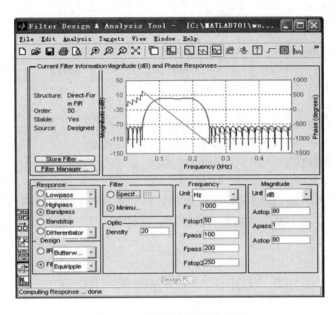

图 10.6 带通滤波器设计结果

3) 高通滤波器

假设采样频率为 1000 Hz，设计 IIR 滤波器，通带为 200 Hz 以上，0～100 Hz 的衰减为 100 dB。设计滤波器采用最小阶数设计法。设计结果如图 10.7 所示。从图 10.7 中可以看出 IIR 带通滤波器设计阶数只为 9 阶，但在通带内无法保持线性相位特征。

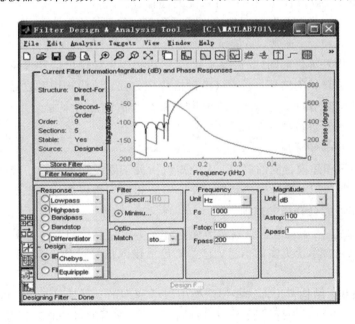

图 10.7 高通滤波器设计结果

设计好的 IIR 滤波器通过 Targets 菜单下的生成 C 头文件菜单，得到 C 语言格式的滤波器数，如下所示，其中 NL 为滤波器阶数，NUM 为滤波器分子数组，DEN 为滤波器分母数组。

```
const int NL = 10;
const real64_T NUM[10] = {
     0.04202690203967,   −0.3412171444445,   1.264755135298,   −2.806325003185,
     4.105514609013,   −4.105514609013,   2.806325003185,   −1.264755135298,
     0.3412171444445,   −0.04202690203967};
const int DL = 10;
const real64_T DEN[10] = {
                    1,   −2.547447870422,   4.033521248018,   −4.12283901196,
     3.034905351765,   −1.598868186831,   0.6021868629205,   −0.1539562201988,
     0.02418685328328,  −0.001765982562123};
```

从设计结果上看，IIR 滤波器可以在较少阶数的条件下实现，较高的滤波性能，但 IIR 滤波器含有极点，存在不稳定的因素。如果在实际计算中计算精度不够，则有可能造成滤波器不稳定。

10.6 系 统 辨 识

10.6.1 系统辨识概念

系统辨识是根据系统的输入/输出数据来确定系统的数学模型。通过辨识建立数学模型的目的是估计表征系统行为的重要参数，建立一个能模仿真实系统行为的模型，以便预测系统未来的输出，以及设计控制器对系统进行有效控制。

系统进行分析的主要问题是根据输入信号和系统的特性来确定输出信号，而系统辨识所研究的问题恰好相反。通常，系统辨识预先给定一个模型类（如线性模型）和一类输入信号（如正弦信号）以及等价准则（如误差函数），然后根据采集输出信号来确定使误差函数最小的系统模型作为辨识的结果。系统辨识包括两个方面：结构辨识和参数估计。在实际的辨识过程中，随着使用的方法不同，结构辨识和参数估计这两个方面并不是截然分开的，而是可以交织在一起进行的。

辨识的基本步骤如下：

（1）先验知识和建模目的的确定。先验知识指关于系统运动规律、数据以及其他方面的已有知识。这些知识对选择模型结构、设计实验和决定辨识方法等都有重要作用。用于不同目的的模型可能会有很大差别。

（2）实验设计。辨识是从实验数据中提取有关系统信息的过程，实验设计的目标之一是使所得数据能包含系统更多的信息。它主要包括输入信号设计、采样频率设计、预处理滤波器设计等。

（3）结构辨识。结构辨识即选择模型类中数学模型的具体表达形式。除线性系统的结构可通过输入/输出数据进行辨识外，一般的模型结构主要通过先验知识获得。

（4）参数估计。知道模型的结构后，可用输入/输出数据确定模型中的未知参数。实际测量都是有误差的，所以参数估计以统计方法为主。

（5）模型适用性检验。造成模型不适用主要有三方面原因：模型结构选择不当；实验数据误差过大或数据代表性太差；辨识算法存在问题。检验方法主要包括利用先验知识检验和利用数据检验两类。

系统辨识的实质是一个最优化问题，而大部分系统辨识的对象为线性系统。AR(Auto Return)模型辨识技术就是一种典型的线性模型辨识算法，在对线性系统的辨识中有较好的效果。下面重点介绍 AR 模型辨识技术。

10.6.2　AR 模型原理

AR 自回归方法是离散系统时间序列建模的一种方法。自回归模型的定义是，如果时间序列 $\{y_t\}$ 满足 $y_t = \phi_1 y_{t-1} + \cdots + \phi_p y_{t-p} + \varepsilon_t$，其中 $\{\varepsilon_t\}$ 是独立同分布的随机变量序列，且满足：

$$E(\varepsilon_t) = 0, \quad \mathrm{Var}(\varepsilon_t) = \sigma_\varepsilon^2 > 0 \tag{10.55}$$

则称时间序列 $\{y_t\}$ 服从 p 阶自回归模型。

由于在谱分析、信号处理以及系统辨识许多领域中，人们经常采用 AR 模型。因此，时序分析中估计 AR 模型的参数是一个十分重要的问题。这里，重点介绍最小二乘 AR 模型的参数估计方法。

假设一个离散线性系统为

$$z(k) = b_1 z(k-1) + b_2 z(k-2) + \cdots + b_n z(k-n) + \omega(k) \tag{10.56}$$

式中，$\omega(k) \sim N(0, \sigma^2)$，$b_1, b_2, \cdots, b_n$ 为系统参数，$z(k)$ 为观测数据，$\omega(k) \sim N(0, \sigma^2)$ 为噪声。对式(10.56)，待估计参数 $b_1, b_2, \cdots, b_n$ 与 $\omega(k)$ 无关，仅与观测数据 $z(k)$ 成线性关系。

将 AR 模型表示为矩阵形式：

$$\boldsymbol{Z} = \boldsymbol{BX} + \boldsymbol{\omega} \tag{10.57}$$

式中，$\boldsymbol{Z} = [z(n+1), z(n+2), \cdots, z(N)]^{\mathrm{T}}$，$N$ 为观测数据个数，$\boldsymbol{X} = \begin{bmatrix} z(n) & \cdots & z(1) \\ \vdots & & \vdots \\ z(N-1) & \cdots & z(N-n) \end{bmatrix}$，$\boldsymbol{B} = [b_1, b_2, \cdots, b_n]^{\mathrm{T}}$。

按最小二乘法，可求出 Φ 的最优估计公式 $\boldsymbol{B} = (\boldsymbol{X}^{\mathrm{T}} \boldsymbol{X})^{-1} \boldsymbol{X}^{\mathrm{T}} \boldsymbol{Z}$。

10.6.3　使用 Matlab 进行 AR 模型辨识

Matlab 下的系统辨识工具箱(System Identification Toolbox)为系统辨识提供了完整的函数支持。使用系统辨识工具箱可以方便地实现模型的辨识和辨识结果的评估。下面一段代码首先建立一个如式(10.56)所示的离散模型 m0 作为目标模型，然后使用高斯随机数据 X 作为系统输入，并产生用系统的输出数据 Z，然后用 arx 函数通过最小二乘算法进行模型辨识。

```
B = [0 1 0.5 −0.3 0.5];
%建立离散系统模型
m0 = idpoly(1, B);
%使用 idinput 产生 2000 个高斯噪声信号作为 AR 辨识的信号输入值
X = iddata([], idinput(2000, 'rgs'));
```

```
%使用 rand 生成随机信号作为模型噪声输入干扰
w = iddata([], 0.3 * randn(2000, 1));
%sim 生成模型输出数据
Z = sim(m0, [X w]);
%使用 arx 函数进行模型辨识，辨识阶数为 4 阶
m = arx([Z, X], [0 4 1]);
%画模型的 Bode 图
bode(m0, 'o', m, '-', {0.01, 100})
title('输入-输出')
legend('目标模型', '辨识模型', 2);
```

程序运行结果如下，目标模型和辨识模型的 Bode 图如图 10.8 所示。

$$m0(q) = z^-1 + 0.5\,z^-2 - 0.3\,z^-3 + 0.5\,z^-4;$$

$$m(q) = 1.001\,z^-1 + 0.5111\,z^-2 - 0.3095\,z^-3 + 0.4975\,z^-4;$$

从结果中可看出，在有 AR 噪声输入干扰的情况下，辨识的结果较为接近目标模型。

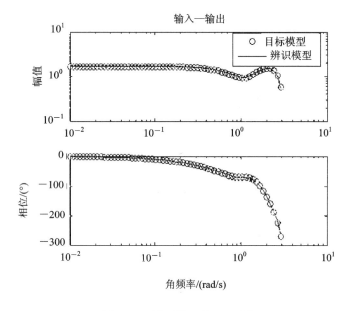

图 10.8　模型辨识的 Bode 图

10.7　现代数据分析与处理技术

前面所讲的数据分析与处理的内容都属于经典内容，在经典的数据分析中，傅立叶变化是有力的数学工具，并能对平稳信号进行有效的分析。然而，工程实际中很多的信号不满足平稳性的要求，它们是非平稳的，其统计特性或者说频谱是随着时间变化而变化的。此时，傅立叶变换就显得力不从心了，因为傅立叶变换是对采集信号全体的变换，而不关心各频率分量发生的时刻。为了有效地分析非平稳信号，常用的现代数据分析与处理方法有两种：短时傅立叶变换(STFT)和小波变换(WT)。

10.7.1　短时傅立叶变换

由于全局傅立叶变换不关心各频率分量发生的时刻，为了弥补这一缺点，Dennis Gabor 于 1946 年引进了短时傅立叶变换（Short-Time Fourier Transform，STFT）。它的基本思路是：把信号划分成许多小的时间间隔，用傅立叶变换分析每一时间间隔，以便确定该时间间隔存在的频率。下面就介绍这一思路的数学表示方法。

1. STFT 的定义

STFT 的数学处理方法是对信号 $x(t)$ 施加一个实滑动窗 $w(t-\tau)$（τ 反映滑动窗的位置）后，再做傅立叶变换，即

$$\text{STFT}_x(\omega, \tau) = \int x(t)w(t-\tau)\mathrm{e}^{-\mathrm{j}\omega t}\,\mathrm{d}t \tag{10.58}$$

它也可以看做是 $x(t)$ 与调频信号 $g(t) = w(t-\tau)\mathrm{e}^{\mathrm{j}\omega t}$ 的内积，其中 τ 是移位因子，ω 是角频率。在这个变换中，$w(t)$ 起时限作用，随着时间 τ 的变化，$w(t)$ 所确定的"时间窗"在 t 轴上移动，"逐渐"对 $x(t)$ 进行分析，因此 $\text{STFT}_x(\omega, \tau)$ 大致反映了信号 $x(t)$ 在时刻 τ 含有频率成分为 ω 的相对含量，如图 10.9 所示。这样，信号在滑动窗上展开就可以表示为在 $[\tau-\Delta t/2, \tau+\Delta t/2]$、$[\omega-\Delta\omega/2, \omega+\Delta\omega/2]$ 这一时频区域内的状态。通常把时频区域称为窗口，Δt 和 $\Delta\omega$ 分别称为窗口的时宽和频宽，它们表示时频分析的分辨力。

图 10.9　短时傅立叶变换的时频特点

在实际应用中，我们希望窗函数 $w(t)$ 是一个"窄"的时间函数，以便于细致观察 $x(t)$ 时宽 Δt 内的变化状况；基于同样的理由，我们还希望 $w(t)$ 的频带 $\Delta\omega$ 也很窄，以可以仔细观察 $x(t)$ 的在频带 $\Delta\omega$ 区间内的频谱。毫无疑问，时频窗口的宽度愈小，利用 STFT 对信号进行分析的分辨力愈高，但海森伯格（Heienberg）的测不准原理（Uncertainty Principle）指出，Δt 和 $\Delta\omega$ 是相互制约的，两者不可能都任意小。事实上，窗口的面积＝$\Delta t \times \Delta\omega \geqslant 1/2$，且仅当 $w(t)$ 为高斯函数时，等号才成立。

2. STFT 的特点

假定 $w(t)$ 是高斯型的，当 $\tau=0$ 时，有

$$w(t) = \exp\left(\frac{-t^2}{T}\right)$$

对于固定频率 $\omega=\omega_0>0$，调频信号及其傅立叶变换分别为

$$g(t) = \exp\left(-\frac{t^2}{T}\right)\exp(\mathrm{j}\omega_0 t)$$

$$G(\omega) = \sqrt{\pi T}\exp\left[-\frac{T}{4}(\omega-\omega_0)^2\right]$$

由于 ω_0 只影响 $g(t)$ 中的复指数因子，因此，从时域上看，当 ω_0 变为 $2\omega_0$ 时，$g(t)$ 的包

络不变，只是包络线下的谐波频率发生变化，如图 10.10 所示；从频域上看，当 ω_0 变为 $2\omega_0$ 时，$G(\omega)$ 的中心频率变成 $2\omega_0$，但带宽仍保持不变。

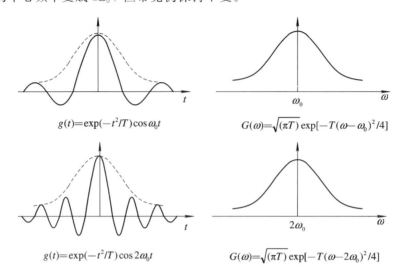

$$g(t)=\exp(-t^2/T)\cos\omega_0 t \qquad G(\omega)=\sqrt{(\pi T)}\exp[-T(\omega-\omega_0)^2/4]$$

$$g(t)=\exp(-t^2/T)\cos 2\omega_0 t \qquad G(\omega)=\sqrt{(\pi T)}\exp[-T(\omega-2\omega_0)^2/4]$$

图 10.10   STFT 调频信号频率变化的特性

由此可见，当窗函数 $w(t)$ 选定后，时频分辨力也就随之确定了。也就是说，STFT 的时窗宽度与频窗宽度是固定的，其实质是只具有单一的分辨力，如图 10.11 所示。若要改变分辨力，则必须重新选择窗函数。

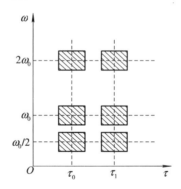

图 10.11   STFT 的时频窗特性

而在实际应用中，对于非平稳信号，当信号波形发生剧烈变化的时刻，主频是高频，因此，必须选取"窄"的窗函数，以提高时域分辨力，但与"窄"的调频函数 $g(t)$ 相对应的频谱带宽则较宽；信号波形变化比较平缓的时刻，主频是低频，故又要求 $g(t)$ 的频谱必须是"窄"的，才能有高频域分辨力。显然，STFT 不能兼顾二者。这就提出了能根据非平稳信号主频的变化而"自适应"改变窗函数的数学变换——小波变换。

10.7.2   小波变换

1. 小波变换的定义

设 $x(t)$ 是平方可积函数，即 $x(t)\in L^2(R)$，则 $x(t)$ 的小波变换（Wavelet Transform，

WT)定义为

$$\mathrm{WT}_x(a,\,b) = \frac{1}{\sqrt{a}} \int x(t)\psi^*\left(\frac{t-b}{a}\right)\mathrm{d}t = \langle x(t),\,\psi_{ab}(t)\rangle \qquad (10.59)$$

式中，$\psi(t)$ 是基本小波或母小波（mother wavelet）函数，而 $\psi_{ab}(t) = \dfrac{1}{\sqrt{a}}\psi\left(\dfrac{t-b}{a}\right)$ 是基本小波的位移和尺度伸缩，也称之为 $\psi(t)$ 的生成小波。$a > 0$，称为尺度因子；b 反映时间位移，其值可正可负。符号 $\langle\,\cdot\,\rangle$ 表示内积。

式（10.59）中的 t、a 和 b 均为连续变量，因此式（10.59）称为连续的小波变换（Continuous Wavelet Transform，CWT）。

2. 小波变换的几点说明

关于式（10.59），应作如下几点说明：

（1）基本小波 $\psi(t)$ 可以是复信号，特别是解析信号。例如：

$$\psi(t) = \exp\left(-\frac{t^2}{T}\right) \cdot \exp(\mathrm{j}\omega_0 t)$$
$$= \exp\left(-\frac{t^2}{T}\right)\cos\omega_0 t + \mathrm{j}\exp\left(-\frac{t^2}{T}\right)\sin\omega_0 t$$

便是解析信号，它是高斯包络下的复指数函数，其虚部是实部的希尔伯特（Hilbert）变换：

$$\psi(t) = \exp\left(-\frac{t^2}{T}\right)\cos\omega_0 t + \mathrm{j}\left[\exp\left(-\frac{t^2}{T}\right)\cos\omega_0 t\right] * \frac{1}{\pi t}$$

式中，* 表示卷积。

（2）尺度因子 a 的作用是将基本小波 $\psi(t)$ 做伸缩，a 愈大，$\psi(t/a)$ 愈宽。对于一个持续时间有限的小波，$\psi(t)$ 与 $\psi_{ab}(t)$ 之间的关系以及不同尺度 a 下小波分析区间的变化可用图 10.12 表示。从图中可以看出，小波的持续时间随 a 的增大而加宽，幅度则与 $\sqrt{a}$ 成反比，但波形形状保持不变。

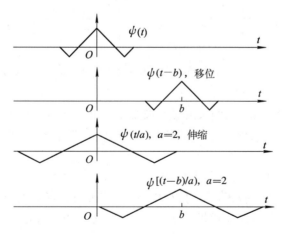

图 10.12　小波的移位和伸缩

（3）$\psi_{ab}(t)$ 前加因子 $1/\sqrt{a}$ 的目的是使不同的 a 值下 $\psi_{ab}(t)$ 的能量保持不变。

（4）式（10.59）定义的内积往往被不严格地解释成卷积。这是因为内积：$\langle x(t),\ \psi(t-b)\rangle = \int x(t)\psi^*(t-b)\mathrm{d}t$

卷积：$x(t) * \psi^*(t) = \int x(b)\psi^*(t-b)\mathrm{d}b = \int x(t)\psi^*(b-t)\mathrm{d}t$

两式相比，区别仅在 $\psi(t-b)$ 改成 $\psi(b-t) = \psi[-(t-b)]$，即 $\psi(t)$ 的首尾对调。如果 $\psi(t)$ 是关于 $t=0$ 对称的函数，则计算结果是一样的；如非对称，在计算方法上也没有本质区别。

3. 小波变换的特点

假定小波 $\psi(t)$ 是高斯型的，即 Morlet 小波：

$$\psi(t) = \exp\left(-\frac{t^2}{T}\right)\exp(\mathrm{j}\omega_0 t)$$

它的频谱 $\varPsi(\omega)$ 为

$$\varPsi(\omega) = \sqrt{\pi T}\,\exp\left[-\frac{T}{4}(\omega-\omega_0)^2\right]$$

由于 $\varPsi(\omega)$ 是中心频率在 ω_0 处的高斯型函数，如图 10.13(a) 所示，因此可以表征 $X(\omega)$ 在 ω_0 附近的局部性质。如果采用不同的尺度伸缩因子 a，$\varPsi(a\omega)$ 的中心频率和带宽将发生变化。例如当 $a=2$ 时，$\psi(t/2)$ 的傅立叶变换为

$$2\varPsi(2\omega) = 2\sqrt{\pi T}\,\exp\left[-T\left(\omega-\frac{\omega_0}{2}\right)^2\right]$$

可见，此时中心频率降到 $\omega_0/2$，而带宽的比例系数由 $2T^{-1/2}$ 变为 $T^{-1/2}$，如图 10.13(b) 所示，因而 $|\varPsi(a\omega)|$ 的品质因数不变。

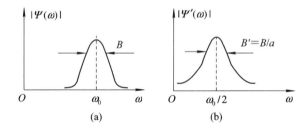

图 10.13　小波尺度变化时中心频率和带宽同时变化，但品质保持不变

(a) $Q = \omega_0/B$；(b) $Q' = (\omega_0/a)/(B/a) = Q$

总之，从频域上看，用不同的尺度做小波变换，相当于用一组中心频率不同的带通滤波器对信号进行处理。带通滤波器的作用既可以对信号进行分解，也可以用于信号的检测（此时，它的作用相当于调谐）。

图 10.14 表示小波变换在时频平面上基本分析单元的特点。当 a 值小时，$\psi(t/a)$ 很"窄"，因此在时轴上的观测范围小，可以"细致观察"时域波形的变化；而在频域上相当于用较高频率的小波，对信号的频谱做分辨力较低的分析。当 a 值较大时，$\psi(t/a)$ 变"宽"，时轴上的观测范围大，可以"初略观察"时域波形；而在频域上相当于用低频小波对信号做分辨力较高的分析。分析频率有高有低，但在各分析频段内的品质因数 Q 却保持恒定。

这种分析特点是工程实际所期望的。对于高频信号，我们希望在时域有较高的分辨力，而在频域上的分辨力则允许相应地降低，因此就要求用窄的小波（即用小的尺度因子

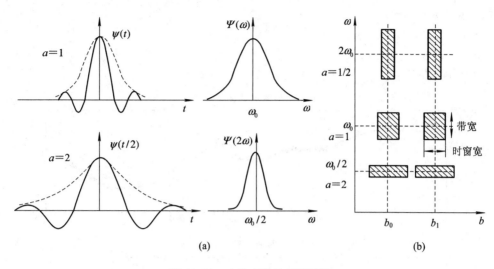

图 10.14　小波变换的时频特性

（a）尺度变化的影响；（b）基本分析单元的变化

a)来"仔细观测"时域波形 $x(t)$。反之，对于低频信号，我们希望提高频域上的分辨力，而时域的分辨力则可以降低要求，此时，就应当用具有窄带频谱的小波（即用较大的尺度因子 a）来观察 $X(\omega)$。如上所述，小波分析恰恰具有这种自动调整时域和频域的"视野"及分析频率的高低，从而保证了各分析频段内的品质因数 Q 的不变性。

4. WT 与 STFT 的比较

比较图 10.11 和图 10.14 可以看出，STFT 的基本分析单元的结构与 WT 明显不同。STFT 不具有分析频率降低（或增大）时，在时域上的视野自动扩大（或变小）的特点，也不具有品质因数 Q 恒定的特征。而 WT 是一种窗口大小（即窗口面积）固定但其形状可变的时频局部化"自适应"分析方法：在低频部分有较高的频率分辨力和较低的时间分辨力，而在高频部分具有较高的时间分辨力和较低的频率分辨力。因此，小波变换被誉为数学显微镜。

5. 小波分析的应用

小波分析可以用于数据压缩、数据降噪和波形识别等重要应用领域。下面我们利用 Matlab 7.0 的小波分析工具箱来演示小波分析的效果。

下面一段程序实现了对电信号的噪声消除。运行程序，结果如图 10.15 所示。

```
%载入一部分信号
load leleccum;
indx = 2000：3450；
x = leleccum(indx)；
%得到第一个数据，用于下面的计算，避免边缘效应
deb = x(1)；
%使用 wden 函数以及 db3 小波进行降噪，保留前 3 阶小波分解系数
xd = wden(x−deb,'sqtwolog','s','mln',3,'db3')+deb;
subplot(2,1,1)；
plot(x)；
```

```
title('含噪声信号');
subplot(2, 1, 2);
plot(xd);
title('降噪信号');
```

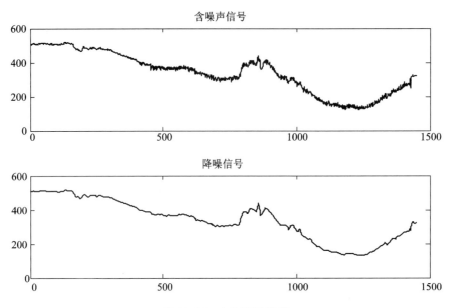

图 10.15　小波降噪结果

　　从图 10.15 中可看出原先信号中含有的噪声成分被基本消除了，且原始信号中的局部高频信号特征仍完好地保留了下来。

　　下面一段代码实现数据压缩，运行结果如图 10.16 所示。

```
%载入一部分信号
load leleccum;
indx = 2600：3100;
x = leleccum(indx);
%使用 wdencmp 函数进行数据压缩
thr=35;
deb = x(1);
[xd, cxd, lxd, perf0, perf12] = wdencmp('gbl', x-deb, 'db3', 3, thr, 'h', 1);
%压缩后的非零信号个数
t=1：1：70;
subplot(2, 1, 1);
plot(x);
title('原始信号');
subplot(2, 1, 2);
plot(t, cxd(1：70)+deb);
title('压缩后的信号');
```

　　从图 10.16 中可以看出，经过压缩处理，信号保持了原先的特征，信号非零数据个数降为原先的 15%，实现了 85% 的压缩比。

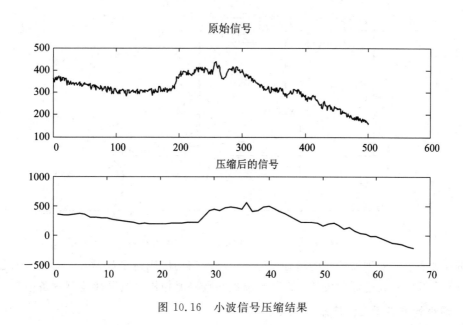

图 10.16　小波信号压缩结果

10.7.3　自适应滤波

1. 自适应滤波的概念

自适应滤波器是能够根据输入信号自动调整性能进行数字信号处理的数字滤波器。作为对比，非自适应滤波器只有静态的滤波器系数，这些静态系数一起组成传递函数。

对于一些应用来说，由于事先并不知道所需要进行操作的参数，例如一些噪声信号的特性，所以要求使用自适应的系数进行处理。在这种情况下，通常使用自适应滤波器，自适应滤波器使用反馈来调整滤波器系数以及频率响应。自适应滤波的关键在于能够通过某种算法，实现自动地调整各加权系数，以达到某种准则的最佳过滤的目的。

图 10.17 表示自适应有限长（FIR）滤波器的基本结构，$\boldsymbol{W}$ 为滤波器的参数向量。$\boldsymbol{x}$、y 和 d 分别为滤波器输入、输出信号以及参考信号，e 为误差信号。它们之间的关系见式（10.60）～式（10.63）。误差信号 e 是调整滤波器系数 $\boldsymbol{W}$ 的判断准则，通过自动地调整 $\boldsymbol{W}$ 来达到 e 信号能量最小的目的。

$$\boldsymbol{W}(n) = \begin{bmatrix} w_0(n) & w_1(n) & \cdots & w_L(n) \end{bmatrix}^{\mathrm{T}} \tag{10.60}$$

$$y(n) = \sum_{k=0}^{L} w_k(n)x(n-k) \tag{10.61}$$

$$y(n) = \boldsymbol{x}(n)^{\mathrm{T}}\boldsymbol{W}(n) \tag{10.62}$$

$$e(n) = d(n) - y(n) = d(n) - \boldsymbol{x}^{\mathrm{T}}(n)\boldsymbol{W}(n) \tag{10.63}$$

参考信号 d 的选取对于自适应滤波器非常重要，它决定了滤波的性质和滤波的效果。如果 d 选为实际采集信号，x 为噪声参考信号，则滤波器成为自适应噪声消除器；如果 d 选为某一固定频率信号，则滤波器可成为陷波滤波器，可以实现去工频干扰等功能；如果 x 为系统输入信号，d 选为系统输出信号，则此自适应滤波转换为系统识别过程，最终的滤波器参数也就是对系统参数的识别结构。

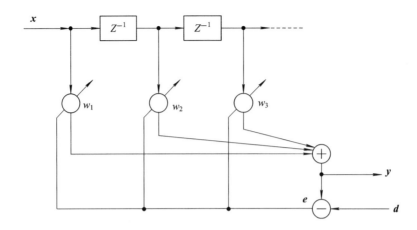

图 10.17　自适应 FIR 滤波器的基本结构

随着数字信号处理器性能的增强，自适应滤波器的应用越来越常见，时至今日已经广泛地用于手机以及其他通信设备、数码录像机和数码照相机以及医疗监测设备中。

2. 最小均方自适应滤波器

最小均方误差(Least Mean Square，LMS)算法是一种易于实现、性能稳健、应用广泛的算法。所有的滤波器系数调整算法都是设法使 y 接近 d，所不同的只是对于这种接近的评价标准不同。LMS 算法的目标是通过调整系数，使输出误差序列 e 的均方值最小化，并且根据这个判据来修改权系数，该算法因此而得名。

在 LMS 中误差 e 的均方值 $E[e(n)^2]$ 为自适应滤波器的性能函数，并记为 J：

$$J = E[d^2(n)] + \boldsymbol{W}^{\mathrm{T}}(n)E[\boldsymbol{x}(n)\boldsymbol{x}(n)^{\mathrm{T}}]\boldsymbol{W}(n) - 2E[d(n)\boldsymbol{x}^{\mathrm{T}}(n)]\boldsymbol{W}(n) \tag{10.64}$$

设 $\boldsymbol{R}=E[\boldsymbol{x}(n)\boldsymbol{x}(n)^{\mathrm{T}}]$，$\boldsymbol{P}=E[d(n)\boldsymbol{x}^{\mathrm{T}}(n)]$ 分别为信号 $\boldsymbol{x}(n)$ 的自相关矩阵和 $d(n)$ 与 $\boldsymbol{x}(n)$ 的互相关矩阵，则有

$$J = E[d^2(n)] + \boldsymbol{W}^{\mathrm{T}}(n)\boldsymbol{R}\boldsymbol{W}(n) - 2\boldsymbol{P}^{\mathrm{T}}\boldsymbol{W}(n) \tag{10.65}$$

J 对 W 的导数为

$$\triangledown = \frac{\partial J}{\partial \boldsymbol{W}} = \left[\frac{\partial J}{\partial w_0} \ \frac{\partial J}{\partial w_1} \ \cdots \ \frac{\partial J}{\partial w_L}\right]^{\mathrm{T}} = 2\boldsymbol{R}\boldsymbol{W} - 2\boldsymbol{P} \tag{10.66}$$

在输入信号和参考响应都是平稳随机信号的情况下，自适应线性组合器的均方误差性能曲面是权矢量 $\boldsymbol{W}(n)$ 的二次函数。由于自相关矩阵为正定的，所以均方误差函数有唯一的最小值，也就是存在 $\boldsymbol{W}_{\text{opt}}$ 使 J 的导数 $\triangledown$ 为 0，见式(10.67)。该最小值所对应的权系数矢量 $\boldsymbol{W}_{\text{opt}}$ 即为最优滤波器参数，如式(10.68)所示。

$$2\boldsymbol{R}\boldsymbol{W} - 2\boldsymbol{P} = 0 \tag{10.67}$$

$$\boldsymbol{W}_{\text{opt}} = \boldsymbol{R}^{-1}\boldsymbol{P} \tag{10.68}$$

但实际上，要从式(10.65)中直接解出 $\boldsymbol{W}_{\text{opt}}$ 是很困难的，同时需要计算矩阵 $\boldsymbol{R}$ 和 $\boldsymbol{P}$。因此 LMS 算法在进行梯度估计时，以误差信号每一次迭代的瞬时平方值替代其均方值，这样，原来由式(10.66)定义的梯度可近似为

$$\triangledown(n) \approx \overset{\wedge}{\triangledown}(n) = = \frac{\partial e^2(n)}{\partial \boldsymbol{W}} = \left[\frac{\partial e^2(n)}{\partial w_0} \ \frac{\partial e^2(n)}{\partial w_1} \ \cdots \ \frac{\partial e^2(n)}{\partial w_L}\right]^{\mathrm{T}} \tag{10.69}$$

将式(10.69)带入式(10.63)，得到

$$\overset{\wedge}{\nabla}(n) = 2e(n)\frac{\partial e(n)}{\partial \boldsymbol{W}} = -2e(n)\boldsymbol{x}(n) \tag{10.70}$$

实际上，$\overset{\wedge}{\nabla}(n)$ 只是单个平方误差序列的梯度，而 $\nabla(n)$ 则是多个平方误差序列统计平均的梯度，所以 LMS 算法就是用前者作为后者的近似。因此，根据梯度下降法，有

$$\boldsymbol{W}(n+1) = \boldsymbol{W}(n) - \mu\overset{\wedge}{\nabla}(n) = \boldsymbol{W}(n) + 2\mu e(n)\boldsymbol{x}(n) \tag{10.71}$$

式中，μ 为自适应滤波器的收敛因子。式(10.71)即为 LMS 算法的滤波器权矢量迭代公式。自适应迭代下一时刻的权系数矢量可以由当前时刻的权系数矢量加上以误差函数为比例因子的输入矢量得到。

3. 自适应滤波器应用——噪声消除

自适噪声消除器（Adaptive Noise Cancellor，ANC)是自适应滤波器的典型应用，如图 10.18 所示。ANC 以噪声的干扰源信号为输入信号，通过调整滤波器参数，动态地适应噪声信号的变化。自适噪声消除器调整干扰源（参考噪声）信号的幅值和相位，使其逼近信号中的噪声成分，对干扰信号进行滤波，实现去噪声效果。

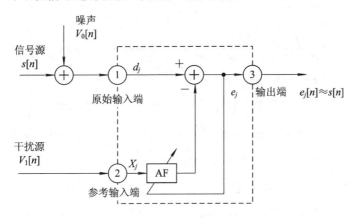

图 10.18　自适噪声消除器

为验证 ANC 的效果，我们以下面一段 Matlab 程序为例，采用自适应滤波器技术实现信噪分离，程序如下：

```
signal = cos(2 * pi * 0.05 * [0: 1000−1]′);      %原始信号
noise = randn(1, 1000);                          %噪声信号
nfilt = fir1(3, 0.4);                            %建立 FIR 低通滤波器
fnoise = filter(nfilt, 1, noise);                %对噪声信号进行滤波
d = signal.′ + fnoise;                           %加限带噪声后的信号
w0 = zeros(length(nfilt), 1);                    %初始化 ANC 的权系数
mu = 0.0050;                                     %迭代步长
s = initse(w0, mu);
[y, e, s] = adaptse(noise, d, s);                %ANC 滤波

figure(1);
subplot(4, 1, 1)
plot(0: 200, signal(800: 1000));
```

```
title('原始信号');
subplot(4, 1, 2)
plot(0: 200, noise(800: 1000))
title('噪声信号');
subplot(4, 1, 3)
plot(0: 200, d(800: 1000))
title('加限带噪声后的信号');
subplot(4, 1, 4)
plot(0: 200, e(800: 1000))
title('经自适应 FIR 滤波器后的信号');
```

程序运行后的结果如图 10.19 所示。可见，通过 ANC 过程，初始化的滤波器系数 w0 从 0 逐步接近 fir1(3，0.4)产生的滤波器系数。所以噪声基本从信号中去除了，达到了良好的噪声抑制效果。

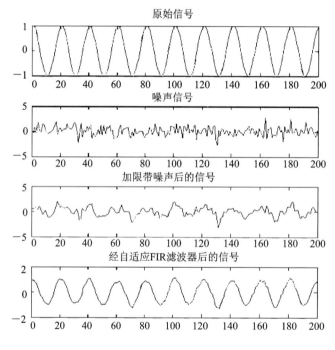

图 10.19　ANC 去噪结果

第 11 章　使用 LabVIEW 进行数据采集与分析

本章将结合两个具体的实例向读者介绍使用 LabVIEW 进行数据采集的技术。

11.1　LabVIEW 简介

LabVIEW 是由美国国家仪器(National Instruments，NI)公司开发的、优秀的商用图形化编程开发平台，是 Laboratory Virtual Instrument Engineering Workbench 的缩写，意为实验室虚拟仪器集成环境。

LabVIEW 提供了一种图形化的编程语言，被称为 G 语言。通常把利用 LabVIEW 编写的程序称为虚拟仪器(Virtual Instrument，VI)。从 1986 年 NI 公司正式发布 LabVIEW 1.0 for Macintosh 到 2009 年推出最新版本 LabVIEW 2009，LabVIEW 是目前应用最广、发展最快、功能最强的图形化软件集成开发环境。NI 公司的口号是"软件就是仪器"。

根据调查，目前已有 85% 的财富 500 强制造型企业正在使用 NI 公司的 LabVIEW 系列软件，例如惠普、英特尔、AMD、诺基亚、西门子、本田、宝洁等诸多著名国际品牌。

11.1.1　LabVIEW 的基本特点

1. 图形化编程

LabVIEW 为用户提供了一个简单易用的图形化编程环境。图 11.1 所示是一个温度监测(温度信号的数据采集与显示)的典型例子，展示了用 LabVIEW 进行编程的基本情况。

如图 11.1 所示，LabVIEW 应用程序的基本组成部分是虚拟仪器(VI)，它由前面板(用来设计用户界面)和程序框图(用来创建图形化代码)组成，具有非常强的直观可读性。

LabVIEW 使用的是 NI 公司已获专利的数据流编程模式，它能使我们从基于文本程序语言的结构形式中解脱出来。由于 LabVIEW 采用的是图形化代码，因此对于熟悉框图和流程图的用户就显得非常方便。LabVIEW 的执行顺序是由节点间的数据流而不是由文本行的顺序所决定的，因此可以轻松地建立程序框图来并行执行多个操作，并借助于 LabVIEW 的并行特性而使得多任务和多线程更易于实现。

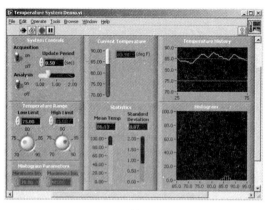

(a)

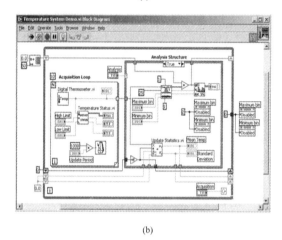

(b)

图 11.1　用于温度监测的 LabVIEW 程序

（a）LabVIEW 应用程序的前面板；（b）LabVIEW 应用程序的程序框图

2. 模块化设计

　　LabVIEW 的 VI 是设计过程中的模块，可以单独运行或者使其成为子 VI(SubVI)，对应于传统文本编程中的程序和子程序，因此，LabVIEW 具有良好的模块化和层次结构特点。LabVIEW 中有许多内置的模块，主要分为前面板中的控件模块（Controls）（如图 11.2 所示）和程序框图中的函数模块（Functions）（如图 11.3 所示）两类，与传统文本编程中的函数库具有功能上的相似性。

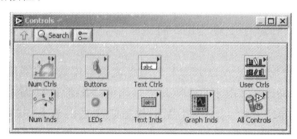

图 11.2　前面板中的控件模块（Controls）

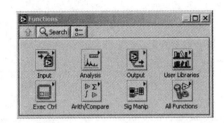

图 11.3　程序框图中的函数模块(Functions)

3. 高效率

考虑到程序的执行速度，虽然采用了图形化编程方式，但 LabVIEW 是具有编译器的编程环境，所生成的代码已经经过了优化，其执行速度完全可与编译后的 C 语言程序相媲美。因此，采用 LabVIEW 可以大大地提高开发效率而不牺牲执行速度。

4. 开放性

LabVIEW 是具有开放性的开发环境，能够方便地与第三方软件相连接，例如 . net 组件、ActiveX、DLL 及广泛的网络协议等；还可以把 LabVIEW 创建成能够在其他软件环境中调用的独立执行程序或动态连接库文件，如 Delphi、C++ Builder、Visual C++等。

11.1.2　LabVIEW 的具体功能

LabVIEW 支持多平台，可以运行在 Windows 95、Windows 98、Windows Me、Windows NT、Windows 2000、Windows XP 和嵌入式 NT 环境下，同时还支持 Mac OS、Sun Solaris 与 Linux 等操作系统。在某一平台下编写的虚拟仪器程序(VI)能够直接转移到其他的 LabVIEW 平台上，所需要做的仅仅是在新环境下重新打开它即可。

下面以 Windows 平台下的 LabVIEW 为例，简要列举其具体功能，并把那些仅仅支持 Windows 的功能以"＊"标识出来。

NI 公司提供了三种 LabVIEW 版本：专业版(Professional Development System，PDS)、完全版(Full Development System，FDS)和基础版(Base Package，且仅针对 Windows平台提供)。目前 NI 公司还针对高校教学领域推出了没有使用时间限制的学生版，面向的是学生和教师，其功能与完整版相同，并且针对中国用户免费发放。

各个版本的其他情况，可以到 ni. com/china/labview 查看更为详尽的信息。表 11.1 简单地列出了各个版本中的具体功能。

表 11.1　LabVIEW 各个版本中的具体功能

开 发 工 具	专业版	完整版	基础版	学生版
3D 控件和指示件，图表	★	★	★	★
程序结构和基础	★	★	★	★
仪器控制，数据和图像采集，运动	★	★	★	★
快速 VI	★	★	★	★
前面板对象属性页	★	★	★	★

续表

自动连线	★	★	★	★
函数浏览器	★	★	★	★
本地化工具	★	★	★	★
DAQ 助手*，仪器 I/O 助手*	★	★	★	★
调 试 工 具	专业版	完整版	基础版	学生版
使用高亮度慢速执行	★	★	★	★
设置断点在执行时获取探针的值	★	★	★	★
步入（单步调试进入），步出（单步调试跳出），步过（单步调试跳过）	★	★	★	★
自定义探针条件断点	★	★	★	★
自动错误处理	★	★	★	★
连 接 工 具	专业版	完整版	基础版	学生版
通过 DataSocket 简便客户/服务器广播	★	★	★	★
内建网络服务器，网上发布工具	★	★	★	★
.NET 支持	★	★	★	★
XML，ActiveX*，TCP/IP，UDP	★	★	★	★
红外线（IrDA）通信	★	★	★	★
以电子邮件方式发送 VI 数据	★	★		★
使用 Web 界面远程控制应用程序	★	★		★
分 析 工 具	专业版	完整版	基础版	学生版
点对点分析	★	★		★
线性代数和数组操作	★	★		★
概率与统计	★	★		★
曲线拟合	★	★		★
Fourier、Hilbert 和其他变换	★	★		★
幅值、相位、功率和互功率频谱	★	★		★
信号和噪声生成	★	★		★
频率和脉冲响应	★	★		★
峰值检测	★	★		
DC/RMS 计算	★	★		★
谐波失真分析	★	★		★
SINAD 分析	★	★		★

续表

音阶分析	★	★		★
容限测试	★	★		★
IIR/FIR 滤波器	★	★		★
Butterworth，Chebyshev 和其他非线性滤波器	★	★		★
加窗	★	★		★
插值算法	★	★		★
常微分方程	★	★		★
积分和微分	★	★		★
Gamma，Bessel，Jacobian 算法	★	★		★
根值求解	★	★		★
MathWorks MATLAB® 脚本	★	★		★
脉冲和瞬态测量	★	★		★
文 档 工 具	专业版	完整版	基础版	学生版
文本报表生成	★	★		★
HTML 文档发布	★	★		★
高级用户界面工具	专业版	完整版	基础版	学生版
树形控件子面板控件	★	★		★
事件驱动用户界面编程	★	★		★
自定义图形和动画，3D 图形	★	★		★
可更改光标的 VI	★	★		★
项目管理工具	专业版	完整版	基础版	学生版
复杂性度量	★			
VSS 及 Perforce 集成的源代码控制	★			
多态 VI 生成	★			
使用 LabVIEW 文档的软件工程	★			
质量和编程标准文档	★			
发 布 工 具	专业版	完整版	基础版	学生版
应用程序生成器(生成 EXE 和 DLL)	★			
MSI 安装包生成*	★			

11.1.3　LabVIEW 在数据采集领域的应用

　　LabVIEW 提供的最有力的特性就是图形化的编程环境。借助于 LabVIEW，可以在电脑屏幕上创建出完全符合自己要求的用户界面，从而可以操作仪器程序、控制硬件、分析采集到的数据和显示结果等。

　　由于 LabVIEW 的高效率和开放性，目前已有许多第三方软硬件生产厂家在开发并维护成百上千个 LabVIEW 函数库及仪器驱动程序，以帮助用户借助于 LabVIEW 来轻松使用他们的产品。例如，凌华（Adlink）和研华（Advantech）等公司，均提供了比较丰富的 LabVIEW 驱动和编程开发支持。

　　从实际过程来看，测量应用程序可以被分为三个部分：① 连接或采集实际数据；② 分析数据以获取有用的信息；③ 向最终用户显示信息。而 LabVIEW 的开放式环境可以简化与任何测量硬件的连接，从而便于实现信号的采集。通过 LabVIEW，并使用 LabVIEW 仪器驱动、交互式仪器助手和内置的仪器 I/O 库，可以快速地采集来自 GPIB、串口、以太网、PXI、USB 和 VXI 等仪器的数据。

　　当前的 LabVIEW 支持任意的测量信号：温度、压力、振动、声音、电压、电流、频率、光、电阻、脉冲、周期等。

　　以研华（Advantech）公司的 LabVIEW 驱动为例，图 11.4 展示了安装后显示在程序框图中的 LabVIEW 函数库。

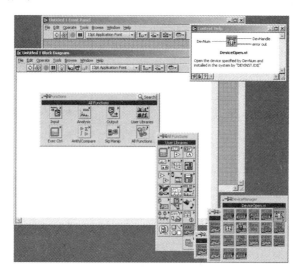

图 11.4　研华公司提供的 LabVIEW 函数库

11.2　使用 LabVIEW 进行数据采集实例

11.2.1　实现数据显示

　　下面介绍一个简单的信号显示的例子，以此来向读者展示 LabVIEW 编程的强大功能和易学易用性。

1. 创建 VI 程序

首先打开 LabVIEW，经过一个欢迎画面后，可以看到图 11.5 所示的界面。

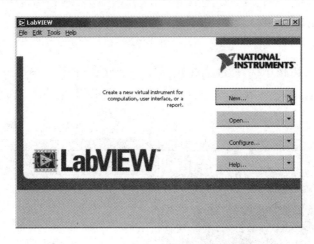

图 11.5　LabVIEW 的主操作界面

　　然后单击"New"按钮，选择 Blank VI，则生成了一个空白的 VI 程序，如图 11.6 所示。如前所述，该 VI 程序由前面板和程序框图组成，并分别有相应的内置模块显示出来，右上角则是在线帮助窗口。

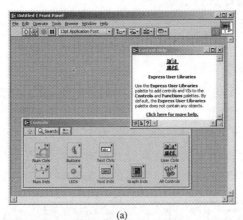

(a)

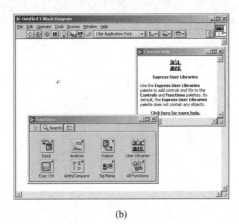

(b)

图 11.6　新建的空白 VI 程序
（a）空白 VI 程序的前面板窗口；（b）空白 VI 程序的程序框图窗口

2．添加控件模块

1）添加示波器

在前面板的内置模块中选择"Graph Inds"，单击"Chart"，再用鼠标单击前面板，可以看到，在前面板放置了一个示波器控件，它在程序框图里也有相应的显示，如图 11.7 所示。

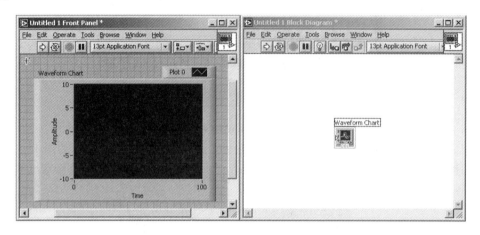

图 11.7　添加一个示波器控件的 VI 程序

2）添加输入信号

在程序框图中放置一个仿真的输入信号，即选择"Input"，单击"Simulate Sig"，放置到程序框图 11.8 中。此时会弹出一个对话框，从中可以详细配置这个仿真信号。这里取默认的 10 Hz 正弦信号（采样频率为 1000 Hz、点数为 100 点），如图 11.9 所示，以后也可以通过双击该仿真信号在程序框图中的图标来打开此对话框并进行适当配置。图 11.8 所示的是添加了输入信号的程序框图，图 11.9 所示的是仿真输入信号的配置对话框。

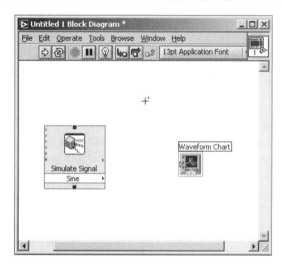

图 11.8　在程序框图中添加输入信号

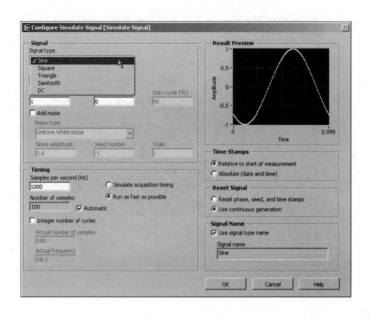

图 11.9　输入信号的配置对话框

3. 图形化编程

在程序框图窗口中，从上面的菜单项"Windows"中选择"Show Tools Palette"，选择连线工具 ，把仿真信号的输出端与示波器控件的输入端相连，如图 11.10 所示。

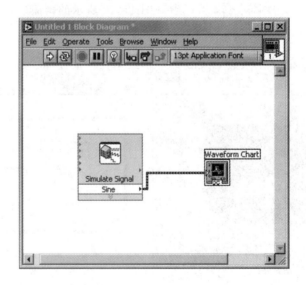

图 11.10　连线

4. 运行程序

选择菜单"Operate"中的"Run"（或者工具栏中的图标 ），即可看到前面板中的正弦信号输出，如图 11.11 所示。

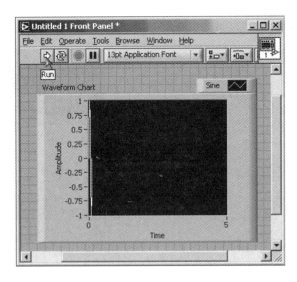

图 11.11 程序运行结果

5. 程序改进

在图 11.11 的运行结果中，只显示了一个正弦波。为了能够持续不断地产生并显示正弦波形，需要在程序框图中添加一个循环，这里选用 While 循环，并由一个"STOP"按钮控制退出。

在函数面板中选择"Exec Ctrl"，单击"While Loop"，然后拖拉并包含仿真信号、示波器控件所在的范围。单击图标 ⬜，可以看到图 11.12 所示的画面（为了看得清楚，这里已经把信号改为 1 Hz）。

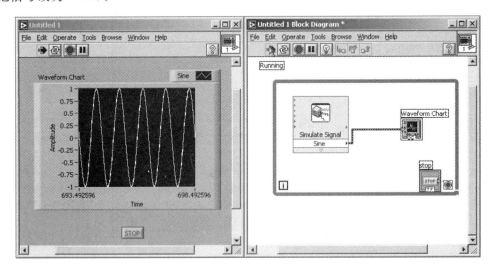

图 11.12 程序改进后的运行结果

6. 讨论

如上所述，用 LabVIEW 非常方便地实现了一个仿真信号的显示。如果把仿真信号换成真实的采集信号，再在信号的输出端连接相应的分析模块，例如 FFT、谱分析、小波分析等，就构成了一个完整的数据采集、分析与显示系统，这里不再赘述。

11.2.2　驱动数据采集卡

下面以研华公司的数据采集卡为例，简单介绍利用 LabVIEW 进行数据采集的基本过程。可以看到，有了 LabVIEW 的支持，进行数据采集将会是一件非常简单和轻松的事情。

数据采集卡，即实现数据采集（DAQ）功能的计算机扩展卡，可以通过 USB、PCI、ISA、485、232 和以太网等各种方式接入计算机。

1. 安装硬件产品和驱动程序

首先安装数据采集卡以及驱动程序，然后分别安装 DLL 驱动和设备管理程序，如图 11.13 所示。驱动程序可在研华公司赠送的驱动光盘上找到，也可从研华公司的官方网站上下载，网址是 www.advantech.com。

图 11.13　研华公司的 DLL 驱动程序和设备管理程序

2. 安装 LabVIEW 函数库

从数据采集卡附带的光盘上可以找到安装程序，也可以到研华公司的官方网站上下载其最新版本，名为 LabVIEW.exe。双击该程序进行安装即可，注意自己的 LabVIEW 版本和安装目录。

3. 进行配置

图 11.4 已经显示了研华公司 LabVIEW 函数库的存放位置，这里只介绍硬件的配置情况。

1）运行设备管理程序

首先需要找到并运行设备管理程序，不妨查看"［开始］菜单→程序→Advantech Device Driver V2.0b"，单击 Advantech Device Manager 快捷方式。运行后界面如图 11.14 所示。

2）添加硬件

从图 11.14 中可见，对于没有（正确）安装的硬件，前面都有红色的叉号进行标识；而且研华已经自动安装了一个虚拟的数据采集卡，名为"Advantech DEMO Board"，可用于研华板卡编程的学习。

选择该 DEMO 卡，单击"Add"按钮，则出现如图 11.15 所示的对话框，要求设置该卡的基地址。不妨采用默认的数字，不做修改。

这时可以看到图 11.16 所示的画面，表示研华的 DEMO 卡已经添加完成，可以使用了。该 DEMO 卡的基地址为 1H（十六进制表示），设备编号为 000，利用此设备编号可以对该 DEMO 卡实施相关操作。

图 11.14　研华公司的设备管理程序

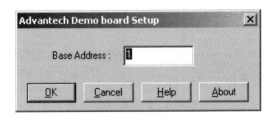

图 11.15　研华 DEMO 板的基地址设置

图 11.16　添加研华 DEMO 采集卡

3）硬件测试

单击图 11.16 中的"Test"按钮，则可以对已经添加的卡进行测试，分别是模拟输入/输出、数字输入/输出、计数器等，显示了各个通道的配置情况，如图 11.17 所示。由于是虚拟出来的数据采集卡，因而这里不做修改，采用默认的设置。

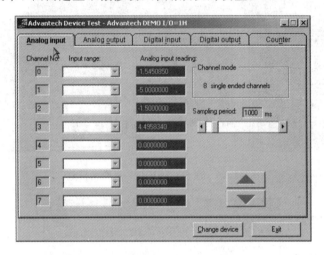

图 11.17　研华 DEMO 卡的配置画面

4. 利用研华 DEMO 卡构建数据采集系统

1）创建 VI 程序

首先，新建一个 VI 程序，如图 11.18 所示。在前面板上放置一个示波器控件，将来用于显示所采集到的数据；从研华的 LabVIEW 函数库中找到 DeviceOpen.vi、DeviceClose.vi 和 AIVoltageIn.vi 三个函数，分别用于打开采集设备、关闭采集设备和实施数据采集，其位置关系情况如图 11.19 所示，而程序框图中的情况则如图 11.20 所示。

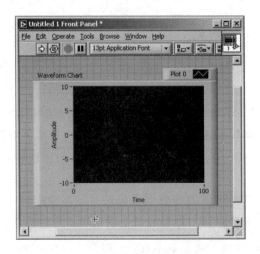

图 11.18　前面板上放置示波器控件

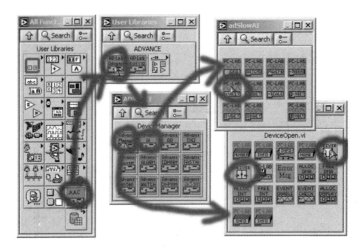

图 11.19　研华 LabVIEW 函数的位置

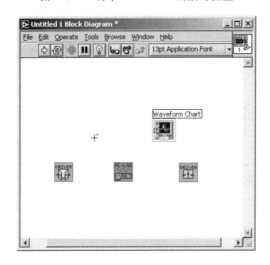

图 11.20　程序框图中的各个模块

2）图形化编程

利用连线工具 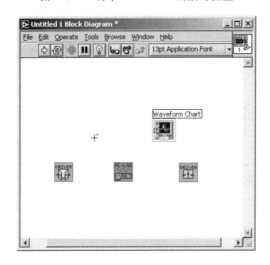，把 DeviceOpen 的输出端与 AIVoltageIn 的输入端相连，再把 AIVoltageIn 的输出端与 DeviceClose 的输入端相连。注意两个模块相连时，不仅要把需要传递的参数 DevHandle 相连（蓝色线条），而且要把出错信息连接起来（粉红色线条），最后添加一个出错提示函数 （在程序框图的内置模块中的"Time & Dialog"里的"Simple Error Handler.vi"）。这样一旦系统出现问题就可以比较容易地判断问题出在系统的哪一个部分。

前面已经提到，所安装并添加的数据采集硬件，都分配有一个唯一的设备编号。给 DeviceOpen 的输入端添加一个整数常量，若为 0，则表示我们前面所添加的 DEMO 卡。最后把测量到的数据送到示波器显示控件，即把 AIVoltageIn 的 Voltage 输出端连接到示波器 的输入端。

图形化编程结束后的程序框图如图 11.21 所示。

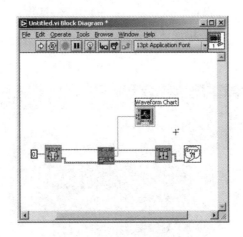

图 11.21　图形化编程结束后的程序框图

3）程序运行

这时候每单击一次 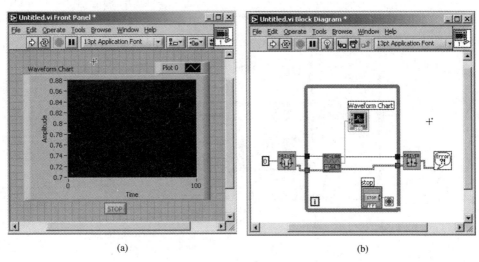，则程序执行一次，采集一次数据，并显示在示波器控件中。

4）程序改进

至此，一个简单的数据采集系统已经建立起来，但是它还远不够理想和完善。下面，我们将继续对它进行加工，最终实现定时连续采集。这里所需要的仅仅是一个 While 循环和一个简易的定时器。

在程序框图的内置模块中选择"Exec Ctrl"，单击"While Loop"，然后单击并拖拉鼠标，直至覆盖 和 所在的范围，这时程序会自动添加一个"STOP"按钮，这是用来控制退出循环结构的。此时的数据采集系统应该如图 11.22 所示。

(a)　　　　　　　　　　　　　　　(b)

图 11.22　改进后的数据采集系统

(a) 前面板；(b) 程序框图

再在 While 循环中添加定时器控件 ，即位于程序框图的内置模块中的"Time & Dialog"里的"Wait Until Next ms Multiple. vi"，并为其添加时间间隔 200 ms。此时，单击 运行程序，则 AIVoltageIN 函数按照默认设置采集 DEMO 卡的第一个通道上面的数据,即位幅值±5 V的正弦信号。

至此,一个简单而又完整的数据采集系统就制作完成了。此时的前面板和程序框图如图11.23所示。

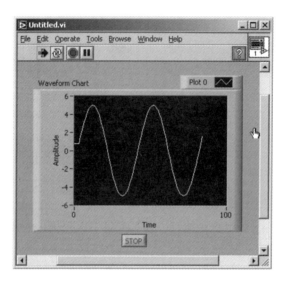

(a)

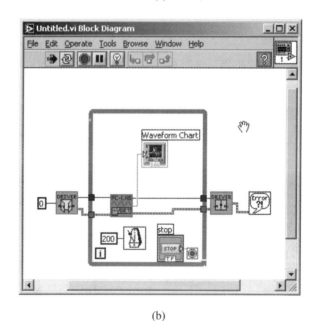

(b)

图 11.23 一个简单而又完整的数据采集系统
(a)前面板;(b)程序框图

5)程序讨论

如果再配上相应的分析、显示和存储模块,则可以大大扩充这个数据采集系统的能力。由于篇幅所限,这里不再赘述,有兴趣的读者可以参看参考文献中所列的相关书籍。

第 12 章　数据采集设备实例——数字式血压仪

本章将结合一个具体的实例——数字式无创血压测量仪的设计来进一步介绍计算机数据采集系统的实际设计。作为基础知识，本章首先介绍无创血压测量的原理，然后构建数字血压测量仪的设计方案，最后介绍血压测量仪的软件和硬件设计，其中包括微处理器、压力传感器、AD采样芯片和气泵等关键元件的原理介绍和应用方法。通过本章的学习，读者可以对数据采集设备有更清晰的认识。

12.1　基于示波法的无创血压测量原理

12.1.1　血压概述

临床上用得最多的人体压强信号是动脉血压、胃压以及颅内压。其中最重要、最具有代表性的是血压。

心脏的泵血功能、冠状动脉的血液供应状况、血管的阻力和弹性、全身的血容量及血液的物理状态等因素都反映在血压的指标中，可以说血压是心血管系统状态的指示器。

工程上相对于真空(零大气压)来测量压强，所测得的压强称为绝对压强。如果相对于大气压进行测量，所测得的压强则称为标准压强。人体血液循环系统是相对于大气压进行测量的，所以是标准压强，用毫米汞柱(mmHg)表示。

通常人体的主要血压参数为高压和低压，也就是收缩压(Systolic Blood Pressure，SBP)和舒张压(Diastolic Blood Pressures，DBP)。心脏收缩时所达到的最高压力称为收缩压，它把血液推进到主动脉，并维持全身血液循环。心脏舒张时所达到的最低压力称为舒张压，它使血液能回流到右心房。收缩压和舒张压的差称为脉压差，它表示血压脉动量，一定程度上反映心脏的收缩能力。血压波形在一周内的积分除以心周期称为平均压(Mean Arterial Pressure，MAP)。通常情况下，平均压可近似用舒张压加上1/3的脉压差来表示。

通常的血压测量在手臂上进行，所得的血压称为臂动脉血压。健康的成人臂动脉的收缩压一般在 95～140 mmHg(12.67～18.67 kPa)范围内，平均值为 110～120 mmHg(14.67～16 kPa)；正常舒张压为 60～90 mmHg(8～12 kPa)，平均值为 80 mmHg(10.67 kPa)左右。

人体血压的个体差异性很大，影响人体血压的因素很多。每个人的动脉血压与心输出量、外周血管阻力、血液的粘滞性、动脉壁的弹性和心率等因素有关。此外，年龄、气候、饮食、情绪等因素也会对血压造成影响。

12.1.2　示波法血压测量法

血压测量方法分为有创血压测量和无创血压测量。在有创血压测量中，为了取得血压值，首先必须刺破血管，然后把导管放在血管或心脏内。这一手术要在 X 光监视下进行，一般限于危重病人或开胸手术病人。此外，导管室内必须装备有应急抢救设备和无菌环境，因此测量工作非常麻烦。所以，近一百多年来大家都致力于发展无创伤间接测量方法。

最常见的血压测量方法为袖带式柯氏音法，是 1905 年俄国医生柯诺特柯夫提出的。此方法是在正常的情况下，完全受压的动脉并不产生任何声响；只有当动脉不完全受阻时才出现声音，因此可用声音来确定人体的血压。柯氏音法虽然简单实用，但其基于人工听声音的办法不利于实现自动化，且人为因素对测量结果影响较大。下面介绍的示波法是一种基于仪器的自动化血压测量方法。现有大量的数字血压仪都是采用示波法进行测量的。

示波法的原理是，把脉搏波和压强同时记录在一张图上，从而检测出血压。示波法有各种不同的形式，图 12.1 为一种典型的示波法结构框图。袖带内压力传感器检出压力信号并加到压力放大器，压力放大器的输出用标准压力计标定；柯氏音则由柯氏音传感器检出，经过交流放大后，一起加入压力放大器。记录器记下袖带内压力和柯氏音信号，由记录器走纸机构将所记录的信号展开（或显示）。如果充放气装置均匀地自动工作，则可得到如图 12.2 所示的信号波形。

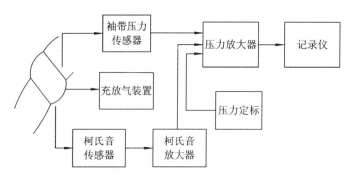

图 12.1　示波法血压测量原理

在图 12.2 中，袖带的压强由 125 mmHg 逐渐降低到 50 mmHg 以下，这时相对应的脉搏压力波经过了一个由小变大、又由大变小的过程。注意脉搏压力波是相对量，它与袖带的松紧有关。脉搏压力波本身很小，可以用隔直流放大器将脉搏压力波单独提取并放大显示。

幅度最大的脉搏压力波（图 12.2 中的星号位置）对应的袖带压力为人体平均压。根据经验，一般认为脉搏压力波幅（峰－谷值）为最大脉搏压力波幅的 0.77 倍，且压强小于MAP 的压强为低压；而脉搏压力波幅为最大脉搏压力波幅的 0.48 倍，且压强大于 MAP的压强为高压。另外，示波法还可以测量人体脉率，也就是根据脉搏压力波峰－峰值之间的时间得出人体脉搏周期。

这样，测量仪器只要根据袖带的压强及其对应的脉搏压力波幅度就能统计计算人体的血压。在应用示波法测量血压时，一般的过程是将袖带气压快速加大一个脉搏压力波很小的程度，然后通过慢放气的过程来测量数据。这种方法被称为充气测量法，其特点是与传

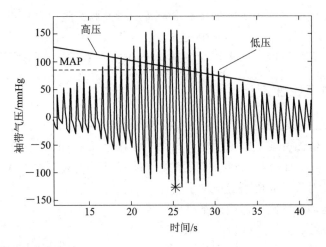

图 12.2　示波法袖带气压信号

统柯氏音法测量的物理过程相同。但其包括一个充气和放气过程，且充气时，由于不知道高压点的位置，一般会造成过量地打气，因此测量时间较长。为了提高效率，也可以采用充气测量的方法，也就是对袖带逐渐加压，同时测量数据。当检测到符合高压条件的脉搏压力波幅后停止测量并放气。因此充气测量的过程简单、效率高，适应要求快速测量的场合。

12.2　示波法血压仪系统设计

12.2.1　血压仪系统构建

本章所设计的血压测量设备主要包括电路、气路和软件部分。其中电路部分包括压力传感器、信号放大提取、阀泵控制和微处理器等；气路部分包括袖带、气泵、电磁阀和导管；软件部分包括微控制器软件和上位机软件。

作为一个完整的系统，血压测量设备的结构如图 12.3 所示。

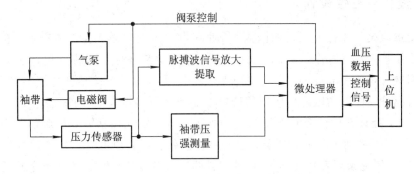

图 12.3　血压测量设备的结构

在图 12.3 中，上位机软件负责血压数据的显示和用户对血压设备的控制。控制信号包括测量的启停、阀泵的运动（设备检测时使用）和测量参数的设置等。微处理器负责对上位机的接口、压强信号的读取和处理以及阀泵的控制。

袖带压强测量电路从压力传感器中获取袖带压强并调整到 AD 可以测量的范围。脉搏波信号放大提取部分提取压力传感器中的波动信号并放大到 AD 可以测量的范围。微处理器通过 DA 控制气泵的转速，通过 IO 口控制电磁阀的开关。

12.2.2　设备抗干扰性设计

对于数据采集类的电子设备，信号的完整性很重要。由于血压测量仪在使用过程中需要与人体接触，并包含由气泵电机和电磁阀之类的机电元件，因此存在一些可能破坏信号完整性的干扰因素。干扰因素包括袖带因意外干扰而产生的压力变化（比如人体运动）、泵的抖动和阀的开关对气路和电路造成的干扰等。

对于阀泵的运动在气路上造成的干扰可以采取以下措施：

首先，可以采用双管的血压袖带，如图 12.4 所示。采用双管袖带时，气泵由袖带的一端供气，这样气泵的抖动经一端的导管、气囊和另一端的导管再进入压力传感器，其抖动会有明显的衰减。

另外，泵的启动和停止瞬间会对电路和气路造成较大干扰。为了排除干扰，可以在气泵启停时对

图 12.4　双管袖带

气泵采取逐渐加减控制电压的方法，使启停的过程变得"柔和"，干扰会相应降低很多。

电磁阀在开闭过程中会对电路板产生一定的电冲击。为了避免其影响信号，应该在电磁阀关闭几秒钟后再打开泵进行充气测量，以避开电冲击信号。

对于混合在信号中的干扰，最常用的去除方法是信号滤波。由于采用了基于微处理的数字处理方式，可以设计数字滤波器，在采样后对信号进行滤波。数字滤波可节省硬件开销，并容易达到较好的滤波效果。对于人体脉搏波信号，假设心率最大为 4 次/秒（240 次/分），也就是基频信号频率为 4 Hz。为保证信号的完整性，取 5 倍的基频信号频率，即 20 Hz 为信号带宽的上限。因此，对于采样信号可以进行 20 Hz 的低通滤波后，再进入血压信息的处理。

12.2.3　设备可靠性设计

血压测量仪是与人体打交道的设备，因此在设计中须考虑设备的可靠性。在可靠性设计中，主要考虑两方面内容：一是测量安全的可靠性；二是测量结果的可靠性。

对于测量安全的可靠性而言，主要应避免打气过高而对人体动脉造成不必要的压迫。为了提高可靠性，首先在压力传感器的选取上要使用可靠性高的器件，必要时采用双传感器配置。另外，处理器软件要有必要的容错处理。容错处理包括，当获知到一些故障信息时，立即停止气泵并打开气阀或报警。这些错误条件包括：袖带气压打到很高但未找到脉搏波（可能压力传感器故障）；长时间打气但袖带气压未上升（可能气路开漏或气泵损坏）；放气后袖带压力未下降到低气压（可能气路堵塞）。另外，微处理器的软件应设置"看门狗"，以防止软件跑飞，给硬件造成误操作。

对于测量结果的可靠性而言，主要是防止测量结果错误给用户带来的误导。造成测量结果错误的因素很多，其中最重要的是脉搏波信号的失真。因为电路测量信号的范围是有

限的,信号太大或太小都会造成失真;人体的个体差异性很大,有些人的脉搏波强度很大,而有些人的脉搏波强度则较弱;而且脉搏波强度还与袖带的松紧程度有关,所以在脉搏波信号提取电路设计上,应设计不同的放大挡位以适应不同的信号幅度;测量软件要设定阈值,监测脉搏波信号,及时发现信号过界情况,并做出及时处理。

12.2.4 测量精度分析

影响示波法血压测量精度的因素可分为原理误差和设备误差两类。原理误差是指测量原理上的近似带来的误差;设备误差是指设备器件的精度和稳定性产生的误差。

原理误差的引入是由于示波法测量中脉搏波在平均压(MAP)点上出现时的相位是随机的,不一定能够在 MAP 点上采到脉搏波峰-谷值。这样最大的脉搏波峰-谷值的测量会出现误差,一般测量值总比实际值小。这一方面影响 MAP 的测量,同时影响高压和低压测量的准确性。因为最大的脉搏波峰值要用来计算高压和低压所对应的脉搏波峰-谷值。最大的脉搏波峰-谷值变小会造成高压和低压所对应的脉搏波幅值也偏小,直接引起高压值偏高和低压值偏低,脉压差偏大。一般对于脉率偏高的人,此类误差偏小;对于脉率偏低的人,此类误差影响相对较大。另外,基于相同的原因,高压和低压所对应的压强点上也不一定会有脉搏波峰-谷值出现,这也给测量造成误差。

减小原理误差的根本方法是,在保证一定测量效率的条件下,尽量延长打气或放气测量时间。另外在获取高压和低压时,可以利用相邻的脉搏波峰-谷值及其对应的压强点进行插值计算,得到相对准确的高压和低压点。

设备误差的引入除了上述提到的干扰因素外,还有压力传感器和 AD 采样的误差。要选用线性度高、温漂小的压力传感器元件,并且在使用前要经过精确的标定。对 AD 采样而言,主要涉及两方面参数:一是采样分辨率;二是采样频率。对于 $0\sim300$ mmHg 的压强测量量程而言,采样分辨率可以用 10 位以上的 AD 采样。对于脉搏波的采样,考虑到实际测量中可能出现较小的脉搏波,因此要求采样精度偏高,可以考虑采用 12 位以上的 AD 采样。

12.3 血压仪电路设计

血压仪的电路按功能可分为信号获取部分、阀泵控制部分、电源部分和微处理器部分。下面我们按顺序分别介绍。

12.3.1 信号获取电路

信号获取电路负责从压力传感器获取压强信号,提取袖带压强信号和脉搏波波动信号。这里采用 BP300 压力传感器测量压强。BP300 系列压力传感器是专为电子血压计开发的一款压力传感器,具有结构简单、性能稳定、可靠性好、通用性强等优点,加之具有低廉的价格以及标准的 DIP - 6 标准封装等特点,是目前较为流行的产品,主要适用于腕式/臂式电子血压计、医疗按摩器等需要控制气体压力的设备和器械中。BP300 压力传感器的内部结构如图 12.5 所示,其 3、4 脚之间可以接可调电阻。

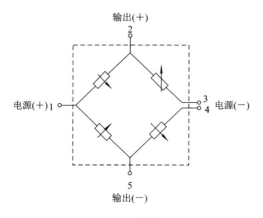

图 12.5　BP300 压力传感器的内部结构

图 12.6 为 AD620 与 BP300 的连接电路，其中 AD620 经 3 kΩ 电阻配置成 7 倍放大，10 kΩ 电阻的电位器作为可调元件用于传感器的标定。

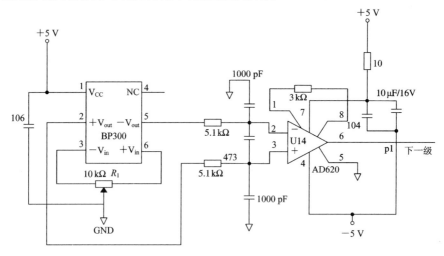

图 12.6　BP300 前端电路

图 12.7 为前端增益调节电路，包括 LM358 放大器和 BC817 跟随器，其中上一级接图 12.6 中的下一级。LM358 放大器的主要作用为调节信号的总增益；BC817 跟随器为下一级信号提供高阻抗输入，提高信号的稳定性。

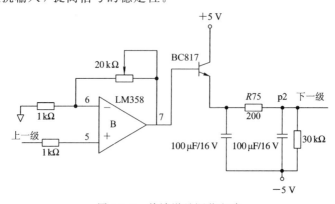

图 12.7　前端增益调节电路

　　图 12.8 为血压压强输出电路，负责为脉搏波动放大电路提供跟随的输出，另外通过 30 kΩ 和 10 kΩ 电阻调节血压压强输出，提供给 AD 芯片采样。下一级输出端提供给波动信号电路用于血压波的提取。

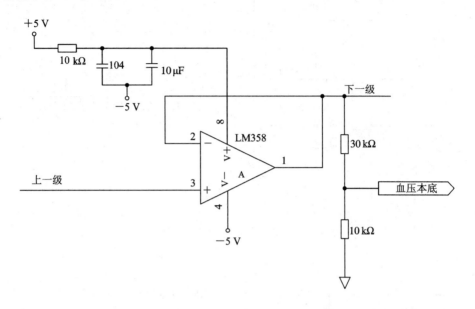

图 12.8　血压压强输出电路

　　图 12.9 为血压波动一倍增益输出电路，其中 10 μF 的电容用来隔直流，只让交流信号通过。同时，进一步对波动信号放大，使之基本到达 AD 采样的幅度。

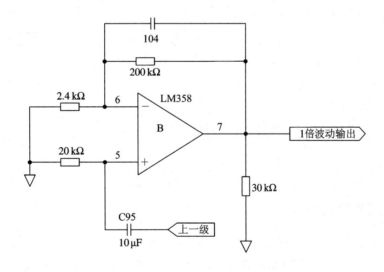

图 12.9　血压波动 1 倍增益输出电路

　　图 12.10 和图 12.11 是在血压波动一倍增益输出的基础上分别对信号进行 2 倍和 3 倍的放大。

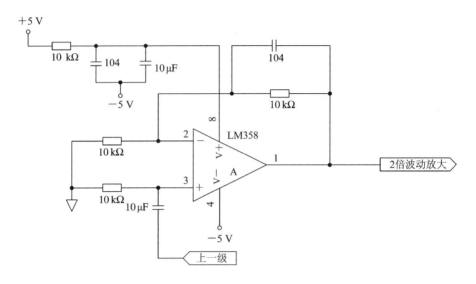

图 12.10　血压波动 2 倍增益输出电路

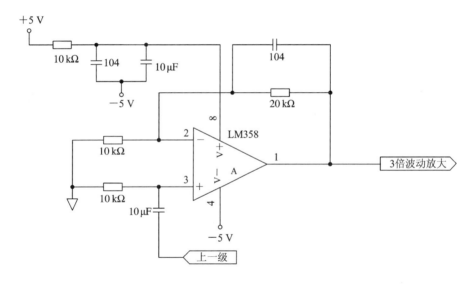

图 12.11　血压波动 3 倍增益输出电路

12.3.2　泵阀控制电路

本设备采用的气泵和电磁阀如图 12.12 所示。图 12.13 为气泵控制电路,本仪器使用 CPU 产生的 DA 信号来控制气泵的转速。DA 信号的幅度为 $0\sim2.43$ V,通过 LM358 放大器放大一倍后由功放三极管来驱动气泵电机。二极管用来在气泵停止后反向放电,以保护电路。图 12.14 为气阀控制电路,其中气阀控制端接 CPU 的 IO 脚。电磁阀为常闭阀。当气阀控制端为低电平时,电磁阀打开。二极管用来在阀开闭瞬间放电,以免影响其他电路。

图 12.12　气泵和电磁阀实物图

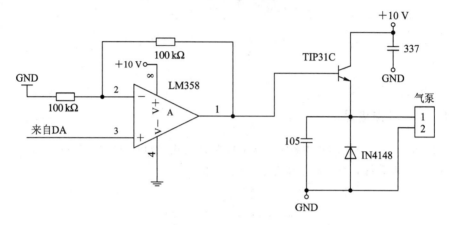

图 12.13　气泵控制电路

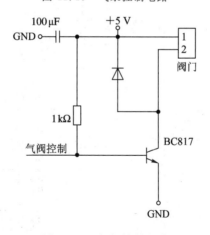

图 12.14　气阀控制电路

12.3.3　电源交直流转换电路

图 12.15 为该设备的电源电路。设备通过变压器外接 220 V 交流电。变压器输出的电压接到 2 脚插座上。交流电通过二极管桥式整流电路产生 ±10 V 单极性电压，通过 7805 稳压管输出稳定的 ±5 V 直流电压，用于 AD 芯片和放大器的双极性供电。AS117 将 5 V 直流转化为 3 V 直流给 CPU 供电。

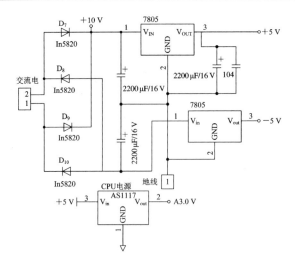

图 12.15　电源电路

12.3.4　AD 采样电路

图 12.16 为 AD 采样芯片电路。AD 采样芯片采用 ADS8342 及 ±5 V 供电。ADS8342 有 4 路 16 位 AD 采样，充分满足测量的精度要求。

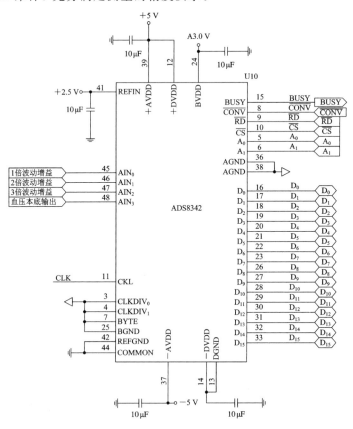

图 12.16　AD 采样芯片电路

12.3.5　微处理器电路

微处理器是整个电路的核心，这里选用 C8051F020 作为微处理芯片，如图 12.17 所示。C8051F020 含有串口、12 位 DA、看门狗、内部晶振以及并行 IO 接口等，集成化程度高。另外，C8051F020 支持 JTAG 在线编程接口，适于快速程序开发。

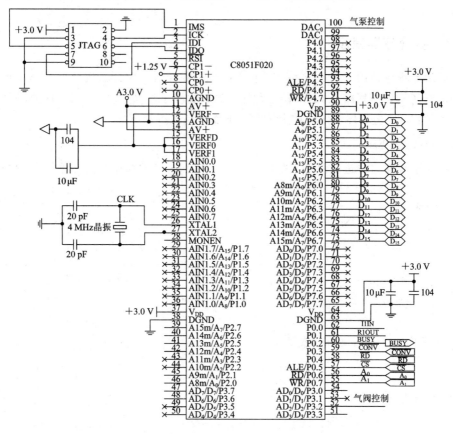

图 12.17　微处理器电路

12.3.6　串口电路

图 12.18 为 MAX232 串口接口电路。微处理器通过 MAX232 与计算机通信，实现数据传输。

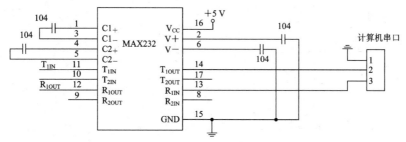

图 12.18　MAX232 串口接口电路

12.4　血压仪软件设计

血压仪软件包括微处理器程序和上位机 PC 界面程序。微处理器程序负责接收上位机命令并控制血压采样测量的具体过程，上位机 PC 界面程序负责人机交互。两者通过串口联系通信。

12.4.1　微处理器程序

微处理器程序使用 C51 语言编写，在 KeilC51 编译器下编译。微处理器程序包括的主要子程序有初始化子程序、AD 采样子程序、数字滤波子程序、血压测量过程控制子程序、串口通信子程序、主程序和定时中断程序。下面分别进行介绍。

1. 初始化子程序

初始化子程序主要进行晶振、端口、DA、串口和时钟的初始化，其源代码如下：

```
//——————————————————————————————————
//晶振初始化
//——————————————————————————————————
void SYSCLK_Init (void)
{
    int i;
    for (i=0; i < 256; i++);
    while (! (OSCICN & 0x80));
    OSCICN = 0x88; //使用内部晶振
}
//——————————————————————————————————
//端口初始化
//——————————————————————————————————
void PORT_Init (void)
{
    XBR0     = 0x04;                //初始化 UART0
    XBR1     = 0x00;
    XBR2     = 0x40;
    P0MDOUT = 0xF1;                //使能 TX0 为推挽输出

}
//——————————————————————————————————
//串口初始化
//——————————————————————————————————
//
//初始化串口 0 为 9600－8－N－1
//
void UART0_Init (void)
```

```
{
    SCON0   = 0x50;                      //串口模式设置
    TMOD    = 0x20;                      //时钟 1 模式设置，用于串口波特率
    TH1     = -(SYSCLK/BAUDRATE/16);
    TR1     = 1;
    CKCON  |= 0x10;
    PCON   | = 0x80;
    TI0     = 1;
    ES0     = 1;
}
//——————————————————————————————————————————
//初始化时钟 3，作为定时中断的时钟源
//——————————————————————————————————————————
//
void Timer3_Init (int counts)
{
    TMR3CN = 0x0;

    TMR3RL = -counts;
    TMR3 = 0xffff;
    EIE2 |= 0x01;
    TMR3CN |= 0x04;
}
```

2. AD 采样子程序

AD 采样子程序负责控制 ADS8342 芯片，并从中读取数据，其源代码如下：

```
//定义管脚变量
sbit BUSY = P0^2;
sbit CONV = P0^3;
sbit RD = P0^4;
sbit CS = P0^5;
sbit A0 = P0^6;
sbit A1 = P0^7;

int DataSample(int channal)
{
    int sample;
    CS = 0;
    CONV = 0;
    CS = 1;
    CONV = 1;
//选择 AD 端口
Switch ( channal)
```

```
        {
        case 0：
            {
            A0 = 0；A1 = 0；break；
            }
        case 1：
            {
            A0 = 0；A1 = 1；break；
            }
        case 2：
            {
            A0 = 1；A1 = 0；break；
            }
        case 3：
            {
            A0 = 1；A1 = 1；break；
            }
        }
        While (BUSY = = 1) { }；//等待采样结束
        CS = 0；
        RD = 0；
        sample = P5 + 256 * P6；
        CS = 1；
        RD = 1；
        return sample；
    }
```

DataSample(int channal)子程序在定时中断中每秒调用 100 次，即 100 Hz 的采样频率，采得的数据存在滤波队列数组中，准备进入低通滤波程序进行滤波。DataSample(int channal)在中断函数中的调用代码如下：

```
    int Bp_dataquenLine[21]；       //滤波袖带压强队列数据
    int Bp_dataquenWav [21]；       //滤波袖带波动队列数据
    int Bp_WavS；
        …
    Bp_LineS = DataSample (3)；
    Bp_Wave1S = DataSample (0)；
    Bp_Wave2S = DataSample (1)；
    Bp_Wave3S = DataSample (2)；

    //通过比较采样数值得到三路波动数据中没有采样饱和的数据，并按倍数转换作为滤波数据
    Bp_WavS= Bp_Wave3S；
    if(Bp_Wave3S> 20000|| Bp_Wave3S< −20000)
    {
```

```
    Bp_WavS = Bp_Wave2S * 1.5;
    if(Bp_Wave2S> 20000|| Bp_Wave2S< -20000)
  {
    Bp_WavS = Bp_Wave1S * 3;
  }
}


//更新滤波队列数据
for(int i=20; i>0; i++)
{
  Bp_dataquenLine[i] = Bp_dataquenLine[i-1];
  Bp_ dataquenWav[i] = Bp_ dataquenWav[i-1];
}
Bp_dataquenLine[0] = Bp_LineS;
Bp_dataquenWav[0] = Bp_WavS;
...
```

3. 数字滤波子程序

数字滤波子程序使用 21 阶 FIR 滤波器对 AD 采样的数据进行滤波，FIR 滤波器的优点在于性能稳定，不会产生计算数值溢出。数字滤波子程序的源代码如下：

```
//21 阶 FIR 滤波器，采样频率为 100 Hz，截止频率为 20 Hz
float code FLV[] = {
-0.0001189049872, 0.0001848347165, 0.001944273477, 0.00703382073, 0.01763136126,
  0.03525842354, 0.05960934609, 0.0878091082, 0.1146733239, 0.1341140866,
  0.1412217617, 0.1341140866, 0.1146733239, 0.0878091082, 0.05960934609,
  0.03525842354, 0.01763136126, 0.00703382073, 0.001944273477, 0.0001848347165,
-0.0001189049872, 0 };


double Bp_Line, Bp_Wav;        //滤波输出数据
void LowPass_filter ()
{
  Bp_Line = 0;
  Bp_ Wav1 = 0;
  For (int i=0; i <21; i++ )
  {
    Bp_Line += Bp_dataquenLine[i] * FLV[i];
    Bp_Wav += Bp_dataquenWav [i] * FLV[i];
  }
  Bp_Line = Bp_Line * 0.0091;      //乘以标定系数
}
```

4. 血压测量过程控制子程序

血压测量过程控制子程序负责控制整个血压测量的阶段控制，以及处理采样滤波得到的数据，得出血压相关数据。血压测量的阶段控制主要是将血压测量的过程按时间分为以

下几个操作阶段：

（1）放气阶段：测量前要确保袖带压力低于某阈值，如 10 mmHg。

（2）充气阶段：快速启动气泵，使气泵的转速达到一个较高转速，迅速使气压达到某一气压值，如 30 mmHg。

（3）准备阶段：缓慢地降低气泵转速，直到适合测量的转速，为测量做准备。

（4）测量阶段：气泵匀速打气，同时测量压力信号，计算血压数值并发送数据。

（5）停止测量：停止泵，打开阀，将测量参数归零回到空闲状态。

在测量阶段，程序主要是存储波形数据并从中提取并保存每一个脉搏波的幅度和对应的压强值，直到测量结束。判断测量结束的条件是连续发现 3 个逐渐减小的脉搏波，且脉搏波的幅度小于队列中最大波幅的 0.4 倍，然后从储存的脉搏波的幅度中识别出最大的波幅以及低压和高压对应的波幅，进而计算出血压值。

在测量过程中，若发生如下错误状态，则向主机报错并回到空闲状态，如：

（1）未找到脉搏波。

（2）袖带气压未上升。

（3）袖带压力不降到低气压。

血压测量过程控制子程序的源代码如下：

```
#include <stdlib.h>
#include <math.h>
#include <FLOAT.h>

#define Bp_Stage_Wait 0
#define Bp_Stage_Blast 1
#define Bp_Stage_Measure 2
#define Bp_Stage_Idle 3
#define Bp_Stage_Resume 4

//————————————————————————————————
void Bp_ Proccess ( );
UINT checkedge(int scal, long Bp_AVG);
UINT Bp_FindPP(int scal);
void Bp_FindVV();
void Bp_FindPP3();
void Bp_ResultProssce();
void Bp_PumpAndAvle (char pump, char Avle );
//————————————————————————————————
int xdata Bp_BpLined = 0;
int xdata Bp_BpWSd = 0;
int xdata Bp_BpWLd = 0;
int xdata Bp_BpWSCd = 0;
int xdata Bp_BpWLCd = 0;
```

```
    int xdata Bp_BpWS;
    int xdata Bp_Wave;
    int xdata Bp_BpLine;
    int xdata Bp_HighPressure;
    int xdata Bp_AvagePressure;
    int xdata Bp_LowPressure;

    UINT xdata Bp_HeartRate =0;
    UINT xdata Bp_stage = Bp_Stage_Idle;

    int xdata Bp_ResumeTime;
    UINT xdata Bp_BlastTime = 0;
    UINT xdata Bp_ok = 0;
    UINT xdata Bp_DataCount = 0;
    UINT xdata Bp_Measure_Stage;

    int xdata Bp_DataWL[501];
    int xdata Bp_DataL[501];

    int xdata Bp_StageDataL[100];
    int xdata Bp_StageMaxW[100];
    int xdata Bp_StageHeardRate[100];

    int xdata Bp_inerTime[30];
    int xdata Bp_inerMaxW[30], Bp_inerMinW[30];

    UINT xdata Bp_StageCount=0;
    UINT xdata Bp_inercount=0;
    int xdata Bp_SPvCount=0;
    int xdata Bp_SALLcount=0;
    int xdata Bp_HeartRatecount=0;
    int xdata scal, Bp_PP=0;
    long xdata Bp_AVG=0;
    int min=40000;
    int xdata Bp_DataWLB[101];
    int xdata Bp_DataLB [101];
    int max = 0, temp;
    UINT xdata double_count;
    UINT xdata Bp_NIBPS = 0;                    //无创血压状态
    int xdata Bp_Bump=0;

    //——————————————————————————————
    void Bp_Proccess()
```

```
{
    switch(Bp_stage)                          //各个状态阶段
    {
      case Bp_Stage_Idle：                     //空闲状态
      {

        Bp_PumpAndAvle(0，OPEN);              //泵停止，阀打开
        Bp_StageCount = 0；
        Bp_err = 0；
        break；
      }
      case Bp_Stage_Wait：                     //准备阶段
      {
          Bp_PumpAndAvle(0，OPEN)；           //泵停止，阀打开
          Bp_Idle_count = 0；
          Bp_StageCount = 0；
          Bp_NIBPS = 1；                       //设备状态字：正在测量中
          Bp_ResumeTime++；

          if(Bp_ResumeTime >20&&Bp_BpLine < 10)
          {
          Bp_ResumeTime=0；
          Bp_stage = Bp_Stage_Blast；          //转到打气阶段

          }

          else if(Bp_ResumeTime>1000) {        //准备时间等待过长，转到空闲状态
              Bp_ResumeTime=0；
              Bp_stage = Bp_Stage_Idle；
              Bp_BlastTime = 0；
              Bp_NIBPS = 5；                    //设备状态字：袖带压力不降到低气压
                  }
          break；
      }

    case Bp_Stage_Blast：
    {
        Bp_BlastTime++；
        Bp_Bump = 4095；
        Bp_PumpAndAvle(Bp_Bump，CLOSE)；//关闭阀，快速打气

        if(Bp_BpLine > 30) {
```

```
            Bp_BlastTime＝0；
            Bp_stage ＝ Bp_Stage_Tran；
                }
            else if(Bp_BlastTime ＞ 2000) {
                Bp_BlastTime ＝ 0；
                Bp_stage ＝ Bp_Stage_Idle；
                Bp_NIBPS ＝ 4；                    //设备状态字：袖带气压未上升
            }
            break；
    }
case Bp_Stage_Resume：
{

        if (Bp_Bump ＞ 2048) Bp_Bump －＝50；
        Bp_PumpAndAvle(Bp_Bump，CLOSE)；//逐步减小泵的转速

        if(Bp_BpLine ＞ 40＆＆Bp_Bump ＜＝ 2048) {
        //当气压达到 40 mmHg 且泵速调整到位时，初始化变量转入测量状态
        Bp_BlastTime＝0；
        Bp_DataCount ＝ 0；
        Bp_HeartRatecount ＝ 0；
        Bp_SPvCount＝0；
        Bp_SALLcount＝0；
        Bp_HeartRatecount＝0；
        Bp_AVG＝0；

        for(i＝0；i＜500；i++)
        {
            Bp_DataWL[i] ＝ 0；
            Bp_DataL [i] ＝ 0；
        }
        for(i＝0；i＜30；i++)
        {
            Bp_StageDataL[i]＝0；
            Bp_StageMaxW[i] ＝0；
            Bp_StageHeardRate[i]＝0；
        }
        for(i＝0；i＜30；i++)
        {
            Bp_inerTime[i] ＝ 0；
            Bp_inerMaxW[i] ＝ 0；
            Bp_inerMinW[i] ＝ 0；
            }
```

```
                    Bp_stage = Bp_Stage_Measure;
                  }
              break;
            }
    case Bp_Stage_Measure:
      {
            //将滤波得到的波动和压强数据输入 500 个的数组
            Bp_DataWL[Bp_DataCount] = Bp_Wave;
            Bp_DataL [Bp_DataCount] = Bp_BpLine;
            Bp_AVG += Bp_Wave;
            Bp_DataCount ++;

            if(Bp_DataCount >= 500)                    //当得到 500 个数据时进行数处理计算
            {
            if(Bp_DataL [500] < Bp_DataL [250])    //发现袖带气压未上升
                {
                    Bp_NIBPS = 4;                      //设备状态字：袖带气压未上升
                    Bp_stage = Bp_Stage_Idle;
                }
            //储存前 100 个数据，当处理结束后补到数据队列后面，保持数据队列的连续性
            for(i=0; i<100; i++)
            {
                Bp_DataWLB[i] = Bp_DataWL[400+i];
                Bp_DataLB [i] = Bp_DataL [400+i];
            }
        }
    //求波动平均数
    Bp_AVG = Bp_AVG/500;

    scal = 400; //在前 400 个数据中计算峰值 Bp_PP
    temp = 0;
    for(i=0; i<scal; i++)
    {
      if(temp < Bp_DataWL[i]) temp = Bp_DataWL[i];
    }
    Bp_PP = temp-Bp_AVG;

    //保证被处理的数据范围的边缘数值是上升趋势，且在 Bp_AVG 附近
    while(1)
    {
      if(checkedge(scal, Bp_AVG)==0) break;
      else              scal += 2;
      if(scal >500)
      {
```

```
                scal = 500;
                break;
            }
        }
        Bp_SPvCount = 0;              //Bp_SPvCount 为 500 个数据点(5 s)内找到的波动波峰个数

        while(Bp_FindPP(scal))       //发现波动的峰值及其时间点以及相对应的压强值
        {
            if(Bp_SPvCount == 30)    //5 s 内波峰数大于 30 个时，测量存在错误，重测
            {
            Bp_stage = Bp_Stage_Resume;
            return;
            }
        }
        //对得到的峰值队列按时间先后排列，以便区分高低压顺序
        for(i=0; i<(Bp_SPvCount-1); i++)
        {
            for(j=(i+1); j<Bp_SPvCount; j++)
            {
                if(Bp_inerTime[i] > Bp_inerTime[j])
                {
                    temp1= Bp_inerTime[i];
                    temp2= Bp_inerMaxW[i];

                    Bp_inerTime[i] = Bp_inerTime[j];
                    Bp_inerMaxW[i] = Bp_inerMaxW[j];

                    Bp_inerTime[j] = temp1;
                    Bp_inerMaxW[j] = temp2;
                }
            }
        }
    Bp_FindVV(); //发现波动的谷值(在两个峰值时间点之间寻找最小值)，并计算完整的峰谷值。
```

下面的代码将 5 s 时间段内的波峰值和相应的压力值存入整个过程的数据队列 Bp_StageDataL 和 Bp_StageMaxW，并计算脉率。

```
    if( Bp_SPvCount < 2)
    {
        Bp_stage = Bp_Stage_Resume; //如果波峰数太少，则认为是错误，重测
        return;
    }
    for(i=0; i<(Bp_SPvCount); i++)
    {
        Bp_StageDataL[Bp_SALLcount] = Bp_DataL[Bp_inerTime [i]];
```

```
        Bp_StageMaxW[Bp_SALLcount ] = Bp_inerMaxW[i];

        Bp_SALLcount ++;
        if(Bp_SALLcount == 100)              //总共处理 100 个峰值
        {
        Bp_SALLcount = 100;

        }
    }
    if(Bp_SPvCount>1) {
    temp = (Bp_inerTime[Bp_SPvCount-1] - Bp_inerTime[0])/(Bp_SPvCount-1);
    Bp_StageHeardRate[Bp_HeartRatecount] = 6000/temp; //计算脉率
    Bp_HeartRatecount ++;
    }
    /////////////////////////////////////////////////////////////////////

    //判断测量是否可以结束,处理波峰值检测数据,计算血压值
    Bp_ResultProssce();

    //如果测量没有结束,则将波动和压强数据队列的最新的 100 个数值保留,重新获取 500
    //个数据(包括存储的 100 个数据),开始下一个 5 s 的测量
    Bp_AVG = 0;
    for(i=0; i<100; i++)
        {
          Bp_DataWL[i] = Bp_DataWLB[i];
          Bp_DataL [i] = Bp_DataLB [i];
          Bp_AVG += Bp_DataWLB[i];
        }
          Bp_DataCount = 100;
        }
        //* * * * * * * * * * * * * * * * * * * * * * * * *
        break;
        }
    }
return;
}
//保证被处理的数据范围的边缘数值是上升趋势,且在 Bp_AVG 附近
UINT checkedge(int scal, long Bp_AVG)
{
    if( Bp_DataWL[scal] > Bp_AVG&&Bp_DataWL[scal- 8] < Bp_AVG) return 1;
    else return 1;
}
//发现波动的峰值及其时间点以及相对应的压强值
```

```
UINT Bp_FindPP(int scal)
{
    int Maxcount = 0;
    int max = 0;
    int temp1, temp2;
    int count = 0;
    for(i=0; i<scal; i++)
      {
          if(max < Bp_DataWL[i]) { max = Bp_DataWL[i]; Maxcount = i; }
      }
    if((max-Bp_AVG)<0.3 * Bp_PP) return 0;

    for(i=0; i< scal ; i++)
    {
      temp1 = Maxcount+i;
      temp2 = Maxcount-i;
      if(temp1> scal) temp1 = scal;
      if(temp2<0) temp2 = 0;

      if((Bp_DataWL[temp1] > Bp_AVG) || Bp_DataWL[temp2] > Bp_AVG)
      {
        if(Bp_DataWL[temp1] > Bp_AVG) Bp_DataWL[temp1] = Bp_AVG;
        if(Bp_DataWL[temp2] > Bp_AVG) Bp_DataWL[temp2] = Bp_AVG;
        count ++;
      }
      else
        break;
      }
      if(count > 4)
      {
        Bp_inerMaxW[Bp_SPvCount] = max;
        Bp_inerTime [Bp_SPvCount] = Maxcount;
        Bp_SPvCount ++;

        return 1;
      }
      return 0;
}
//发现波动的谷值(在两个峰值时间点之间寻找最小值),并计算完整的峰谷值
void Bp_FindVV()
{
    int min = 40000;
    int uu = 0;
```

```
        for(i＝0；i＜(Bp_SPvCount－1)；i＋＋)
        {
            min ＝ 40000；
            for(j＝ Bp_inerTime [i]；j＜ Bp_inerTime [i＋1]；j＋＋)
            {
            if(min＞ Bp_DataWL[j]) { min ＝ Bp_DataWL[j]；}
            }
            Bp_inerMaxW[i] ＝ Bp_inerMaxW[i] － min；
        }


        min ＝ 40000；
        for(j＝ Bp_inerTime [Bp_SPvCount－1]；j＜ scal；j＋＋)
        {
        if(min＞ Bp_DataWL[j]＆＆ Bp_DataWL[j]！ ＝0) { min ＝ Bp_DataWL[j]；uu ＝ j；}

        }
        Bp_inerMaxW[Bp_SPvCount－1] ＝ Bp_inerMaxW[Bp_SPvCount－1] － min；


        return；
    }


//判断测量是否可以结束，处理波峰值检测数据，计算血压值
void Bp_ResultProssce()
{
    int maxpos，WW，LLL；
    int max ＝ 0；
    float temp；
    UINT cc；
    if(Bp_BpLine ＞ 80＆＆Bp_SALLcount ＞ 8)
    {
        for(i＝0；i＜ (Bp_SALLcount)；i＋＋)
        {
        if(max ＜ Bp_StageMaxW[i])
        { max ＝ Bp_StageMaxW[i]；Bp_AvagePressure ＝ Bp_StageDataL[i]；maxpos ＝ i；}
        }

//判断测量结束的条件是连续发现 3 个逐渐减小的脉搏波，且脉搏波的幅度小于队列中最大
//波幅的 0.4 倍
    if((Bp_StageMaxW[Bp_SALLcount－1] ＜ Bp_StageMaxW[Bp_SALLcount－2])＆＆
        (Bp_StageMaxW[Bp_SALLcount－2]＜max＆＆ Bp_StageMaxW[Bp_SALLcount－3]＆＆
        Bp_StageMaxW[Bp_SALLcount－1] ＜＜0.4 * max))
    {
        //将脉率值排序，然后取中间值，作为最终脉率值
```

```
    for(i＝1；i＜Bp_StageCount；i＋＋)
      {
      for(j＝i＋1；j＜Bp_StageCount；j＋＋)
      {
          if(Bp_StageHeardRate[i]＞Bp_StageHeardRate[j])
          {
          temp1＝ Bp_StageHeardRate[i];
          Bp_StageHeardRate[i] ＝ Bp_StageHeardRate[j];
          Bp_StageHeardRate[j] ＝ temp1；
          }
      }
      }
    Bp_HeartRate ＝ Bp_StageHeardRate[round(Bp_StageCount/2)];
//以下代码寻找高压和低压附近的峰值，并通过插值的方法得到准确的血压值
    i ＝ maxpos；
    while((Bp_StageMaxW[i] ＞ 0.77 * max)＆＆(i＞0)) i－－；

    if(i＞0) { LLL ＝ Bp_StageDataL[i]; WW ＝ Bp_StageMaxW[i]; }

    //计算低压
    temp ＝ (0.77 * max － Bp_StageMaxW[i])；
    temp ＝ temp/(Bp_StageMaxW[i＋1]－Bp_StageMaxW[i])；
    Bp_LowPressure＝Bp_StageDataL[i]＋temp * (Bp_StageDataL[i＋1]－Bp_StageDataL[i])；

    i ＝ maxpos；
    while((Bp_StageMaxW[i] ＞ 0.48 * max)＆＆i＜ Bp_SALLcount) i＋＋；

    //计算高压
    temp ＝ (0.48 * max － Bp_StageMaxW[i])；
    temp ＝ temp/(Bp_StageMaxW[i－1] － Bp_StageMaxW[i])；
    Bp_HighPressure＝Bp_StageDataL[i]＋temp * ( Bp_StageDataL[i－1]－Bp_StageDataL[i])；
    Bp_stage ＝ Bp_Stage_Idle; //完成测量，回到空闲状态
              }
  }
return；
}
//－－－－－－－－－－－－－－－－－－－－－－－－－－－－－－－
//打气量操作
//－－－－－－－－－－－－－－－－－－－－－－－－－－－－－－－
sbit VALVE ＝ P3-2；          //定义阀的控制脚，0 表示打开，1 表示关闭
#define OPEN 1
#define CLOSE 2
void Bp_PumpAndAvle (int pump, char valve) {
```

```
        DAC0 = pump;              //设置泵的转速范围为 0～4095
        if(valve = = OPEN) VALVE = 0;
        if(valve = = CLOSE) VALVE = 1;
    }
```

5. 串口通信子程序

串口通信协议包括上行和下行通信协议。上行通信协议如表 12.1 所示，下行通信协议如表 12.2 所示。串口通信使用中断模式，串口发送程序每秒定时发送 50 个数据包到上位机，并随时准备接收上位机发来的命令字。程序包括启动发送和串口中断程序。

表 12.1 串口通信上行通信协议

数据包头，0xFF(固定)
数据包头，0xFF(固定)
高压数据/mmHg
平均压数据/mmHg
低压数据/mmHg
脉率/(次/分钟)
袖带压力/mmHg
状态字 1：正在测量中 2：完成测量 3：未找到脉搏波 4：袖带气压未上升 5：袖带压力不降到低气压

表 12.2 串口通信下行通信协议

数据包头，0xFF（固定）
数据包头，0xFF（固定）
命令字 1：开始测量 2：结束测量 3：打开电磁阀(测试设备时用) 4：关闭电磁阀(测试设备时用) 5：转动气泵(测试设备时用) 6：停止气泵(测试设备时用)

程序数据结构和源代码如下：

```
//发送数据包
typedef struct
{
    unsigned int head;               //数据包头=0xFFFF
    unsigned char DBP;               //高压
    unsigned char MBP;               //平均压
    unsigned char SBP;               //低压
    unsigned char BP_line;           //袖带压力
    unsigned char BP_HeartRate;      //心率
    unsigned char BP_ NIBPS;         //状态字
}SendDataPack;

//发送数据包联合体
union SendPack{
SendDataPack SenDP;
unsigned char sendbuf[sizeof(SendDataPack)];
```

```
};

//接收数据包
typedef struct
{ unsigned int head;                    //数据包头＝0xFFFF
    unsigned char CMD;                  // 命令字
  }RecDataPack;

//接收数据包联合体
    union RecPack{
    RecDataPack RecDP;
    unsigned char recvbuf[sizeof(RecvDataPack)];
    };

//启动发送程序，向 SBUF0 中写入数据包头字节
union SendPack xdata SendData;
union RecvPack xdata RecvData;
void SendPack()
{
SendData. SenDP. head = 0xFFFF;
SendData. SenDP. DBP = Bp_HighPressure;
SendData. SenDP. MBP= Bp_AvagePressure;
SendData. SenDP. SBP = Bp_LowPressure;
SendData. SenDP. BP_HeartRate = Bp_HeartRate;
SendData. SenDP. BP_ NIBPS = Bp_NIBPS;
TI0 = 0;
   send_pointer = 0;
   SBUF0 = SendData. sendbuf[0];
     return;
}
//串口中断程序
char Cmd_flag;                          //＝1 接收数据包完成
char send_pointer;                      //发送数据计数器
void RecvAndSendPack() interrupt 4 using 3
{
   if(RI0 == 1)
   {
      RecvData. recvbuf[recv_pointer] = SBUF0;
      recv_pointer ++;
      RI0 = 0;
    if(recv_pointer == sizeof(RecvDataPack))
      {
          Cmd_flag = 1;
```

```
                recv_pointer = 0;
            }
        }
    if(TI0 == 1){
    if ( send_pointer < sizeof(SendDataPack))
    {
            SBUF0 = SendData.sendbuf[0];
            send_pointer ++;
            TI0 = 0;
    }
    else
    {
        send_pointer = 0;
        TI0 = 0;
    }
            }
        return;
    }
```

6. 主程序和定时中断程序

主程序负责调用初始化子程序,打开中断以及等待定时和串口中断程序的发生,其源代码如下:

```
void main (void) {

    SYSCLK_Init ();
    PORT_Init ();
    Timer3_Init (SYSCLK/(12 * SAMPLE_RATE));
    UART0_Init ();
    EA = 1;                          //打开中断
    while (1) {
    WDTCN = 0xA5;                    //定时复位看门狗
    if(Cmd_flag==1) OnCommand();     //处理接收命令
    if(Bp_ok == 1) { Bp_ Proccess ( ); Bp_ok = 0; } //每次数据采样后处理血压数据
        }
}
//——————————————————————————————
//处理串口命令
void OnCommand()
{
    switch (RecvData. RecDP. CMD)
    {
        case 1:                      //启动血压测量
        {
```

```
            if(Bp_stage == Bp_Stage_Idle)
            {
            Bp_stage = Bp_Stage_Resume;
            Bp_NIBPS =1;
            }
            break;
        }
    case 2：                          //取消血压测量
        {
            Bp_stage = Bp_Stage_Idle;
            break;
        }
    case 3：//打开电磁阀（测试设备时用）
        {
            Bp_PumpAndAvle(0，OPEN)；
            break;
        }
    case 4：//关闭电磁阀（测试设备时用）
        {
            Bp_PumpAndAvle(0，CLOSE)；
            break;
        }
    case 5：//转动气泵（测试设备时用）
        {
            Bp_PumpAndAvle(2048，OPEN)；
            break;
        }
    case 6：//停止气泵（测试设备时用）
        {
            Bp_PumpAndAvle(0，OPEN)；
            break;
        }
    }
Cmd_flag = 0;
recv_pointer = 0;
return;
    }
```

定时中断程序负责调用采样、串口发送子程序，其源代码如下：

```
void Timer3_ISR (void) interrupt 14
{
    TMR3CN &= 0x7F;
    //采样数据
    Bp_LineS = DataSample (3);
```

```
Bp_Wave1S = DataSample (0);
Bp_Wave2S = DataSample (1);
Bp_Wave3S = DataSample (2);
Bp_WavS= Bp_Wave3S;

if(Bp_Wave3S> 20000|| Bp_Wave3S< −20000)
{
    Bp_WavS = Bp_Wave2S * 1.5;
    if(Bp_Wave2S> 20000|| Bp_Wave2S< −20000) Bp_WavS = Bp_Wave1S * 3;
}
//更新滤波队列数据
    for(int i=20; i>0; i++)
{ Bp_dataquenLine[i] = Bp_dataquenLine[i−1];
    Bp_ dataquenWav[i] = Bp_ dataquenWav[i−1];
}
Bp_dataquenLine[0] = Bp_LineS;
Bp_dataquenWav[0] = Bp_WavS;
LowPass_filter ();
Bp_ok = 1;
//发送数据包
    SendPack ();
    return;
}
```

12.4.2　PC 界面程序

PC 界面程序负责人机交互，将设备状态和测量结果显示在界面上并将用户命令发给设备。PC 界面程序用 VC++6.0 开发，其界面如图 12.19 所示。

图 12.19　血压测试 PC 界面程序

在 VC 开发环境中建立 CBpDlg 类，主要编程工作在 BpDlg. cpp 和 BpDlg. h 中进行，其中 BpDlg. h 完成程序变量的声明如下：

```
#define WM_COMM_READ WM_USER+101
UINT ComReceive(LPVOID m_View);

extern HANDLE hCom, hEvent;
extern HWND hwComwnd;

typedef struct
{
    unsigned int head;          //数据包头＝0xFFFF
    unsigned char DBP;          //高压
    unsigned char MBP;          //平均压
    unsigned char SBP;          //低压
    unsigned char line;         //袖带压力
    unsigned char HeartRate;    //心率
    unsigned char NIBPS;        //状态字
}RecDataPack;

//接收数据包联合体
union RecPack{
RecDataPack RecDP;
unsigned char recbuf[sizeof(RecDataPack)];
};

class CBpDlg : public CDialog
{
//Construction
    public:
    bool Alave;
    bool Pump;
    void Data_proc();
    CBpDlg(CWnd * pParent = NULL); // 标准构造函数

    //对话框数据
    //{{AFX_DATA(CBpDlg)
    enum { IDD = IDD_BP_DIALOG };
    CButton    m_Alave;
    CButton    m_Pump;
    CListBox   m_NIBPS;
    CString    m_ComNum;
    CString    m_ComBaud;
    UINT       m_line;
```

```cpp
        UINT      m_DBP;
        UINT      m_HRR;
        UINT      m_Bp_line;
        UINT      m_Bp_SBP;
        UINT      m_Bp_MBP;
        UINT      m_Bp_HeartRate;
        UINT      m_Bp_DBP;
        RecPack RecData;
        //}}AFX_DATA

        //由 ClassWizard 产生的重载函数
        //{{AFX_VIRTUAL(CBpDlg)
        protected:
        virtual void DoDataExchange(CDataExchange * pDX); // DDX/DDV support
        //}}AFX_VIRTUAL

// 实现
protected:
        DWORD m_BaudRate;
        BOOL m_ComOK;
        CWinThread * m_pComThr;
        HANDLE m_hEvent;
        BOOL InitCom();
        HANDLE m_hCom;
        OVERLAPPED m_OverlappedRead;
        OVERLAPPED m_OverlappedWrite;
        HICON m_hIcon;
        int jj;
        bool is_findNewpack;
        BYTE ReadBuf[50];

        //消息映射函数
        //{{AFX_MSG(CBpDlg)
        virtual BOOL OnInitDialog();
        afx_msg LONG OnCommRead(UINT wParam, LONG lParam);
        afx_msg void OnCominit();
        afx_msg void OnStart();
        afx_msg void OnStop();
        afx_msg void OnPump();
        afx_msg void OnAlave();
        //}}AFX_MSG
        DECLARE_MESSAGE_MAP()
};
```

BpDlg. cpp 文件主要包括串口收发、设备状态和信息显示以及测量控制等功能，其代码如下：

```
#include "stdafx. h"
#include "Bp. h"
#include "BpDlg. h"
#include <math. h>

#ifdef _DEBUG
#define new DEBUG_NEW
#undef THIS_FILE
static char THIS_FILE[] = __FILE__;
#endif

CBpDlg::CBpDlg(CWnd* pParent /* =NULL */)
    : CDialog(CBpDlg::IDD, pParent)
{

    //{{AFX_DATA_INIT(CBpDlg)
    m_ComNum = _T("COM1");
    m_ComBaud = _T("9600");
    m_Bp_line = 0;
    m_Bp_SBP = 0;
    m_Bp_MBP = 0;
    m_Bp_HeartRate = 0;
    m_Bp_DBP = 0;
    Pump = 0;
    Alave= 0;
    //}}AFX_DATA_INIT
    m_hIcon = AfxGetApp()->LoadIcon(IDR_MAINFRAME);
    m_pComThr=NULL;
    m_ComOK=FALSE;
    jj = 0;
    is_findNewpack = TRUE;

}

void CBpDlg::DoDataExchange(CDataExchange* pDX)
{

    CDialog::DoDataExchange(pDX);
    //{{AFX_DATA_MAP(CBpDlg)
    DDX_Control(pDX, IDC_BUTTON2, m_Alave);
    DDX_Control(pDX, IDC_BUTTON1, m_Pump);
    DDX_Control(pDX, IDC_LIST1, m_NIBPS);
    DDX_CBString(pDX, IDC_COMNUM, m_ComNum);
```

```
            DDX_CBString(pDX, IDC_COMBAUD, m_ComBaud);
            DDX_Text(pDX, IDC_SENDMSG, m_Bp_line);
            DDV_MinMaxUInt(pDX, m_Bp_line, 0, 250);
            DDX_Text(pDX, IDC_HR, m_Bp_SBP);
            DDX_Text(pDX, IDC_SENDMSG3, m_Bp_MBP);
            DDX_Text(pDX, IDC_EDIT1, m_Bp_HeartRate);
            DDX_Text(pDX, IDC_EDIT2, m_Bp_DBP);
            //}}AFX_DATA_MAP
        }


BEGIN_MESSAGE_MAP(CBpDlg, CDialog)
        //{{AFX_MSG_MAP(CBpDlg)
        ON_MESSAGE(WM_COMM_READ, OnCommRead)
        ON_BN_CLICKED(IDC_COMINIT, OnCominit)
        ON_BN_CLICKED(IDC_BUTTON3, OnStart)
        ON_BN_CLICKED(IDC_BUTTON4, OnStop)
        ON_BN_CLICKED(IDC_BUTTON1, OnPump)
        ON_WM_PAINT()
        ON_BN_CLICKED(IDC_BUTTON2, OnAlave)
        //}}AFX_MSG_MAP
END_MESSAGE_MAP()


/////////////////////////////////////////////////////////////
//CBpDlg 初始化函数
BOOL CBpDlg::OnInitDialog()
{
        CDialog::OnInitDialog();
        SetIcon(m_hIcon, TRUE);           //Set big icon
        SetIcon(m_hIcon, FALSE);          //Set small icon
        hwComwnd=m_hWnd;
        m_NIBPS.AddString("");
        UpdateData(0);
        return TRUE; // return TRUE unless you set the focus to a control
}
/////////////////////////////////////////////////////////////
//初始化串口
void CBpDlg::OnCominit()
{
        if(m_ComOK)
        {
            MessageBox("Comm OK!");
            return;
        }
```

```
        UpdateData(TRUE);
        m_BaudRate=atol(m_ComBaud);
        InitCom();
        if(m_ComOK)
        MessageBox("Comm OK!");
        else
            MessageBox("Comm cannot opened!");
        return;
}
//初始化串口
BOOL CBpDlg::InitCom()
{DCB dcb;
        m_ComOK=FALSE;
        if(m_pComThr!=NULL)
            TerminateThread(m_pComThr->m_hThread, 0);
        if(m_hCom!=INVALID_HANDLE_VALUE)
            CloseHandle(m_hCom);
        m_hCom=CreateFile(m_ComNum, GENERIC_READ|GENERIC_WRITE, 0, NULL,

OPEN_EXISTING, FILE_FLAG_OVERLAPPED, NULL); //FILE_ATTRIBUTE_NORMAL
        hCom=m_hCom;
        if(m_hCom==NULL)
        {
            DWORD err;
            err=GetLastError();
            return FALSE;
        }
memset(&m_OverlappedRead, 0, sizeof(OVERLAPPED));
memset(&m_OverlappedWrite, 0, sizeof(OVERLAPPED));

COMMTIMEOUTS CommTimeOuts;
CommTimeOuts.ReadIntervalTimeout = 0xFFFFFFFF;
CommTimeOuts.ReadTotalTimeoutMultiplier = 0;
CommTimeOuts.ReadTotalTimeoutConstant = 0;
CommTimeOuts.WriteTotalTimeoutMultiplier = 0;
CommTimeOuts.WriteTotalTimeoutConstant = 50;
SetCommTimeouts(m_hCom, &CommTimeOuts );

m_OverlappedRead.hEvent = CreateEvent(NULL, TRUE, FALSE, NULL);
m_OverlappedWrite.hEvent = CreateEvent(NULL, TRUE, FALSE, NULL);
SetCommMask(m_hCom, EV_RXCHAR|EV_TXEMPTY );

SetupComm(m_hCom, 1024, 512);
```

```
    PurgeComm( m_hCom, PURGE_TXABORT | PURGE_RXABORT | PURGE_TXCLEAR |
PURGE_RXCLEAR );

        GetCommState(m_hCom, &dcb);

        dcb. BaudRate=m_BaudRate;
        dcb. ByteSize=8;
        dcb. Parity = ODDPARITY;
        dcb. StopBits=ONESTOPBIT;
        dcb. fBinary = TRUE ;
        dcb. fParity = FALSE;

        if(!SetCommState(m_hCom, &dcb)) {m_ComOK = 0; return 0; }
        m_hEvent=CreateEvent(NULL, TRUE, TRUE, NULL);
        hEvent=m_hEvent;

        if(m_pComThr)
        {
            m_pComThr->ResumeThread();
            :: WaitForSingleObject(m_pComThr->m_hThread, INFINITE);
            delete m_pComThr;
        }
        m_pComThr=AfxBeginThread(ComReceive, &m_hWnd, THREAD_PRIORITY_LOWEST,
            0, CREATE_SUSPENDED, NULL);
        m_pComThr->m_bAutoDelete=FALSE;
        m_pComThr->ResumeThread();
        m_ComOK=TRUE;

        DWORD ErrorFlag;
        COMSTAT comstat;
        ClearCommError(m_hCom, &ErrorFlag, &comstat);
        return TRUE;
    }
/////////////////////////////////////////////////////

LONG CBpDlg:: OnCommRead(UINT wParam, LONG lParam)
{
        DWORD dwEvtMask, dwLength, dwBytesRead;
        COMSTAT ComState;

        ClearCommError(m_hCom, &dwEvtMask, &ComState);
        dwLength = sizeof(RecDataPack); //ComState. cbInQue
```

```
        BOOL Error;
        for(int i=0; i<50; i++) ReadBuf[i] = 0;

        Error=ReadFile(m_hCom, ReadBuf, dwLength, &dwLength, &m_OverlappedRead);

        if(!Error)
        {
          if(GetLastError() == ERROR_IO_PENDING){
            while(!GetOverlappedResult(m_hCom, &m_OverlappedRead, &dwBytesRead, TRUE)){
                if( GetLastError()== ERROR_IO_INCOMPLETE){
                   dwLength += dwBytesRead;
                   continue; }
              }
          }
        }
if(is_findNewpack == FALSE)
{
    int i =0;
    for(; jj<sizeof(RecDataPack); jj++)
      {
            if(i<dwLength) RecData.recbuf[jj] = ReadBuf[i];
            i ++;
      }
      if(jj == sizeof(RecDataPack)) {
          jj = 0;
          is_findNewpack = TRUE;
          Data_proc();
      }
}
if(is_findNewpack == TRUE)
{
for(int i=0; i<dwLength; i++)
{
    if(ReadBuf[i] ==0xFF&&ReadBuf[i+1] ==0xFF)
    {
      is_findNewpack = FALSE;

      for(jj=0; jj<sizeof(RecDataPack); jj++)
      {
          if((i+jj)<dwLength) RecData.recbuf[jj] = ReadBuf[i+jj];
      }
      if(jj == sizeof(RecDataPack)) {
```

```
            jj = 0;
            is_findNewpack = TRUE;
            Data_proc();
        }
    }
}
    SetEvent(m_hEvent);
    return(0);
}
/////////////////////////////////////////////
//串口接收子线程
UINT ComReceive(LPVOID m_View)
{
    DWORD dwRead;
    OVERLAPPED ComRead;
    memset(&ComRead, 0, sizeof(OVERLAPPED));
    if(!SetCommMask(hCom, EV_RXCHAR|EV_BREAK))
    {
        DWORD err=GetLastError();
        return(FALSE);
    }
    while(1)
    {
        dwRead=0;
        WaitCommEvent(hCom, &dwRead, &ComRead);
        if((dwRead&EV_RXCHAR)==EV_RXCHAR)
        {
            WaitForSingleObject(hEvent, 0xFFFFFFFF);
            ResetEvent(hEvent);
            PostMessage(hwComwnd, WM_COMM_READ, NULL, NULL);
        }
    }
    return 0;
}
//处理串口数据
void CBpDlg：：Data_proc()
{
    m_Bp_DBP = RecData. RecDP. DBP;
    m_Bp_HeartRate = RecData. RecDP. HeartRate;
    m_Bp_MBP = RecData. RecDP. MBP;
    m_Bp_SBP = RecData. RecDP. SBP;
    m_Bp_line= RecData. RecDP. line;
```

```
switch（RecData. RecDP. NIBPS）
{
        case 1：
    {
        m_NIBPS. AddString("开始测量...")；
        break；
    }
        case 2：
    {
        m_NIBPS. AddString("完成测量!!!")；
        break；
    }
        case 3：
    {
        m_NIBPS. AddString("未找到脉搏波...")；
        break；
    }
        case 4：
    {
        m_NIBPS. AddString("袖带气压未上升...")；
        break；
    }
        case 5：
    {
        m_NIBPS. AddString("袖带压力不降到低气压...")；
        break；
    }

    }
    UpdateData(0)；

}


void CBpDlg：：OnStart()
{
    DWORD dwEvtMask, dwLength, dwBytesRead, dwBytesWritten, dwBytesSent；
    BYTE str[3]；

    BYTE COMMAND= 1；//开始测量
    str[0] = 0xFF；
    str[1] = m_HRR；
```

```
    str[2] = COMMAND;

    BOOL Error;
    if(!m_ComOK)
    {
        MessageBox("串口未初始化");
        return;
    }

    dwLength = 3;
    Error=WriteFile(m_hCom, str, dwLength, &dwLength, &m_OverlappedWrite);

    if(!Error)
    {
if(GetLastError() == ERROR_IO_PENDING){
while(!GetOverlappedResult(m_hCom, &m_OverlappedWrite, &dwBytesWritten, TRUE )) {
        if( GetLastError()== ERROR_IO_INCOMPLETE){
            dwBytesSent += dwBytesWritten;
            continue; }
                }
        }
    }

}

void CBpDlg::OnStop()
{
    DWORD dwEvtMask, dwLength, dwBytesRead, dwBytesWritten, dwBytesSent;
    BYTE str[3];

    BYTE COMMAND= 2; //结束测量
    str[0] = 0xFF;
    str[1] = m_HRR;
    str[2] = COMMAND;
    BOOL Error;
    if(!m_ComOK)
    {

        MessageBox("串口未初始化");
        return;
    }

    dwLength = 3;
```

```
        Error＝WriteFile(m_hCom, str, dwLength, &dwLength, &m_OverlappedWrite);
        if(!Error)
        {
if(GetLastError() ＝＝ ERROR_IO_PENDING){
while(!GetOverlappedResult(m_hCom, &m_OverlappedWrite, &dwBytesWritten, TRUE ))
{
            if( GetLastError()＝＝ ERROR_IO_INCOMPLETE){
              dwBytesSent ＋＝ dwBytesWritten;
                continue; }
            }
          }
        }
      }


void CBpDlg::OnPump()
{
    DWORD dwEvtMask, dwLength, dwBytesRead, dwBytesWritten, dwBytesSent;
    BYTE str[3];
    BYTE COMMAND;
    if(Pump ＝＝ FALSE)
    {
        COMMAND = 5;          //转动气泵
        Pump = TRUE;
        m_Pump. SetWindowText("关闭气泵");
    }
    else
    {
        COMMAND = 6;          //转动气泵
        Pump = FALSE;
        m_Pump. SetWindowText("启动气泵");
    }
    str[0] = 0xFF;
    str[1] = 0xFF;
    str[2] = COMMAND;
    BOOL Error;
    if(!m_ComOK)
    {

        MessageBox("串口未初始化");
        return;
    }

    dwLength = 3;
```

```
        Error＝WriteFile(m_hCom, str, dwLength, &dwLength, &m_OverlappedWrite);
        if(!Error)
        {
            if(GetLastError() ＝＝ ERROR_IO_PENDING){
                while(!GetOverlappedResult(m_hCom, &m_OverlappedWrite, &dwBytesWritten,
TRUE )) {
                    if(GetLastError()＝＝ ERROR_IO_INCOMPLETE){
                        dwBytesSent ＋＝ dwBytesWritten;
                    continue; }
                }
            }
        }
    }


void CBpDlg::OnAlave()
{
    DWORD dwEvtMask, dwLength, dwBytesRead, dwBytesWritten, dwBytesSent;
    BYTE str[3];

    BYTE COMMAND;
    if(Alave ＝＝ FALSE)
    {
        COMMAND = 3;        //打开气阀
        Alave = TRUE;
        m_Alave.SetWindowText("关闭气阀");
    }
    else
    {
        COMMAND = 4;        //关闭气阀
        Alave = FALSE;
        m_Alave.SetWindowText("打开气阀");
    }
    str[0] = 0xFF;
    str[1] = 0xFF;
    str[2] = COMMAND;
    BOOL Error;

    if(!m_ComOK)
    {
        MessageBox("串口未初始化");
        return;
    }
```

```
        dwLength = 3;
        Error=WriteFile(m_hCom, str, dwLength, &dwLength, &m_OverlappedWrite);
        if(!Error)
        {
            if(GetLastError() == ERROR_IO_PENDING){
                while(! GetOverlappedResult(m_hCom, &m_OverlappedWrite, &dwBytesWritten,
TRUE )) {
                    if( GetLastError()== ERROR_IO_INCOMPLETE){
                        dwBytesSent += dwBytesWritten;
                        continue; }
                }
            }
        }
    }
```

参 考 文 献

［1］　周明德. 微机原理与接口技术. 北京：人民邮电出版社，2002

［2］　谢剑英，贾青. 微型计算机控制技术. 3 版. 北京：国防工业出版社，2001

［3］　苏广川，沈瑛. 高级微型计算机系统及接口技术. 北京：北京理工大学出版社，2001

［4］　刘星. 计算机接口技术. 北京：机械工业出版社，2003

［5］　林全新，苏丽娟. 单片机原理与接口技术. 北京：人民邮电出版社，2002

［6］　李大友. 微型计算机接口技术. 北京：高等教育出版社，1990

［7］　何小海，刘嘉勇. 微型计算机原理与接口技术. 成都：四川大学出版社，2003

［8］　王化祥，张淑英. 传感器原理及应用. 修订版. 天津：天津大学出版社，1999

［9］　孙传友，孙晓斌，汉泽西. 测控系统原理与设计. 北京：北京航空航天大学出版社，2002

［10］　申忠如. 电气测量技术. 北京：科学出版社，2003

［11］　林国荣，张友德. 电磁干扰及控制. 北京：电子工业出版社，2003

［12］　李正军. 计算机测控系统设计与应用. 北京：机械工业出版社，2004

［13］　温熙森，陈循，唐丙阳. 机械系统动态分析理论与应用. 长沙：国防科技大学出版社，1998

［14］　潘仲明. 测试系统建模与仿真. 长沙：国防科学技术大学，2004

［15］　郑君里，应启珩，杨为理. 信号与系统. 2 版. 北京：高等教育出版社，2000

［16］　肖忠祥. 数据采集原理. 西安：西北工业大学出版社，2001